U0383504

脑机交互系统技术

刘亚东　周宗潭　胡德文　著

科　学　出　版　社
北　京

内 容 简 介

本书是作者及其团队在脑机交互范式和原型系统研究上十余年的成果总结。书中提出 P300 超立方体编码、序列运动想象范式、触觉通道范式、移动目标选择范式等创新性脑机交互方式方法。这些方法用于解决诸如运动想象模式拓展、视觉通道刺激优化、复杂系统脑机操纵等领域内存在的难点问题,进而推动脑机接口技术的实用化进程。基于这些方法,成功实现机械臂操作控制、智能地面移动平台控制、一级倒立摆控制等原型系统。这些系统多属于国内首创,系统为脑机交互技术在各领域的应用提供整体方案,对相关系统研究具有借鉴意义。这些原型设计思想经过适当改造,可移植于实际系统的脑机控制中。

本书主要面向脑机接口、人机交互、康复助残等领域的科研人员和研究生,对人工智能领域的科技工作者也具有参考价值。

图书在版编目(CIP)数据

脑机交互系统技术 / 刘亚东,周宗潭,胡德文著 . —北京:科学出版社,2019.6
ISBN 978-7-03-057695-8

Ⅰ.①脑… Ⅱ.①刘… ②周… ③胡… Ⅲ.①电子计算机-接口-交互技术
Ⅳ.①TP334.7

中国版本图书馆 CIP 数据核字(2018)第 122807 号

责任编辑:张艳芬 王 苏 / 责任校对:王 瑞
责任印制:吴兆东 / 封面设计:蓝 正

科 学 出 版 社 出版
北京东黄城根北街 16 号
邮政编码:100717
http://www.sciencep.com

北京建宏印刷有限公司 印刷
科学出版社发行 各地新华书店经销
*
2019 年 6 月第 一 版 开本:720×1000 1/16
2020 年 7 月第二次印刷 印张:20 插页:10
字数:383 000
定价:168.00 元
(如有印装质量问题,我社负责调换)

前　言

　　脑机接口技术的目标在于绕开四肢,将大脑的思维意图直接交给外部设备去完成。对人类个体而言,脑机接口技术无疑可以提升他们的行为能力,完成一些人类在速度、力量、精确性、复杂度等方面无法胜任的任务。这一应用前景使每个人都具有成为"超人"的可能。科幻作品进一步激发了大众实现这一想法的兴趣,使目前依然处于实验室阶段的脑机接口技术在行业内已经有了相当的热度。对专业研究者来说,打造"超人"依然在视野之外,目前应该做的是,时刻关注现阶段的理论与技术瓶颈,不断努力取得突破,不断提升脑机接口技术的现实能力。

　　经过近 20 年的迅猛发展,脑机接口已经展现了令人不可小觑的实力。它可以帮助瘫痪患者控制机械臂完成食物抓取、喂送等简单动作,还可以帮助他们进行网络浏览;可以帮助渐冻人表达自己的真实意愿,在诸如是否接受相关治疗等重大事件上发表自己的意见;可以控制汽车、无人机等地面和空中机器人的移动,扩展个体的操控途径和能力空间等。欧洲和美国已经制订科技计划,将脑机接口作为重要研究方向。近年来,国内脑机接口研究队伍不断壮大,取得了和国际水平并行的研究成果。值得关注的是,脑机接口技术和人工智能技术相结合,形成了混合智能这一具体智能形态。在这一研究背景下,研究者努力将人脑智能和机器智能相融合,实现人在回路的智能架构,这一架构具有单纯人工智能无法取代的独特优势。可以预见,未来脑机接口技术将会实现质的飞跃,一系列关键技术将被突破,脑机接口将从实验室走进大众视野,改变人们的日常生活方式。

　　脑机接口的核心技术包括个体意图的激发与获取、脑信号的观测与模式分析、数据模式与控制命令的映射、外部设备计算能力与人脑智能的融合等。这些方面在本书都有所涉及。本书内容分为两部分:一部分是作者及其团队在脑机接口范式方面的研究成果;另一部分是作者及其团队将新型范式应用于实际系统控制的研究成果。在内容的编排上,并没有将两者截然分开,为了阅读方便,把范式研究和相关的实际系统控制内容放在一起。本书涉及的范式有视觉 P300、稳态视觉诱发电位、运动想象、触觉 P300 等。这些范式都是目前脑机接口通行的技术方案。作者及其团队针对他们的性能短板或者在实际应用中存在的问题,提出了诸如视觉 P300 立方体编码、序列运动想象等新型范式,改善传统范式的性能,扩宽它们的应用范围。作者及其团队利用本书提出的技术方案,先后完成两足步行机器人行走控制、助残轮椅移动控制、机械臂操作控制、移动目标选择、倒立摆控制、汽车行驶等实际系统控制。本书给出的技术具有很强的可移植性,稍加修改便可应用于众多外部设备的移动控制和操作控制中。

本书撰写分工如下：第1章由刘亚东执笔，第2章～第5章由刘杨、周宗潭、胡德文执笔，第6章由孟宪鹏、胡德文、周宗潭、刘亚东执笔，第7章由刘亚茹、刘亚东执笔，第8章和第9章由岳敬伟、唐景昇、胡德文、周宗潭、刘亚东执笔，第10章由唐景昇、周宗潭、刘亚东执笔，第11章由岳敬伟、姜俊、周宗潭、刘亚东执笔，第12章～第14章由姜俊、周宗潭、刘亚东执笔，第15章由王惊君、刘亚东执笔。

刘湲、曹博研、钟赛赛对全书图片进行了编辑处理，刘坤佳对全书文献进行了校正。赵准参与了全书的排版和文字整理工作。没有他们细致耐心的工作，就没有本书的按时付梓，在此对他们表示衷心感谢！

本书是在国家重点基础研发计划（973）课题"高级脑机交互验证平台、评估体系与示范应用"（2015CB351706）、国家自然科学基金项目（61473305、91320202、61375117）等研究成果的基础上撰写完成的。本书总结了作者多年来在脑机接口领域的研究成果，希望对国内脑机接口相关领域的研究起到促进作用，并对相关研究人员有所帮助。

限于作者水平，书中难免存在不妥之处，恳请读者批评指正。

目　　录

彩图

第1章 脑机接口技术概述

1.1 脑机接口的概念

1.1.1 基本概念

脑机接口(brain computer interface,BCI)技术旨在建立一种脑与计算机(或其他机械电子设备)之间直接的信息交流和控制通道。这一通道不依赖由外周神经系统和肌肉组织构成的大脑常规输出通路,是一种新型的脑与机器信息交流的手段。在历史文献中,BCI 还有多个名称,如意识机器接口(mind machine interface,MMI)、直接神经接口(direct neural interface,DNI)和脑机器接口(brain machine interface,BMI)。

脑与计算机之间的信息传输是双向的:①脑向计算机传递信息,用于外部设备的控制,实现人体(也可以是其他动物)的功能补偿或者功能增强等;②计算机等向脑传递信息,其主要目的是调节大脑的认知或代谢状态以达到调节大脑认知水平的目的,如对注意力、情绪、警惕性水平等进行调节。因为目前脑向机器传递信息这一类研究在数量上占有绝对优势,所以 BCI 一般都指称这类研究。

BCI 技术发展的动力除了单纯的基础研究外,还在于建立新的脑意图执行通道、增强或者损伤脑认知能力、补偿残疾人士的认知和运动感觉功能等。作为一种独特的视角,BCI 也是研究人脑如何协调、表达肢体运动及新行为模式机制等问题的重要工具。通过 BCI 系统,特别是具有生物反馈机制的 BCI 系统,人类可以有意识地控制神经系统活动的时空模式。这样,相对于被动观测,研究者可以观察到更为丰富的脑活动与行为之间的各类关系及神经活动对不同行为的影响。

理论上,可以用于观测大脑活动的工具都可以作为 BCI 系统的一个环节使用,如功能性磁共振成像(functional magnetic resonance imaging,fMRI)、脑电图(electro encephalo gram,EEG)、脑磁图(magntoenc ephalography,MEG)、正电子发射断层显像(positron emission tomography,PET)、功能性光学近红外光谱(functional near-infrared spectroscopy,fNIRS)技术、微电极阵列(micro electrode array,MEA)、皮层贴片式电极(electrocorticogram,ECoG)等。其中,fMRI、MEG、PET 等因为价格昂贵、环境要求苛刻,目前只能在实验室中使用,主要用于基础研究;MEA、ECoG 等会对皮层造成不同程度的损伤,不能直接应用于正常人类对象,目前主要限制在动物和自愿参与研究的肢体功能损伤人士上;EEG、fNIRS 具有无损性和便携性,对环境要求不高,所以是目前构建人体 BCI 系统时使用最多的手段,特别是 EEG,在目前占有绝对优势。

一个完整的 BCI 系统主要由两部分构成:①基于生物反馈的脑状态调制,即通过生物反馈,被试自主产生某种预期的脑神经代谢时空模式;②基于机器学习的脑神经代谢时空模式。分类完成后不同的模式将对应不同的控制命令。这两部分相互间会产生复杂的影响,如何综合设计,让整个系统性能达到高峰是系统设计面临的一个重要问题。BCI 系统若要有效提升性能,则需要针对每个被试优化系统参数。不过研究也发现,总有较低比例的个体无法通过训练达到 BCI 要求的最低正确率(随机正确率),这些被试无法使用 BCI 系统的原因,也是 BCI 研究者关注的问题。

真正意义上的 BCI 诞生于 20 世纪 70 年代。在美国国防部高级研究计划局的支持下,美国加利福尼亚大学洛杉矶分校的 Vidal 开展了相关研究[1,2],并在学术论文中首次使用了“brain computer interface”一词。其研究发现,EEG 的绝大部分成分都在 30Hz 以下,并且进一步集中在 1Hz 以下,称为皮层慢信号(slow cortical potential,SCP)[2];信号频谱的变化及不同电极信号的相关性和大脑的情感或者行为状态相关联。在 Vidal 开始研究 BCI 的时代,“事件相关电位”这一概念已经建立(于 20 世纪 60 年代提出),Vidal 已经将其作为信号加以考虑。但是,BCI 的研究者更多关注的是感觉刺激引起的皮层响应信号、皮层对不同刺激时空响应的差异性,以及刺激对皮层振荡信号的去同步化现象。当时的神经科学家已经积累了很多重要发现,例如,在静息情况下,大脑信号主要表现为自发的持续振荡,但当大脑受到外来感觉刺激时,脑信号时空特征会发生变化,如视网膜受到光照时,脑信号会出现 0.5～2s 的波形变化;又如,利用垂直/水平光栅刺激视网膜时,所激活的视觉皮层区域是不同的。因此,通过判别皮层激活空间模式的变化,可以推断视觉刺激的类型。显然,这些皮层响应信号是由外界刺激诱发的,属于诱发信号。这些诱发信号的幅值在毫伏级,埋藏在自发信号中,难以稳定提取。诱发信号的具体波形受注意力、刺激类型、刺激所附加的认知含义等因素的影响。通过实验积累,建立外界刺激和诱发信号时空模式的相关性,科学家就可以从脑信号模式出发反推脑皮层在处理何种外界刺激。可以说,Vidal 关于 BCI 的大部分研究是基于这些相关性的。直到今天,依然有研究者按照这一研究思路开展研究,人们称为反编码研究。视觉通道的反编码研究进展最为显著。研究者利用皮层响应对输入的视觉信号进行分类,对图片的分类能力有数十种,对视频的分类能力有十种左右。Vidal 还指出,在 BCI 中可以考虑引入眼动、肌电、心率等生物信号提升交互效率,这是混合 BCI 的最初设想。

20 世纪 70 年代,脑电采集频率在数百赫兹级别(典型的是 256Hz),对于识别 P300 等信号成分已经足够。Vidal 设计了一个类似星球大战的游戏,在其中将“爆炸”定义为期待事件,以此引发事件相关电位信号,实现了人脑对屏幕上不同目标的选择。目前,BCI 普遍采用的 P300-BCI 范式和 Vidal 设计的范式并没有显著的差别,只是在一些方面有所改进而已。事件相关电位信号(特别是其中的 P300 信号成分)在 BCI 中的广泛使用,极大地推动了 BCI 的发展。

无论是皮层对刺激的慢响应信号还是事件相关电位,都是由外界感觉刺激诱发的,因此也称为诱发信号。当具有先验性的诱发信号出现时,就可以推断出人脑受到了何种外界刺激。Vidal 认为,这些诱发信号可以作为信息的载体,实现脑与计算机间的信息交流,如果实现了这一交流渠道,就可以利用这一信号实现对外部设备的控制。Vidal 还认为,BCI 的终极目标是将人类的归纳推理等智力活动和计算机的演绎、符号运算等能力结合起来,使计算机成为人脑的扩展和延伸。Vidal 并没有将 BCI 技术局限于残障人士的功能补偿,而是一开始就瞄准正常人认知能力的扩展和提升。

Vidal 认为,要实现 BCI 的最终发展目标,需要在三方面取得显著进展:①在神经生理学上,揭示认知决策和认知状态在信号层面上的相关性(这里的信号包括所有可采集的脑信号);②在信号处理技术上,实现从如 EEG 等多次污染/衰减的脑信号中提取脑认知状态相关信号(在今天看来这一条就显得局限了,由于 EEG 机理方面的限制,即使可以很好地净化 EEG 信号,EEG-BCI 也不可能有飞跃式的发展);③在计算机技术上,实现可以和脑进行信息交互的软件系统[1]。

从 BCI 技术发展现状来看,计算机技术、信号处理都不是 BCI 真正的瓶颈,对脑结构功能的理解,特别是认知过程在神经电信号中的反映,以及全脑底层神经电活动的无损采集才是目前制约 BCI 发展的关键。

1.1.2 BCI 的分类

不同的 BCI 技术对脑皮层的损伤程度是不同的,根据损伤程度,可以将 BCI 分为有损 BCI(invasive BCI)和无损 BCI(noninvasive BCI)两大类。产生携带意图信息的大脑信号有两种基本方式:①由自发脑活动产生,如想象某种运动或者进行某种智力活动等;②由外部刺激产生,如通过视觉、听觉、触觉等形式的刺激,使大脑产生响应信号。据此可以把 BCI 分为自发型和诱发型两种类型。BCI 还可以从其他多个角度进行分类,例如,从通信协议上可以分为同步 BCI 和异步 BCI;根据是否含有反馈可以分为开环 BCI 和闭环 BCI;从大脑和 BCI 的互适应方式上可以分为模式识别方法和操作调节方法两种。另外,可以根据输出命令是离散信号还是连续信号,以及对训练量的需求大小进行分类等。下面重点从观测手段、使用的特征电位及独立性三方面进行较详细的讨论。

1. 有损 BCI 与无损 BCI

BCI 可以使用多种大脑信号观测手段:①植入电极的有损观测手段,例如,使用单根微电极(micro-electrode,ME)、MEA、ECoG 等,可以直接观测到神经元信号发放或局部场电位(local field potential,LFP),这类 BCI 称为有损 BCI;②无损观测手段,如 EEG、fMRI、MEG、NIRS 等,这类 BCI 称为无损 BCI。这些观测方式具有不同的时间分辨率和空间分辨率,如图 1.1 所示。

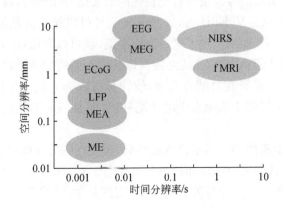

图 1.1　不同脑观测方法的时空分辨率

2. 基于 EEG 的 BCI

EEG 是目前 BCI 研究中使用最多的观测手段,其主要原因是 EEG 信号的时间分辨率高、数据采集便利、设备造价低、易携带,其缺点是空间分辨率较低,且由于电极离脑皮层较远,信号在传输过程中的衰减和干扰使得信号信噪比低。

由于 EEG 的信噪比低,从中直接分析出大脑各种复杂的认知活动是很困难的,因此在 EEG-BCI 系统的实现中,一般给被试施加一组特定刺激,或者让其执行一组特定任务,然后通过对 EEG 信号进行分析,判断使用者接受的是何种刺激,或者执行的是何种任务。根据刺激/任务与 EEG 信号特征的对应关系,目前 EEG-BCI 可以分为以下五种类型(图 1.2)。

1) 感觉运动节律脑机接口

感觉运动节律(sensory motor rhythm,SMR)利用 SMR 的特征变化实现信息的传递,一般使用 MI(motor imaging)任务来实现。想象肢体运动会引起运动皮层 α 节律和 β 节律的事件相关去同步化(event-related desynchronization,ERD),表现为相应频带上能量的降低;之后的事件相关同步化(event-related synchronization,ERS)表现为相应频带能量的升高。想象不同肢体部位运动时引发的 ERD 效应存在空间差异性,例如,想象左右侧肢体运动时会有对侧效应,即对侧相应脑区 ERD 更为显著[3]。利用这一点,可以对不同部位的 MI 任务进行有效分类。图 1.3 显示了想象左右手运动时,C3 和 C4 电极对应的 ERD 曲线,对侧效应十分明显。

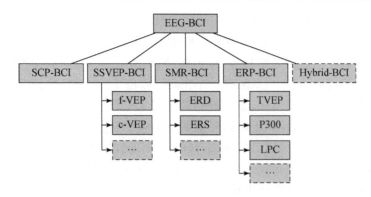

图 1.2　基于不同时空特征的 EEG-BCI

TVEP：瞬态视觉诱发电位（transient visual evoked potential）；LPC：晚期正成分（late positive component）

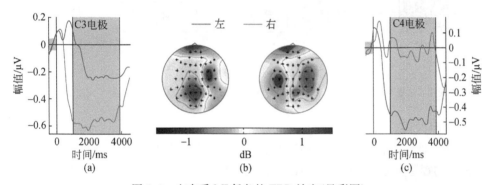

图 1.3　左右手 MI 任务的 ERD 效应（见彩图）

(a)和(c)是 C3 和 C4 电极对应的 ERD 曲线，对侧效应十分明显；(b)是地形图，从中也可以发现明显的对侧效应

在很多应用场合，SMR-BCI 有其独特的优势。例如，在需要进行连续交互的情况下，运动控制的方式比基于刺激诱发的方式更适合输出连续控制量。另外，SMR 是由主动意识活动产生，不占用视听觉等感觉通路，这些感觉通路可以用来接收实时的反馈信息。SMR-BCI 的不足是训练时间长、个体差异大。有研究表明，很大比例的人群（约 20%）即使经过训练也无法产生具有可分性的特征电位，因而无法使用这类 BCI 系统[3,4]。

2）皮层慢电位脑机接口

皮层慢电位（slow cortical potential，SCP）是在 BCI 系统中较早使用的一种特征电位，最早由德国图宾根大学的学者在其开发的称为思维翻译机（thought translation device，TTD）BCI 系统中使用，实现了文字输入和上网浏览等功能[5,6]。SCP 是低频的电位漂移，可以通过训练进行自主控制。其不足之处是训练过程相当长、个体差异大。患者通常需要经过1~5个月的训练才能达到70%的分类正确率[6]。SCP-BCI 近年来所受的关注不多。

3）稳态视觉诱发电位脑机接口

在被试视场注视位置设置一个固定频率的视觉刺激时，人脑初级视觉皮层（枕叶区）会产生一个与刺激频率相等（或近似）的振荡响应。该响应称为稳态视觉诱发电位（steady-state visual evoked potential，SSVEP）[7]。视场中设置多个待选目标，不同目标的振荡频率不同，通过检测初级视觉皮层稳态响应的频率，就可以推断出被试当前注视的目标。不同目标被赋予不同的信息含义，即可完成脑与计算机的信息传递，建立 SSVEP-BCI 系统，具体如图 1.4 所示。SSVEP-BCI 系统通常具有较高的信息传输率（information transmission rate，ITR），系统和实验设计更加简便，而且需要训练的次数也较少。

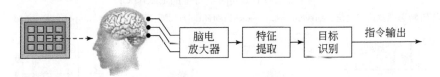

图 1.4　SSVEP-BCI 系统

对使用者呈现不同频率的视觉刺激，使用者可以通过转移视线或者注意力来选择不同的刺激[7]

4）事件相关电位脑机接口

ERP 是特定刺激事件所诱发的瞬态响应电位。ERP 和刺激事件具有时间或相位上的锁定关系，ERP-BCI 的设计正是利用了这一特点。在 ERP-BCI 范式中，不同刺激在不同时间给出，从而可以根据响应的特征判断出对应的刺激目标。最常见的是利用 P300 电位的范式。P300 电位一般由 oddball 刺激范式生成，较早也是研究较多的一种 P300-BCI 范式是由 Farwell 等[8]提出的拼写范式 P300 speller。除 P300 之外，其他 ERP 成分，如 TVEP 成分[9,10]及 LPC 等都可用于 ERP-BCI。

5）混合脑机接口

混合脑机接口（Hybird-BCI）的概念近年来才被提出。一方面，研究表明，无论何种类型的 BCI，都无法适用于所有用户，因此结合多个特征可以为用户增加更多的选择；另一方面，由于不同 BCI 各有其优缺点，因此把各种特征电位结合起来使用，有望提高系统的整体性能，如有研究将 ERD 和视觉诱发电位结合使用[11]。

根据目前的研究工作，不同特征的结合有分时结合和共时结合两种方式。分时结合是指不同类型特征电位的使用在时间上是分开的，通过设定任务和通信协议，在不同时间段使用不同特征电位。共时结合是指在同一时间执行不同的任务，各种特征电位的检测和通信也是同时进行的。Pfurtscheller 等[12]采用分时结合方式，将 ERS 和 SSVEP 结合起来控制一个机械手的运动，两类 ERS 特征（想象运动与否）用于控制机械手的开关，而用两个分别以 8Hz 和 13Hz 闪烁的 LED 诱发的 SSVEP 特征来控制机械手的开合。在 Allison 等[11]的实验中，视觉刺激任务和

MI 任务同时进行,结果表明,分类正确率比单独使用 SSVEP 或 ERD 特征分类有所提高。Li 等[13]提出的二维光标控制范式成功地以共时结合方式使用了 P300 和 α/β 节律特征,光标水平和垂直方向的运动分别由 MI 任务和 oddball 视觉刺激任务来独立控制。研究表明,Hybrid-BCI 可实现多种电位特征的同时提取,从而实现多信道通信,这将极大增强 BCI 的通信和控制能力,具有很强的应用价值。

3. 独立 BCI 与非独立 BCI

根据携带大脑状态信息的特征电位产生方式与感觉通道的关联程度,BCI 可分为独立 BCI 和非独立 BCI。在独立 BCI 中,意图相关特征电位的产生较少地依赖于感觉通道输入或者外周神经肌肉系统。例如,SMR-BCI、SCP-BCI 等基于自发意识活动的 BCI 属于独立 BCI。在非独立 BCI 中,意图相关特征电位的产生需要感觉通道或外周神经肌肉系统的参与。基于非视觉刺激(如听觉和触觉)的 BCI 系统,因为需要感觉通路的参与,所以也是非独立的。

BCI 系统是否独立与具体设计及使用方式具有很大关系。以 SSVEP-BCI 为例,若使用直接注视目标刺激的方式,电位特征的产生依赖于眼动和视线方向,则是非独立 BCI;若固定视线而通过选择性注意的方式来选择目标,则是独立 BCI。P300-BCI 通常被认为是独立的,这是因为,虽然 oddball 实验范式中一般需要感知通道的参与,但是 P300 特征电位的产生过程是与特定刺激无关的,换句话说,并不是由感知所诱发。但也有研究表明,P300 speller 的性能很大程度上依赖于眼动[14,15],这表明通过视线移动直接注视目标对系统的效能极为重要。如果眼动是必需的,那么 P300 speller 能否称为独立就值得商榷。让 P300 speller 不依赖于眼动,从而使眼动功能受损的人群也能够有效使用,是一项很有意义的工作。Allison 等[16]曾指出,独立和非独立的概念并不是绝对的,而是两种极端情况,更多的 BCI 系统是介于两者之间,或多或少都有感觉运动系统的参与。

本章后续部分将 BCI 按照有损和无损进行分类,讨论标志性的发展成果,并对发展历史、发展现状和发展趋势进行总结和讨论。

1.2　有损 BCI

1.2.1　有损 BCI 概述

有损 BCI 也称为侵入式 BCI、直接 BCI 等。有损 BCI 使用对皮层有功能性或者结构性损伤的信号采集技术(如 MA、MEA、ECoG 等)采集神经元群电信号,利用其完成神经信号到控制信号的转换,以构建 BCI 系统。因为这一技术路线会对皮层造成一定程度的可控损伤,所以应用对象主要是动物和功能已经损伤的特殊人群。基于 EEG、fNIRS 的 BCI 系统不会对皮层造成功能性和结构性的损伤,因此对应地称为无损 BCI,也称为非侵入式 BCI、间接 BCI 等。

肌肉系统也可以看作人或者动物的大脑外部设备,大脑皮层产生神经信号,控制肌肉完成各种简单或者复杂的任务。如果能够直接采集脑神经信号,建立某种翻译系统,将皮层神经元群的信号翻译成控制命令,那么就可能绕过肌肉系统,直接实现对机械系统等身外之物的控制。该问题的关键是:①如何采集足够的底层神经信号以形成准确丰富的控制命令;②如何建立神经信号到控制命令的映射关系。

从近 20 年的有损 BCI 技术发展来看,用于采集神经元群信号的主要是 ME、MEA 和 ECoG。ME 是最先使用的技术,但因为只能同时采集若干个神经元的信号,所以可以实现的控制自由度非常有限,只能作为可行性研究使用。MEA 一次可以采集数十个甚至数百个神经元的发放信号、局部场电位信号等,因此在有损 BCI 研究中得到了特别的关注。ECoG 可以采集到皮层处的电位信号,此信号是由神经元发放信号、局部场电位信号、离子通道电流等诸多成分共同作用生成的,它和外部刺激及脑意图的相关性不如 MEA 信号那么强,所以在使用时不如 MEA 信号直观、直接和易于解释。但是,因为 ECoG 电极相对 MEA 具有皮层区域覆盖更广、时空分辨率更高、频率动态范围更广、皮层增生现象更少、电极稳定时间更长等诸多优点,所以有能力形成更为丰富、鲁棒的控制命令,是有损 BCI 中非常有潜力的一种脑信号采集技术,再加上此技术并不会对神经元造成真正的损伤,被试需要的训练量也较少,所以相对于 MEA 有更加现实的应用前景。不过,无论是 ME、MEA 还是 ECoG,采集到的都只能是皮层功能区局部的一个小样本信号,这样就带来了一个问题:这样的小样本究竟能在多大程度上反映某种认知活动信息处理,或者说这些信号能否和肌肉系统接收到的神经信号同样丰富;如果不能,那么差距又有多大? 已有研究证明,大脑是一个小世界系统,即脑的神经元群按照功能可以划分为一个个功能单元,这些功能单元间有稀疏连接,而在功能单元内,神经元是丰富连接的,并且功能相近。这些功能相近的单元在空间上又倾向于分布在一起。这样,在原理上就不需要知晓所有神经元的发放信息,而仅需要在每个相对独立的功能单元内采集数个神经元作为样本就可大致了解信息处理、传递的基本情况。在实际研究中,研究者的确会在多个被关注脑区内分别植入 MEA,得到相对丰富的信息,如 Wessberg 等[17] 在 2000 年的工作便是如此。虽然小世界特性降低了 ME、ECoG 等技术观测大脑全局变化的难度,但并没有使全面观测真正可行。仅靠小样本神经元信息肯定不足以完全解码脑信息处理过程,可以断言,有损 BCI 技术虽然有望实现较为复杂的脑机通信,但是与人脑和肌肉系统的通信相比,它们的能力肯定是无法相提并论的。

在 BCI 发展之初,有损 BCI 受到的重视程度要高于无损 BCI,这主要是因为研究者认为有损技术得到的神经元发放或者皮层电位信号等是神经元彼此通信的真正语言,属于底层信号,直接、直观、纯净,包含的功能性信息要比 EEG 等丰富很多,有望使 BCI 技术拥有强大的信息反解码能力。但是,最初有损 BCI 体现出来的通信能力并没有显著优于无损 BCI。这是因为最初的有损 BCI 仅使用 ME 采集若干个神经元的综合发放信息,研究者只能得到一路或者少数几路信号,这些信号可利用的模式仅为发放的增加或减弱,可以提供的自由度很少,使得整个系统的通信能力有限。直到 2000 年前后,研究者开始使用 MEA、ECoG 等技术采集更大空间范围的神经元电信号,信号通道最高增加到数百个,显著提升了脑机通信的效率。目前,有损 BCI 的通信效果要明显优于无损 BCI,可以实现对机械臂较为流畅的控制,实现抓取、饮水等复杂动作。

自有损 BCI 出现起,其在伦理和安全性方面就存在很大的争议,使得这一技术路线在未来较短时间内应用于健全人脑的可能性不大。这类研究要么归属于纯粹的探索性基础研究,要么就是在神经义肢的领域内进行研究。神经义肢的目的是在神经肌肉系统中增加人工环节,在功能上补偿人类受损的运动感觉、脑认知等功能。在进行了大量动物实验的基础上,20 世纪 90 年代,第一例神经义肢在人脑成功植入。神经义肢和 BCI 并不对等,原因如下:①BCI 的目的是增强对象现有的功能或者补偿对象缺失的功能,其应用对象是健全人、残疾人和动物。神经义肢补偿人体的缺失功能,其应用对象是残疾人。②BCI 中的脑泛指中央神经系统,而神经义肢中的"神经"是指中央神经系统和外周神经系统。③BCI 将大脑首先和一个信息处理平台连接,再根据需要和外部执行机构连接,而神经义肢则是将神经系统和外部设备直接连接。虽然有这三点区别,但两者的基本目标是相同的,即必须建立神经系统和外部设备的通信渠道。因此,两者在研究思路、技术路线、成果形式等诸多方面表现出相似性。在实际中,两个名称存在混合使用的情况。

2000 年前后,随着神经电信号采集技术的成熟,开始有很多研究者使用 ME 和 ECoG 技术直接在皮层处采集神经元群信号,可以采集数十个甚至数百个神经元用于 BCI 系统。有损 BCI 的研究是以动物、特殊残障人士为对象开展的,但从研究数量来看,在 BCI 研究中属于小众领域。有损 BCI 正在不断地实现越来越复杂的脑机通信系统,这些都是无损 BCI 暂时无法完成的。因此,虽然有损 BCI 的应用前景不明确,但是担负着不断探索、拓展 BCI 能力的任务,揭示着 BCI 的明朗未来,指示着 BCI 的发展方向,增强 BCI 研究者不断深入探索的决心。下面简要介绍有损 BCI 发展中一些关键性、具有重要影响的研究。

1.2.2 有损 BCI 发展中的一些重要研究

自 20 世纪 60 年代起,陆续有研究发现,猴子经过训练后,在不做肢体动作的前提下可以主动控制一些神经元的发放频率[18,19],这是 BCI 的起点。这些发现意味着通过主动控制神经元的发放频率可以形成一个简单的脑机通信系统。在猴脑上进行的关于运动皮层的若干研究进一步揭示,在前运动区等皮层区域内,神经元会早于肢体动作产生发放,这说明运动意图是可以被观测到的。一个明显的思路是:采集这些体现运动意图的神经元群信号,将其映射为控制命令,脑就可以绕开外周神经肌肉系统,实现对某些外部设备的直接控制。但是最初的研究并没有采用这个思路,而是采用了"复制"运动的思路。在被试肢体做出预设动作时,研究者采集被试控制肢体运动的神经元发放信号、皮层电位信号等,根据信号和肢体动作间的先验性关系(图中 b 操作杆)建立数学规则,完成信号的时空模式和具体肢体动作之间的映射。一旦获取这些映射,就可以利用信号控制外部设备去完成和肢体相同的动作。通过对比外部设备和肢体动作的差异性衡量这一"复制"效果。例如,1999 年,Nicolelis 等[20]研究了大鼠运动区神经元发放信号对简单肢体动作的编码能力问题,如图 1.5 所示。将神经元群发放信号作为输入训练了线性和非线性函数,函数输出为一模拟量,直接按比例转化成电压,驱动机械机构(图中 b 操作杆)执行完成杠杆按压任务。研究发现,采集到的神经信号具有足够的信息来完成对杠杆的实时控制。这个研究展示了利用神经元群发放信息实现 BCI 系统的潜在能力。研究者首先训练大鼠通过按压杠杆来控制机械臂取水。任务的关键是杠杆按压力度和时间的配合。当大鼠能够熟练控制杠杆后,在其运动区和丘脑腹外侧核(这是实际控制上肢运动的区域)植入 MEA,利用 16 通道 EMA 采集了这两个区域的神经元发放信号,平均每只大鼠采集到 33 个神经元信号。这个数目与运动区、丘脑的神经元数目相比很小,所以研究所实现的编码能力和脑区实际编码能力还存在质的区别,若能够实现更大规模神经元信号的实时采集,则可预期实现更为复杂肢体行为的预测和机构控制。

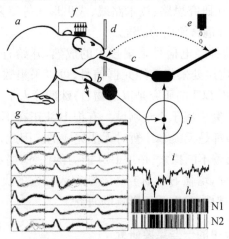

图 1.5　Nicolelis 等实验示意图[20]

a 是实验大鼠;b 是按压杠杆;c 是可以通过控制改变倾斜度的水槽;d 是大鼠的取水口,大鼠可以通过此处饮用水槽中的水;e 是不断滴水的容器,当水槽倾斜度合适时,水滴会不断滴入水槽;f 是在大鼠脑皮层植入的微电极阵列;g 是微电极阵列采集到的神经元群发放的波形信号示意图;h 是某两个神经元发放序列示意图,一个发放用一条竖线代表;i 是神经元群发放的强度曲线,反映单位时间内神经元发放的多少,此强度信号用来控制步进电机;j 实现对水槽的倾斜度控制,当倾斜度合适时,水槽会将从 e 处取得的水导引到 d 处从 BCI 角度来审视,该研究的重要性在于为 BCI 能力范围的探索做出了贡献。在无损 BCI 只能实现低效率脑机通信的现实情况下,这一有损 BCI 的研究显示出 BCI 未来广阔的发展空间。在该研究中,大鼠需要做出上肢按压杠杆的动作,所以神经元的发放信息就是真实肢体运动的控制信号,但 BCI 更希望不做肢体动作,而是通过直接控制神经元群的发放来完成机构的控制,也就是使用运动意图信号完成控制。

Wessberg 等[17]在 2000 年利用 MEA 技术采集到了猴子主运动皮层等 6 个运动相关脑区的神经元发放信息。这些脑区既有实际控制肢体运动的皮层区域,也有产生运动意图信号的皮层区域。该研究为考察利用运动相关脑区建立 BCI 系统可行性提供了重要素材。Wessberg 等利用神经元群信号高精度地恢复了猴子手臂的运动轨迹,利用提取出的运动轨迹,在机械臂上复制了手臂的运动。和 Nicolelis 等的研究一样,该研究的重要性不在于实现了机械臂的随动控制,而在于清楚地说明了特定皮层神经元发放包含着丰富的信息,足以利用其实现脑与外部设备复杂、精确的信息交互。相对于 Nicolelis 等的工作,Wessberg 等的研究主要在以下方面取得了新进展:①采集到的运动相关脑区更加全面,得到了更有参考价值的数据和分析结果;②设计的脑机通信系统更为复杂,可以实现更加复杂的肢体控制任务;③采用了猴子作为被试,皮层结构和功能更加接近人脑,结论的参考价值更大。其实验示意图如图 1.6 所示。

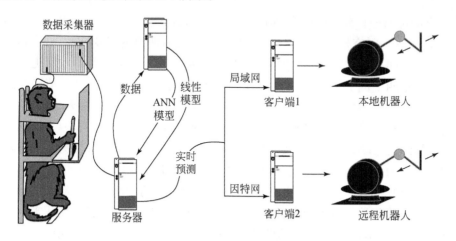

图 1.6　Wessberg 等的实验示意图[17]

该研究使用了两只恒河野猴。第一只植入了 96 通道微电极,分别在背外侧前运动皮层(dorsal premotor cortex,左右侧各 16 通道)、主运动皮层(left primary motor cortex,左右侧各 16 通道)、后顶叶(left posterior parietal cortex,左右侧各 16 通道)。这 3 个脑区被认为是运动控制的相关脑区。植入的 MEA 可以采集到丰富的皮层运动控制信息。但是，即使是植入了 96 通道微电极，每个脑区也只不过分布了 16 通道微电极，且 16 通道微电极仅覆盖数平方毫米的范围，所以不可能全面采集到该脑区的神经信号。这就相当于在一个有数万人的大礼堂里布置了一个麦克风，只能清晰采集麦克风附近几个人的声音。虽然通过麦克风可以大概判断礼堂的喧闹程度，但无法获得每个人的说话声。不过实际情况可能略好，这是因为脑信息处理具有稀疏性特征，也就是具有相同功能的神经元在空间上是集中分布的，好比礼堂里虽然有数万人，但是并不是每个人都在表达不同内容，它们大致上可以分成几组，每组内各个人表达的信息大致相同。这样，这 16 通道微电极采集到的信号也就具有了一定的代表性。第二只猴子植入了 32 通道微电极，分别在左侧背外侧运动前皮层（16 通道）和左侧主运动皮层（16 通道）。第一只猴子采集了一年的数据，第二只猴子采集了两年的数据。猴子被训练去随机抓取一个盘子中的四种食物，同时采集它们的 MEA 数据。每次抓取，猴子的手臂都从相同的出发点出发，抓取食物，送到嘴边进食，然后手臂返回出发点。研究发现，神经元发放频率和运动轨迹有强的相关性，不过这种相关性在不同脑区是不同的，不同神经元发放频率的变化可视为数据的一种时空模式。通过分类学习，将数据的不同时空模式对应于不同的运动状态，就可以实现利用 MEA 信息预测猴子手臂的运动轨迹。Wessberg 等利用这一实时预测实现了本地和远程机械臂的运动控制。对比猴子手臂实际轨迹和机械臂轨迹，可以发现两者具有相同的趋势，见图 1.7。图 1.7(a) 是第一只猴子的两个例子，图 1.7(b) 是第二只猴子的两个例子。但研究同时发现，这一时空模式到手臂运动的映射关系具有明显的时变特性，分类器参数只有随着时间不断调整（始终使用当前数据不断调整分类器参数），才能更好地实现预测。这四个例子中，预测轨迹反映了实际轨迹的趋势，但是对于精确空间位置，如盘子、嘴这两个关键位置，预测位置和实际位置存在一定的偏差，这说明利用此研究的实验范式还无法实现精细的运动控制。这是可以理解的，因为预测的累积误差最终会反映在位置上。单纯依靠运动皮层的神经元信息显然无法消除这一累积误差。为了实现精确位置的到达，猴子和人类都是需要视觉反馈的。研究还发现，前运动皮层神经元预测能力最强，使用相对少的前运动皮层神经元就可以实现较高精度的分类。前运动皮层信号是动作意图信号。结果说明，绕开实际肢体运动，仅依靠动作意图信号是可能建立起高效 BCI 系统的。同时也说明，在建立BCI 系统时，脑区选择是一个值得研究的问题。视觉、触觉等不同感觉通道需要分别研究，以形成各自优化的通道参数。当然，形成不同脑区 BCI 能力的绝对排序也是不合理的，因为其能力可能与具体任务有关。总体来说，BCI 优化将是一个十分细致的研究工作。Wessberg 等的研究清楚地表明，神经信号包含足够的信息以重建肢体运动，通过神经系统直接控制外部设备进行复杂运动是可行的。

　　有损 BCI 技术在极个别功能损伤人类个体大脑上进行了探索性研究。这些研

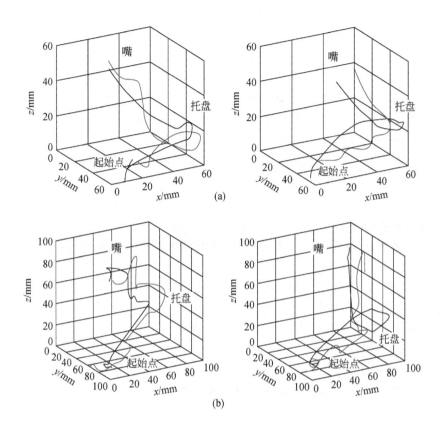

图 1.7 猴子手臂的实际运动轨迹(黑色曲线)与
根据数据预测出的运动轨迹(红色曲线)(见彩图)

究都是被试自愿进行的,因为稀缺而显得极为珍贵。2000 年,Levine 等[21]在癫痫患者的运动感觉皮层内植入皮层 ECoG 电极。在该研究中,虽然需要打开被试的颅骨和硬脑膜,但电极仅是紧贴在皮层上面,并不会对神经元产生直接明显的损伤(其潜在的长期影响还在争论中)。在声音提示下,被试需要进行脸部、舌头、脚部的运动。通过对采集到的 ECoG 信号进行分类,探索是否可以通过信号反编码对应的动作。共 17 个被试参加了这项研究,被试规模在类似的研究中是少见的。最终的平均识别正确率大于 90%,识别错误率小于 10%,达到了可用级别。这一研究只是在相当粗糙的程度上证实了人脑运动控制信号的可分类性。因为脸部、舌头和脚部的运动控制分属不同的功能亚区,它们在空间上是分离的,所以原理上实现分类并不困难。借助这样的结论建立 BCI 系统,也只能形成开关量的控制能力(即只能传递 0 和 1 这样非此即彼的状态),实际可以实现的通信能力是很有限的,并没有建立起相对于无损 BCI 应有的优势。不过因为这一研究毕竟是在人脑上进行的,所以还是属于开创性的工作之一。

2000 年,Kennedy 等[22]在瘫痪患者的运动皮层内植入了特殊电极,采集神经元的发放信号。通过训练,患者可以控制神经元群的发放频率。利用这一主动控制的发放频率变化,实现了光标的移动和简单信息的输入。该研究和 Wessberg 等的研究具有可比拟的重要性,它们都证明了避免肢体运动,直接利用神经元信息实现脑机通信的可能性。Kennedy 等的研究是在人脑上完成的,更突出了研究的重要意义。研究中,在 3 个瘫痪患者的运动区植入了特殊电极,电极中空,神经元轴突会在其中生长,电极可采集到轴突中传递的发放信息,由此判断神经元的发放频率是增加、减弱还是不变。虽然电极可以同时采集多个神经元的发放信息,但是研究者并没有尝试将不同神经元的信号分离开来。研究者将神经元发放频率的变化通过视觉或者听觉形象化地呈现给被试,被试通过一段时间(数月)的训练,可以控制神经元发放频率的增加和减弱。研究者设计了通过光标移动进行拼写的控制实验[22]。根据被试的具体表现,研究者降低了控制难度,当神经元发放频率增加时,控制光标从左向右移动,发放频率持续增加,光标也持续向右移动,发放频率降低或者不变时,光标停止运动。停止时间大于某个阈值时,就自动单击光标所在的按钮,实现符号输入、删除等操作。实验中的虚拟键盘是多行排列的,见图 1.8,所以在进行光标从左到右的移动控制前,还需要进行键盘的行选择。这一控制无法由神经元发放频率来完成,实验者引用了被试颈部的肌电信号进行选择。因此实际上,在该研究中被试通过多神经元发放仅建立了一个自由度的通信通道。

Space		Period		A	B	C	D
Back		E	F	G	H	I	J
K	L	M	N	O	P	Q	R
S	T	U	V	W	X	Y	Z

图 1.8　Kennedy 等[22]在实验中设计的键盘

在这个研究范式里面,被试不需要进行实际肢体动作以引发神经元群的发放,而是通过直接控制神经元群进行发放,这更加符合 BCI 的理想框架。但研究实现的通信自由度仅有一个,无法构成有应用价值的实际系统。拼写速度为每分钟 3 个字符,和当时 EEG-BCI 拼写系统的速度相当。

2000 年,Taylor 等[23]在 Science 上报道了他们的研究。和 Kennedy 等的研究一样,他们使用动作意图建立了 BCI 系统。研究采集猴子的神经电信号在虚拟三维空间里实现了光标的移动控制。控制光标从中心出发,移动到虚拟立方体的 8 个角处的目标点。通过猴子的手控和脑控两个途径移动光标,在两个途径下通过采集 18 个神经元的发放信息建立映射函数,完成神经元发放信号到光标移动控制信号的转换。手控移动时通过肢体运动和动作意图共同引发神经元发放信号；脑控时，肢体不运动，仅靠动作意图激发神经元发放信号。在两种控制中，映射函数是相同的。在脑控时，通过视频反馈，显示光标的移动。Schwartz 等并没有试图去采集尽可能多的神经元信号以增加信息量，而是在完成任务的前提下，尽可能少地采集神经元群信号。研究发现，仅靠 18 个神经元的信息就足以完成控制任务。经过训练，脑控和手控的效率相当，脑控略低。在脑控时通过肌电设备观测猴子的手臂肌电，发现并无明显的激活现象。他们的研究表明，通过视觉反馈让被试实时了解脑控的效果，对于提升控制精度具有积极的作用。这和人类控制动作精度的实际经验是相符的。因此，有部分研究者专门进行了这方面的研究，这一研究领域称为神经反馈，已经成为 BCI 研究的一个重要分支。

Schwartz 等试图通过尽量少的神经元来实现脑机通信任务，其研究结果也证实某些神经元相对于其他神经元在 BCI 中具有更好的效果，依靠它们是可以完成一般性运动控制的。但总体上，有损 BCI 的发展趋势是采集尽可能多的神经元信号，原因如下：①对于控制任务，具有特异性的神经元位置是未知的，因此无法保证在每次实验中都能稳定获取特异性神经元的信息。此外，神经元信号容易受到多种因素的影响，从单个神经元来看，其信号缺乏鲁棒性，不足以依靠其建立性能稳定的控制系统。②运动控制功能是分布在皮层多区域内的，仅靠局部区域的数个神经元肯定无法解码所有控制信号，因此对于复杂系统的 BCI 控制任务，多脑区、大样本的神经元信号采集是必需的，并且可能需要多种信号混合使用，如同时采集神经元群发放信号和局部场电位信号，才能提升未来有损 BCI 系统的性能。

Schwartz 研究团队继续推动相关研究，尝试在三维空间内控制机械臂完成更为复杂和更具实际意义的任务。2008 年，Velliste 等在 *Nature* 上发表了最新研究成果[24]，实现了猴子利用神经元群信号直接控制三维空间机械臂完成食物的抓取和喂食。研究使用了群体向量算法（population vector algorithm，PVA），通过 MEA 实时采集神经元群信号，形成实时群体向量。这个向量是采集到的神经元偏好方向的矢量和，在矢量求和时利用神经元即时发放频率对其进行加权，也就是神经元激活程度越高，其权值就越高。这一矢量和用于估计一个四维速度，其中前三维是机械臂的末端速度，最后一维是机械手两指的相对移动速度。对速度进行积分，得到机械臂末端在三维空间内的位置及机械手两指间的距离。图 1.9(a)是 4 次控制过程机械臂末端的轨迹。蓝色部分表示机械臂手指在进行夹取操作，箭头表示移动方向。图 1.9(b)是 116 个神经元的偏好方向分布示意图。

在移动手臂、抓取、喂食的整个过程中，猴子要实现对机械臂的全程控制，因此任务的复杂程度相比光标移动要复杂得多，此外，抓取和喂食需要 1cm 以内的位置控制精度。猴子在咀嚼的同时可以控制机械臂开始完成下一次的抓取，并且抓

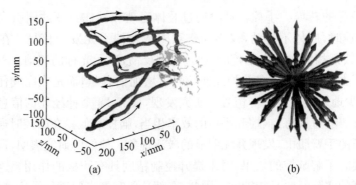

图 1.9　Schwartz 研究团队实现的猴子神经元群控制机械臂的轨迹图和
神经元偏好方向示意图[24]（见彩图）

取过程中眼睛和头部的移动不影响控制任务,说明控制负荷处于低水平,控制效率
是很高的。该研究采集了 116 个神经元信息,这种 BCI 系统虽然是有损的,但是真
正影响到的神经元很少,考虑到皮层神经元的小世界特性,大量神经元执行着类似
的信息处理任务,因此数百个神经元的损失并不会影响大脑整体的信息处理过程,
而电极植入本身带来的诸如感染、增生等才是真正影响有损 BCI 应用的问题。猴
子的手臂是固定的,机械臂安装在肩部,这样从猴子的视角来看,机械臂的移动和
真实肢体的移动是相似的,所以从视觉反馈来考虑,符合猴子的日常经验,这也是
猴子能够轻松完成控制的原因之一。其实验示意图如图 1.10 所示。

图 1.10　Schwartz 等[24]实验示意图
实现了猴子利用神经元群信号直接控制三维空间机械臂完成食物的抓取和喂食

研究表明,使用一段时间的机械臂后,神经元群的响应特性会发生变化,以便
更为有效地实现机械臂控制,机械臂会更加像被试的真实肢体。当通过 BCI 控制

外部设备时,特别是残障人士为了补偿运动功能,希望外部设备能像真正的肢体一样拥有真实的控制感。为了达到这一点,需要在多种感觉通道上输入和人们的经验相符的信息,促使大脑产生真实的感觉。例如,用手臂抓取物体时,可以看见手臂和物体的实时相对位置,可以感觉到抓握时的压力,可以感觉到物体表面的粗糙程度等,这些都是在真实肢体实现抓取时,视觉、触觉通道上得到的信息输入或者反馈。更复杂的还可能需要声音、味觉等更为细致的反馈。这些反馈是人们后天学习获得的经验,是通过不断实践记忆在大脑中的。如果在利用 BCI 控制外部设备的同时在各种感觉通道上模拟输入与人们的经验相符的信息,那么就会让大脑感觉到真实感。例如,在利用机械臂抓取杯子时,向感觉通道反馈压力、摩擦力等。研究已经证明[25],有了这种虚拟的真实感,可以有效提升 BCI 的训练效果和通信效果,还可以使被试的精神状态更加稳定,降低疲劳感。最简单的反馈就是视觉反馈,通过让被试观看一个虚拟手臂的运动,就可有效提升控制效率。还有研究者提出,在进行感觉反馈时,并不见得一定要通过肢体的感觉通道(如视觉、触觉等)进行反馈,可以尝试直接将反馈转化为电脉冲的形式反馈给皮层(也就是直接刺激皮层),如将握力、摩擦力、位置等直接反馈给运动感觉皮层,如图 1.11 所示,被试在经过训练后能够正常理解这些输入刺激的含义。实验表明,其反馈效果好于感觉通道的反馈。

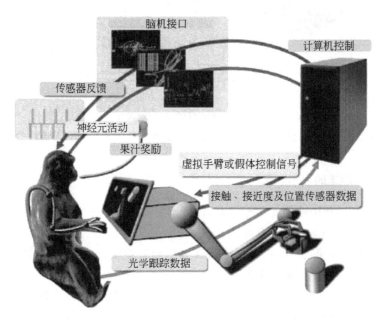

图 1.11　有利于 BCI 训练和通信效果提升的多模态感觉信息反馈[25]

2011 年,O'Doherty 等在采用 MEA 信号控制机械臂的系统中增加了触觉反馈[26],如图 1.12 所示。控制任务设置如下:猴子控制虚拟机械臂在备选目标中选择正确的目标,当虚拟机械臂达到备选目标时,猴子主运动感觉区(S1)的手部(第一只猴子)或者腿部(第二只猴子)映射区会得到一个脉冲刺激串,脉冲刺激串作为输入从外部设备反馈回大脑。正确目标和错误目标的脉冲刺激串频率不同,当选中正确目标时,会得到奖励。该系统是一个双向 BCI 系统,即从皮层采集神经元发放信号,也向皮层输入电脉冲信号。O'Doherty 等将这样的系统称为脑机脑接口(brain-computer-brain interface,BCBI)系统。引入反馈后,BCI 控制虚拟机械臂运动的精度和速度得到提升。在双向通信中,信号都没有经过外周肌肉神经系统,因此这个系统可以将肢体从通信中有效解放出来。

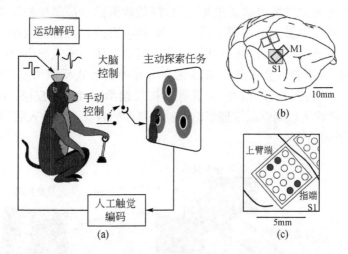

图 1.12　带皮层脉冲反馈的有损 BCI 系统[26]
(a)是实验框架设计示意图;(b)是电极植入位置示意图;(c)是电极植入区域局部放大示意图

1.2.3　有损 BCI 的发展趋势

从最初证实利用神经元信号控制外部设备完成二选一任务到目前利用 BCI 系统实现机械臂移动抓取等复杂动作控制,有损 BCI 的研究经历了一个爆发式的发展。但是,真正实现功能受损者通过 BCI 补偿缺失功能、正常人通过 BCI 扩展肢体能力这一目标还需要突破如下瓶颈。

(1) 在安全、舒适、生物组织适应的脑神经信号采集上取得突破。这又可以分为两个思路:①发展安全的、生物适应的有损 BCI 技术。在电极植入造成一次性损伤后,损伤可控,并且在植入时和植入后仅会对人脑功能和结构造成轻微可忽略的影响。这需要在电极工艺、植入技术、伦理学等多方面取得进展。此外,目前的MEA 其实是二维信号采集技术,只能采集到亚皮层的神经元信号,皮层中不同亚层的功能是不尽相同的,所以应发展三维 MEA 技术,同时采集不同亚层的神经元信号。为了减少甚至避免电极植入后的二次损伤,在一次性植入电极后,电极要能长久地留存于皮层处,并能长时间稳定工作。皮层在植入异物后不会出现器质性和功能性损伤。这就要求电极具有很好的皮层组织适应性,不会出现增生等现象。此外,为了避免线缆对 BCI 系统应用的限制,未来需要考虑无线电极,电极将数据无线传输给信号处理单元,头皮处需要建立信号发射和接收装置,并且要能够实现小型化。目前已经有市售无线 MEA 设备,但是信号质量普遍有待提高。②fMRI、MEG 等具有高的时空分辨率,可以同时观测全脑的代谢活动,进而推断性地对神经元活动进行定性和定量分析。它们在脑认知状态反编码上具有广阔的应用前景。但问题是,它们不具有小型化和便携化特性,在 BCI 的应用研究背景下它们不是合适的观测工具。因此,在未来发展出兼具便携性和高时空分辨率的 fMRI、MEG 等设备也是 BCI 实现突破的重要思路。

(2) 针对有损 BCI 技术,设计适合被神经元群信号直接控制的外部机构。这些机构能够直接理解神经元信号,并且能够执行和神经元信号信息量相匹配的丰富控制任务。此外,机构还需要具有神经反馈功能。在脑机通信过程中通过视觉、触觉,甚至味觉等感觉通道,实时形象化地反馈脑机通信效果,引导人脑的交互状态向希望的方向演进。这样可以显著提升训练效率,降低被试的疲劳程度,最终提升 BCI 的可用性,有助于 BCI 技术的推广。

(3) 未来 BCI 取得突破的原因之一是脑神经代谢信号采集技术取得突破。研究者得以在更高时空分辨率上采集信号,这些信号将包含丰富、精细的脑认知状态信息,可以解码生成更具复杂度和实时性的控制命令,这就对 BCI 信号处理,特别是模式识别与分类提出了更高的要求:需要设计出相应的信号处理算法,完成从神经元群信号向控制命令映射的控制算法。当然,更好地实现神经元解码的基础是更好地实现对神经元信号编码的理解,也就是搞清楚认知、控制信息是以怎样的形式包含在神经元信号里面的。目前关于神经元的信息编码有多种观点,如认为信息编码在神经元的发放频率、发放时间波形、激活/抑制神经元群的时空模式里面等。在 BCI 研究领域内,都已针对这些观点开展了相应的研究工作。但最有可能的是信息是以混合方式编码的,以上观点结合起来可能更加接近事情的真相。建立具体肢体动作和具体神经元群时空模式的关系显然是不可行的。正确的做法是,建立神经元群发放的时空模式和运动参数(如位置、速度、加速度、抓握力度等)的关系,即需要建立的是多种映射关系。那么,这些映射是来自相同的神经元群呢,还是针对每种映射都去寻找更具特异性的神经元群呢? 显然,应该是前者,已经有研究证明了这一点[27]。研究发现,利用相同的神经元群,仅针对不同运动参数训练不同参数集,即可实现多种映射关系。这说明在皮层植入电极时,只要尽力采集更多脑区尽量多的神经元,在后端不需要对这些神经元进行分类,而仅需要训练多个分类器。这也说明,在皮层处,同一个神经元的发放信息包含着多个侧面的信息量。一旦实现这些运动参数的估计,就可以在机械臂上实现这些运动。但是因为累积误差的存在,在经过一段时间积累后,机械臂的运动和肢体真正的运动意图就会产生显著的差别,需要引入某种反馈机制实时补偿误差。人类肢体运动是通过视觉、触觉等完成这一反馈的,所以在未来 BCI 内,也需要建立类似的反馈通道。

(4) 在人类肢体运动时,除了具体的运动皮层控制信号外,还存在高层认知信号编码运动的大体趋势,如伸手、抓取等,有研究者结合这一高层认知信号和具体的运动控制信号,提升了 BCI 系统的控制效率和精度。未来,将运动序列预测、参考帧、运动目标筛选、运动参数实时预测等结合起来使用,BCI 利用这些更为丰富的信息能够实现对外部设备更加灵活、准确的控制。

研究发现,在动物掌握了不需要实际肢体动作的情况下通过神经元群直接控制外部设备后,随着控制经验的增长,神经元群会发生系列变化,从对实际肢体控制的优化逐渐变成对外部设备控制的优化[28],如神经元对方向信息的编码等,甚至这些外部设备最终会变得和实际肢体一样在脑区内建立独立的功能映射区。当然,在这些功能映射建立的同时,脑区和实际肢体的映射关系会变弱。这表现出脑区与外部设备交互的可塑性,通过长时间使用,外部设备最终被大脑接纳作为身体的一部分,这符合用进废退的原则。

1.3　无损 BCI

采用 EEG、fMRI、fNIRS、MEG 等无损脑观测技术搭建的 BCI 系统称为无损 BCI 系统。这些脑观测技术相对于 MEA 等有偏低的观测性能,无法直接获取神经元等发放的底层神经电信号,只能观测综合电波(EEG)、磁波(MEG),以及去氧血红蛋白浓度等代谢信号(fMRI、fNIRS)。利用这些信号反编码大脑的认知状态,得到的信息量和控制信号的时空精度会显著下降,因此无损 BCI 的性能显著低于有损 BCI。不过无损 BCI 也具有很多相对优势:①不会对被试产生伤害,并且EEG、fNIRS 等还具有便携性,使得这类技术有望从实验室走进人们的日常生活;②这类技术相对于 MEA 等可以采集更大区域的皮层信号,即使采集全脑,信息代价也相对较低,因此可综合更多脑区信息用于 BCI 技术,而不像有损 BCI 那样仅局限于感觉运动、视觉等初级大脑功能的扩展。

下面以脑观测手段为线索讨论无损 BCI 的发展历程。

1.3.1　基于 EEG 的 BCI

德国精神病学家 Berger 于 1924 年使用 EEG 第一次记录到了人类脑活动的

电信号[29,30]，他们发现了认知活动和 EEG 信号模式间的相关性，这样通过分析 EEG 信号里面的相应模式就可以反推人类的心理活动，这就是实现 BCI 的基本意图（不依赖于外周肌肉神经系统而直接进行大脑认知状态、认知意图的输出）提供了可行性。这些响应模式基本上是不同频率的振荡，如 Berger 波（14～30Hz）、α 波（8～13Hz）等。Berger 波的 EEG 采集过程非常简单。最初他将银质导线直接埋植在患者的头皮下采集 EEG 数据，后来改进为使用银质薄板作为电极，利用橡胶绷带将电极固定在头皮上。在最初使用毛细管电流计放大信号失败后，使用双线圈记录电流计放大信号获得了成功。这种电流计可以检测出数百微伏的电压。

EEG 信号是在头皮位置采集到的信号，它是皮层内神经元的突触前电位、突触后电位、神经元发放、局部场电位、皮层电位等众多电信号综合的结果，但是这一综合过程是未知的。

EEG 最终采集到的是一个电压信号。某点的电压是指这一点的电压和某个参考点电压的差值，这样，参考电极的选择就是一个问题。根据参考电极的选择方法，其可以分为单极导联法和双极导联法。单极导联中两个电极中的一个是参考电极，另一个用于采集数据。双极导联法中两个电极均可以采集信号，它们互为对方的参考电极。

从一般意义上来讲，BCI 需要的是一种综合性的脑功能信号，它相对于解码任务要有足够的复杂度，或者说要能够从信号里面提取出足够多的稳定时空模式以供后期控制任务使用。但是同时，采集信号的流程不能过于复杂，主要是指被试需要配合的任务执行难度不能太高。如果任务过于复杂，被试的执行效率会降低，执行的认知负荷会升高，这些都会直接降低后期模式的鲁棒性和模式的丰富程度，因此在考虑激发脑信号时，研究者需要在简洁和复杂之间寻求某种平衡。EEG 信号就是一种符合要求的综合性信号，它反映着脑的神经活动和代谢状态，空间尺度大、时间分辨率高。EEG 电极数目有限，只会带来低的计算负荷，加之 EEG 信号采集不会损伤脑的功能，所以在目前的 BCI 技术研究中，EEG 是使用最为广泛的一种信号。

Vidal[2] 在其 1977 年发表的论文中重点讨论了 EEG 信号的各种成分，特别强调了 EEG 信号中的 P300 成分。在处理诱发 EEG 信号时，将其分解为不同的波峰、波谷，将这些波峰、波谷约定为信号成分，数据处理就变成对这些成分的提取，有效简化了分类的难度。可见在 BCI 发展之初，P300 就处于核心地位，直到今天。P300 信号的信噪比很低，埋藏于自发信号中，一般需要通过多次平均以达到稳定提取的目的，但是这样会使信息传递时间延长、传递效率降低。Vidal 在其论文中提到已经成功实现了单次 P300 信号的稳定提取，但是需要针对实验流程和采集环境进行整体设计。但直到今天，单次 P300 的稳定提取依然没有解决，这是制约 P300-BCI 系统性能的主要原因之一。

Vidal 采用单导联方式采集 EEG 信号,参考电极位于耳后,认为参考电位信号包含着各类主要的干扰成分,这些干扰成分在头皮不同区域是基本相同的,因此数据采集电极的信号减去此参考电极的信号,就可以有效去除干扰成分,提升 P300 的信噪比。从信号处理角度来看,BCI 就是一个数据分类的过程,将采集信号分类到预先设定的类型中去,不同类型预先设定对应不同的信息(如控制命令等),通过分类就完成了信息的传递。由此可见,BCI 仅能传递预先设定的信息内容。信息量(如控制自由度)的多寡取决于可以稳定分类的类型数;信息传递的实时程度取决于诱发信号的生成速度和模式分类速度。BCI 传输的信息量和实时性是 BCI 性能的核心指标,也是 BCI 研究者持续努力的方向。

EEG-BCI 是通过分类数据时空模式来判断被试意图的。EEG 在 BCI 中的能力主要受其时间分辨率和空间分辨率,特别是空间分辨率的限制,原因如下:①每个通道得到的 EEG 信号都是大量不同神经元、不同层次电信号的综合,无法从这一综合信号中区分不同神经元群的信号;②底层神经元信号需要透过硬脑膜、颅骨、头皮等才能到达 EEG 电极位置,衰减严重,时空分辨率会进一步降低;③信号中混有肌电、眼电等成分,使得对结果的解释变得困难。

用于 BCI 研究的 EEG 信号成分主要包括 SCP、诱发电位、内源节律信号等。

1)慢变电位

20 世纪 90 年代,德国图宾根大学研究者设计了 BCI 系统[34],其使瘫痪患者通过训练控制 EEG SCP 的变化实现了鼠标的移动控制。但是,这样的系统需要大量的训练,并且 ITR 非常低,每小时仅能完成 100 个字母的输入。因为这一方法在时间、效率、准确度和训练难度上都存在劣势,所以目前已经基本不再使用。

2)诱发电位

诱发电位包括 ERP、稳态诱发电位(steady-state evoked potential, SSEP)等。其中,SSEP 又可以根据感觉通道分为 SSVEP 和稳态触觉诱发电位(steady-state somatosensory evoked potential, SSSEP)等。从整体来看,诱发电位,特别是其中的 SSEP,对被试的要求较低,并不需要像 MI 那样要求精神高度集中,所以认知负荷要低很多。这是因为 SSEP 采集的主要是初级皮层的应激响应信号,整个过程并不需要高级认知功能的参与。MI 是通过振荡的去极化实现的,数据采集要有足够的长度以使稳定振荡的开始及减弱/消失这一过程得到完整的保留,所以每输出一个自由度的选择都需要数秒时间,ITR 相对于诱发电位是比较低的。

(1) ERP。ERP 是指这一电位和事件的出现存在因果关系。事件可以是某一感觉通道(视觉、听觉、触觉等)的输入、肢体的运动,甚至可以仅是某种心理活动。ERP 在事件发生后数百毫秒范围内发生,可以根据峰值的正负和发生的时间分为多种信号成分。ERP 信号强度和背景强度具有相同的量级,因此信号信噪比很低。为了提升信噪比,可以针对单次事件相关信号进行噪声分离的研究,也的确有这方面的尝试,但是更有效、更为通行的做法是:重复采集事件相关信号,然后进行平均以提高信噪比。这样做的假设是:事件相关信号在不同的采集过程中是稳定的,而噪声则是一个近似随机的过程,通过平均,随机噪声会消减,稳定出现的模式就会突显出来。

ERP 信号的主要特征是振荡,在这种振荡中有意义的是波峰和波谷的出现时间。以前的研究者给这些波峰、波谷起了通用的名称。波谷设定为负峰,波峰设定为正峰,这点需要特别注意。设定的名称有 P100、P200、P300、N100、N200 等。例如,P100 是指出现在事件发生后 100ms 左右变得显著的正峰(即 100ms 左右出现的波谷),其他的以此类推。P100、N100、P200 是外源成分,N200、P300 是内源成分。外源成分是指这些信号成分和外部输入的直接激励相关,内源成分是指信号成分来自脑的信息处理机制本身,与外部信号的具体特征没有关系。在这些正负峰成分里面,最重要、应用最广泛的就是 P300,即 300ms 左右显著出现的正峰。P300 随着感觉输入通道的不同,分布区域会有差别,例如,视觉诱发时枕叶区域是 P300 最显著区域,听觉诱发时颞叶区域是 P300 最显著区域。因为 P300 是内源信号成分,所以更多的是一种认知信号。因为 P300 的应用占据优势地位,所以有时事件相关信号单指 P300。

早在 1988 年,Farwell 等[8]就实现了使用 P300 完成屏幕目标选择的任务。将 36 个备选目标(字符)在屏幕上显示为 6×6 的矩阵。被试不需要生物反馈,也不需要自主改变 EEG 信号,仅需要始终注视目标,矩阵行列依次闪烁,12 次完成所有行列的闪烁,这样,目标字符会闪烁两次,每次都会激发出 P300 信号,对比 P300 的出现时间和行列闪烁时间,就可以知道目标位于第几行、第几列,完成目标的选择。目前,基于 P300 的 BCI 不仅限于目标选择、字符拼写,也应用于外部设备控制上,主要将屏幕上的目标和具体的控制命令联系起来,选择目标就是选择控制命令,选定目标即开始执行相应的控制命令。

在激发 P300 信号时,所有的备选目标必须依次出现,出现时间不能有交叠。因此,ITR 依赖于目标的总数,总数越高,ITR 越低,反之亦然[31]。但不能为提高 ITR 一味减少目标总数,这是因为只有当要选择的目标在所有目标中是一个小概率事件时才能稳定激发出 P300 信号。

(2) SSVEP。当在屏幕上呈现一个以一定频率振荡的目标(如 6Hz)时,被试注视这一目标,被试的枕叶(初级视觉皮层)采集到的 EEG 信号中,相应频率(6Hz)及其 2 次和 3 次谐频(12Hz 和 18Hz)处的信号能量会显著增强。这个增强的频率成分称为 SSVEP 信号。屏幕上不同目标按照不同频率闪烁,通过分析信号中哪个频率段的信号能量增强,就可以推断出被试注视的目标是什么,以完成目标选择。在更为复杂的设计中,不同目标以相同的频率、不同的相位闪烁,通过算法设计同样可以将它们区分开来。频率一般设定为 6~24Hz。如果被试不能正确注视目标,那么正确率就会显著降低[32]。

相对于 MI 和 P300 等,SSVEP 在 ITR 方面具有优势。根本原因是,在 SSVEP 范式中,目标可以同时显著呈现而不需要顺序显著呈现,不存在 P300 那样的静息时间。2015 年,清华大学 Chen 等在 *Proceedings of the National Academy of Sciences of the United States of America* 上发表论文,报道了他们的高速 SSVEP-BCI 系统,这是目前一个最好的 SSVEP-BCI 系统,12 个被试的平均 ITR 达到 260bit/min,识别正确率达到 91%[33]。

(3)SSSEP。SSSEP 和 SSVEP 的原理是相同的,只不过刺激是通过触觉通道到达大脑。SSSEP 因为不需要屏幕等视觉刺激源,整个系统变得简洁。不过被试需要佩戴振荡器,在进行脑机通信时,所有振荡同时振动。在 SSVEP 中,被试需要注视待选目标,这样目标的振荡模式才能在初级视觉皮层内引发显著共振。SSSEP 也同样需要这样做,被试需要将注意力转移到待选择振荡器上,以加强其振荡对运动感觉皮层的影响。显然,SSVEP 和 SSSEP 都利用了人类感觉通道上的注意机制,人类可以通过主观选择来加强某些通道的输入,屏蔽某些通道的输入。只不过这一注意机制的利用对触觉通道来说要比视觉通道困难一些。人类视网膜上的光电传感器(视杆、视锥细胞)并不是均匀分布的,中央凹部分的分布密度远高于其他地方。当注视某个目标时,目标就投射到中央凹上。这样,即使被试不启动认知处理机制,此目标对视觉初级皮层的影响相对于投射到其他位置的目标更容易引发皮层共振。但是在触觉通道上,被试不太可能利用触觉传感器分布上的差异来加强或者减弱某些目标对运动感觉皮层的影响,而是需要更多地依靠注意机制去加强特定通道的影响。因此,原理上 SSSEP 相对于 SSVEP 只能设定更少的备选目标。

2006 年,Müller-Putz 等[34]研究了 SSSEP 的可行性。实验中,被试的左右食指上连接了振荡器,可以提供指定频率的振荡刺激。在顶叶的运动感觉皮层设置了 6 个电极采集信号,对得到的时间信号分别向刺激同频率正弦和余弦投影,得到等效正弦振荡的幅值和相位。实验开始后,两手的食指同时受到不同指定频率的振荡刺激(20~31Hz),持续 4s 左右,其中随机地加入若干个 0.125s 振荡幅值突然减弱的时间片段,要求被试默数指定食指的这些片段的个数,以此保证被试将注意力集中在正确的食指上。在加入反馈的情况下,5 名被试的离线识别正确率为 64.4%~75.0%,在线识别正确率为 63.8%~71.7%。最好的被试识别正确率达到了 88.1%。考虑到这是一个二选一的实验,得到的识别正确率不算高,但基本证明了 SSSEP 的可行性。作者指出的主要改进方向是如何选择合适的反馈方式,使反馈本身不会影响被试将注意力集中在食指上。其实验示意图如图 1.13 所示。

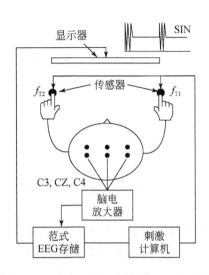

图 1.13　Müller-Putz 等[34] 的实验示意图

3) 内源节律信号

EEG 信号中包含大量以周期振荡为特征的信号成分,其频率变动范围为每秒 1~30 次,可划分为 4 个波段,即 δ(1~3Hz)、θ(4~7Hz)、α(8~13Hz)、β(14~ 30Hz)。

将内源节律信号用于 BCI 时,并不是使用节律信号本身,而是使用意识对节律信号的调制现象。最典型的应用莫过于 MI。MI 是以 SMR 信号作为输入的 BCI。 SMR 包括 α 节律、β 节律等,主要是以 α 节律为主。这些节律信号的增强和减弱与运动的准备、执行或者单纯的 MI 有关。例如,在运动准备、想象或者执行时,α 节律会减弱,而在运动结束或者空闲状态时,α 节律会增强。这样可以仅通过 MI,而不需要实际的肢体动作就可以调制 α 节律,通过判断 α 节律的增强与减弱,反推被试此时的 MI 任务,从而根据预先设定的 MI 任务与所需执行任务间的映射关系来实现脑机通信。目前主要的 MI 任务有想象左手、右手、双脚、舌头的运动,以及什么也不想的空闲状态,可以产生五种脑状态,对应五种执行任务。ITR 可以达到 60bit/min,每分钟可以拼写 5~8 个字符。因为分类器很难将单独想象左脚和单独想象右脚分开,所以目前是将双脚作为整体来进行 MI 的。因为 MI 并没有实际产生动作,所以为了让大脑和真实运动一样有效调制节律信号,有必要引入视觉或者听觉反馈等以加强真实运动的感觉。这种反馈更多是在训练阶段使用,当被试足够熟练,能够稳定产生脑状态后,就可以取消这一反馈,这样,在实际使用 SMR 时,BCI 系统不再需要显示器等提供额外的外界刺激,降低了整个系统的复杂度。 正是因为这一简洁及相对高的 ITR,近几年 MI-BCI 的使用非常广泛。

并不是所有人都适合使用 MI 范式。Guger 等[35] 在 2003 年招募了 99 名被试,进行了 MI-BCI 实验,任务是控制屏幕上的小球完成左右移动。MI 设定为手和脚的运动。结果显示,经过 20~30min 的训练,20% 的被试可以实现 80% 以上的识别正确率。70% 的被试可以实现 60%~80% 的识别正确率,不到 10% 的被试在这个二选一的测试中的识别正确率无法超过随机概率(50%)。

　　MI 范式可以分为同步、异步两种情况,其区别在于是否可以主动识别空闲状态,若能够识别,则称为异步 MI,否则称为同步 MI。能够识别空闲状态意味着被试不需要时刻进行 MI,仅在外部设备需要控制时进行。异步 MI 可以显著降低MI 任务的难度。

　　虽然 MI 至少可实现五选一,但是应用最多的还是三选一,即左手、右手和空闲状态。将三个状态结合起来,多用于实现对外部设备的运动控制,如地面移动机器人的行走、地面移动平台的行驶等控制。这些控制中,若识别出空闲状态,则保持被控对象移动方向不变;若识别出右手运动,则控制向右转;若识别出左手运动,则控制向左转。更复杂的,还可以将想象的持续时间用来决定转向的角度。此外,可以利用序列 MI 扩展控制自由度,实现更为复杂的系统的控制。作者团队利用 MI 范式已经实现了小汽车的低速行驶(5~10km/h)控制和两足步行机器人行走控制等。

1.3.2　基于 fNIRS 的 BCI

　　fNIRS 使用 700~1000nm 近红外波段光通过颅骨透射至皮层,反射光的强度变化主要反映皮层去氧血红蛋白浓度的变化,所以它和 fMRI 信号是同源的。虽然有较高的时间采样频率,但是因为血流动力学过程本身是慢变的,所以 fNIRS实际的时间分辨率较低,在秒量级,与 fMRI 在同一等级,显著低于 EEG。fNIRS光极分为发射光极和接收光极,所以建立一个数据通道需要两个光极,加上光极体积相对 EEG 电极要大,所以目前主流 fNIRS 可以布设的光极数目在 64 道以下,使得此技术的空间分辨率比 EEG 更低。这一技术引入 BCI 研究的原因是其采集的是代谢信号,能够对 EEG 信号形成互补,有望提供新的信息。

　　第一个 fNIRS-BCI 出现在 2004 年[36],研究仅实现了 1 个自由度的控制。实验使用了 1 个数据通道(1 个放射光极、1 个接收光极),接收光极安置在 C3 位置,即手功能映射区上方。ITR 为 3bit/min,识别正确率为 75% 左右。这个研究相对简单,但是验证了 fNIRS-BCI 的可行性。之后,fNIRS 被越来越多地报道,出现了在线系统,并且应用于闭锁综合征(locked-in syndrome)患者,在个别研究中的识别正确率甚至高于 EEG 系统。但是,所有这些研究只能表明 fNIRS 可以作为EEG 的一种补充出现在 BCI 领域中,最吸引人的地方就是它的信号成分,可望提供更加丰富的脑信号,但就目前的研究结果来看,相对于 EEG,单独的 fNIRS 并没有带来显著的性能提升。已经有研究者将 EEG 和 fNIRS 联合使用形成一个混合

BCI 系统。德国 Brain Products 公司也已经出品了这样的混合采样产品供研究使用。在混合系统中,EEG 主要负责通信信号的产生;fNIRS 主要负责空闲状态和工作状态的识别,能够准确区分空闲和工作状态,可以形成异步 BCI 系统,有助于提升识别正确率和通信效率。EEG 的背景噪声强烈,要区分空闲状态和工作状态并不是一件容易的事情,但对于 fNIRS 却是相对简单的。Zephaniah 等[37]的研究显示,综合使用 fNIRS 和 EEG(图 1.14)相对于单独使用 EEG 提高了正确分类率,个别被试提升达到了 20%。

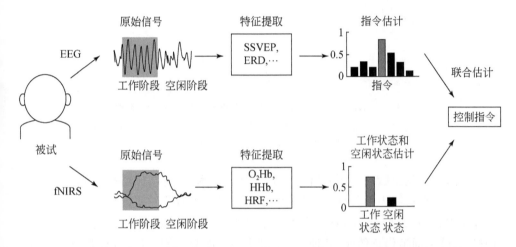

图 1.14　Zephaniah 等[37]提出的 EEG-fNIRS 混合 BCI 系统流程图

fNIRS 用于识别空闲状态,并不用于产生直接控制命令,在这个范式内,fNIRS 属于从属地位

也有研究者在 BCI 中将 EEG 和 fNIRS 同等对待,都用于控制命令的产生。Khan 等[38]提出的 EEG-fNIRS 混合 BCI 系统(图 1.15)实现了前后左右 4 个自由度的控制。其中,前后是由 fNIRS 采集前额叶数据实现的,左右是由 EEG 采集左右运动区信号实现的。每隔 0.6s 可以产生一个命令,解码的正确率达到 80% 以上。研究中,左右控制不是通过 MI,而是通过左右手的手指运动实现运动感觉皮层的激活,前后控制是通过心算和默数来实现前额叶的状态区分。这个研究中,自由度的增加主要是靠增加观测皮层区域和设计复杂任务实现的,并不是 EEG-BCI 的现有范式。

2014 年,德国图宾根大学的研究者通过 fNIRS-BCI 系统实现了植物人对所提问题进行"Yes"和"No"的选择,识别正确率达到了 75% 左右[39]。

1.3.3　其他无损 BCI

1) 基于 fMRI 的 BCI

fMRI 在人脑的结构和功能研究中处于绝对主流地位,具有无损伤、时空分辨

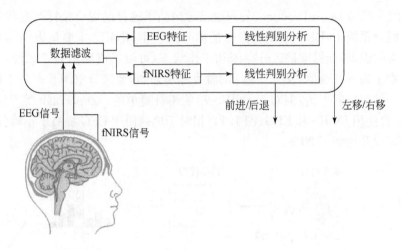

图 1.15　Khan 等[38] 提出的 EEG-fNIRS 混合 BCI 系统流程图

fNIRS 用于产生前后移动命令，EEG 用于产生左右移动命令。fNIRS 和 EEG
处于同等地位，均产生直接的控制命令

率高的特点。其全脑的空间分辨率达到了立方毫米级，时间分辨率达到了数百毫秒。但因为在短期内不具有便携化的可能性，所以在 BCI 的研究框架下，fMRI 使用并不多，现有的基于它的研究也主要是可行性、原理性方面，针对的是脑信息处理机制、感觉通道信息传递、处理和调制的规律、脑观测信号神经代谢机制研究等。研究者希望通过 fMRI 得到在 EEG 等观测手段下无法得到的结论，以直接或者间接地提升 BCI 的性能。

2004 年，Peplow[40] 利用 fMRI 实现了一个 brain pong 游戏。通过 fMRI 分析被试的意图信号，实现了对屏幕上乒乓球拍的前后移动控制。系统可以实现两个被试的实时对抗游戏。不过，在这个研究中，乒乓球拍只能前后运动，整个任务比较简单，仅有 1 个自由度，需要的 ITR 并不高，并没有体现出 fMRI 高时空分辨率的性能优势。

在 BCI 研究框架下，fMRI 在视觉反编码中的研究卓有成效，体现出了 fMRI 的技术优势[41,42]。利用 fMRI 采集被试视觉脑区甚至是全脑区域数据，通过对数据进行模式分类分析，可以判断出在数据采集的不同时段，被试眼前呈现的是哪类图片或者视频。图片或者视频的种类数在实验中是固定的，所以这样的研究依然是通过脑观测数据的模式分类实现多选一，和 BCI 的一般目的是一致的。这一视觉通道的反编码研究，一方面对视觉信息处理机制建模、视觉脑功能网络研究等具有参考价值，另一方面展示了当观测到的脑时空模式更为丰富时 BCI 可能带来的性能提升。

2) 基于 MEG 的 BCI

相对于 EEG，MEG 具有空间分辨率高（实现更精确的空间定位）、信噪比高、频率带宽大(稳定采集 Gamma 波)等优点。研究者最初希望 MEG 相对 EEG 的性能优势可以带来 BCI 的性能提升,但因为体积庞大,空间环境要求磁屏蔽,所以只能在实验室中采用。2006 年,Kauhanen 等[43]使用 MEG 进行了目标选择的 MEG-BCI 研究,使用 MI 范式,取得了与 EEG-BCI 类似的识别正确率。Mellinger 等[44]利用 MEG 进行了 MI 范式的研究,他们将 MEG 的结果和 EEG 的结果进行了对比,在识别正确率上没有发现显著的区别,MEG 和 fMRI 一样,短时间内不具备便携性,所以基于 MEG 的 BCI 研究主要集中在实验室,用于脑信息处理机制和脑意图信号产生机制的研究。

3) 基于瞳孔直径测量的 BCI

2016 年,Mathôt 等[45]利用瞳孔尺寸的变化实现 BCI 功能。该研究基于这样一个事实:在视野中局部出现亮度的变化,如果被试注意到这个变化,那么瞳孔尺度(直径)会变化,亮度增强,直径变小;如果被试没有注意到这个变化,亮度减弱,直径变大。人眼仅需注意这个变化的局部而无须注意它也会有这样的规律,即变化发生在视网膜外周野时,也可以引起瞳孔直径的相应变化。研究者设计了和 P300 范式类似的过程,让候选目标依次亮起,根据瞳孔尺寸变化和目标亮度变化时间的锁定关系就可以选定目标。目前,这一方法可以实现 1.5bit/min 的 ITR,远低于 P300 的水平。这项技术不仅实现简单、成本低,并且不需要眼球的运动,所以对于眼部无法运动的植物人或者在对保密有特殊要求的领域还是存在应用空间的。

1.4　本书的内容安排

本书并不试图呈现 BCI 完整的面貌。鉴于作者的研究范围等,本书介绍的 BCI 技术基本限于无损 BCI 技术,其中绝大部分技术是作者团队这些年在 BCI 领域内所做的工作。为了全书的系统性,书中也会针对某些具体技术综述同领域其他研究者的工作。

本书内容大体可以分为两部分:第一部分介绍作者团队在 BCI 范式方面的研究工作,其中包括 P300 视觉编码、序列 MI、移动目标选择、触觉通道 P300 范式等(第 2 章~第 5 章、第 11 章~第 13 章和第 15 章);第二部分主要介绍作者团队建立的 BCI 研究原型系统(第 6 章~第 10 章和第 14 章)。这些原型系统采用的主体技术来自第一部分。这些原型系统包括步行机器人行走控制、机械臂操作控制、智能地面移动平台控制、一级倒立摆控制等。为了方便读者阅读,范式和相应的原型系统在编排上放在了一起。

参 考 文 献

[1] Vidal J J. Toward direct brain-computer communication[J]. Annual Review of Biophysics &

Bioengineering,1973,2:157-180.

[2] Vidal J J. Real-time detection of brain events in EEG[J]. Proceeding of the IEEE,1977, 65(5):633-641.

[3] Pfurtscheller G,Neuper C. Motor imagery activates primary sensorimotor area in humans [J]. Neuroscience Letters,1997,239(2/3):65-68.

[4] Birbaumer N,Ghanayim N,Hinterberger T,et al. A spelling device for the paralysed[J]. Nature,1999,398(6725):297,298.

[5] Kübler A,Kotchoubey B,Hinterberger T,et al. The thought translation device:A neurophysiological approach to communication intotal motor paralysis [J]. Experimental Brain Research,1999,124:223-232.

[6] Birbaumer N,Kübler A,Ghanayim N,et al. The thought translation device(TTD)for completely paralyzed patients[J]. IEEE Transactions on Neural Systems and Rehabilitation,2000,8(2): 190-193.

[7] Bin G,Gao X,Wang Y,et al. VEP-based brain-computer interfaces:Time,frequency,and code modulations[J]. Computational Intelligence Magazine IEEE,2009,4(4):22-26.

[8] Farwell L A,Donchin E. Talking off the top of your head:Toward a mental prosthesis utilizing event-related brain potentials[J]. Neurophysiologie Clinique/Clinical Neurophysiology, 1988,70(6):510-523.

[9] Lee P L,Hsieh J C,Wu C H,et al. Brain computer interface using flash onset and offset visual evoked potentials[J]. Clinical Neurophysiology,2008,119(3):605-616.

[10] Guo F,Hong B,Gao X,et al. A brain-computer interface using motion-onset visual evoked potential[J]. Journal of Neural Engineering,2008,5(4):477-485.

[11] Allison B Z,Brunner C,Kaiser V,et al. Toward a hybrid brain-computer interface based on imagined movement and visual attention [J]. Journal of Neural Engineering, 2010, 7(2):26007.

[12] Pfurtscheller G,Solis-Escalante T,Ortner R,et al. Self-paced operation of an SSVEP-based orthosis with and without an imagery-based "brainswitch":A feasibility study towards a hybrid BCI[J]. IEEE Transactions on Neural Systems and Rehabilitation,2010,18(4): 409-414.

[13] Li Y Q,Long J Y,Yu T Y,et al. An EEG-based BCI system for 2-D cursor control by combining Mu/Beta rhythm and P300 potential[J]. IEEE Transactions on Biomedical Engineering,2010,57(10):2495-2505.

[14] Brunner P,Joshi S,BriSkin S,et al. Does the "P300" speller depend on eye gaze? [J]. Journal of Neural Engineering,2010,7(5):56013.

[15] Treder M S,Blankertz B. (C)overt attention and visual speller design in an ERP based brain-computer interface[J]. Behavioral & Brain Functions,2010,6(1):28.

[16] Allison B Z,McFarland D J,Schalk G,et al. Towards an independent brain-computer interface using steady state visual evoked potentials[J]. Clinical Neurophysiology,2008, 119(2):399-408.

[17] Wessberg J, Stambaugh C R, Kralik J D, et al. Real-time prediction of hand trajectory by ensembles of cortical neurons in primates[J]. Nature, 2000, 408(6810): 361-365.

[18] Fetz E E. Operant conditioning of cortical unit activity[J]. Science, 1969, 163(3870): 955-958.

[19] Schmidt E M, McIntosh J S, Durelli L, et al. Fine control of operantly conditioned firing patterns of cortical neurons[J]. Experimental Neurology, 1978, 61(2): 349-369.

[20] Nicolelis M, Fanselow E E. Behavioral modulation of tactile responses in the rat somatosensory system[J]. Journal of Neuroscience, 1999, 19(17): 7603-7616.

[21] Levine S P, Huggins J E, BeMent S L, et al. A direct brain interface based on event-related potentials[J]. IEEE Transactions on Neural Systems and Rehabilitation, 2000, 8(2): 180-185.

[22] Kennedy P R, Bakay R A E, Moore M M, et al. Direct control of a computer from the human central nervous system[J]. IEEE Transactions on Neural Systems and Rehabilitation, 2000, 8(2): 198-202.

[23] Taylor D M, Tillery S I H, Schwartz A B. Direct cortical control of 3D neuroprosthetic devices[J]. Science, 2000, 296: 1829-1832.

[24] Velliste M, Perel S, Spalding M C, et al. Cortical control of a prosthetic arm for self-feeding [J]. Nature, 2008, 453: 1099-1101.

[25] Lebedev M A, Nicolelis M A. Brain-machine interfaces: Past, present and future[J]. Trends in Neurosciences, 2006, 29(9): 536-546.

[26] O'Doherty J E, Lebedev M A, Ifft P J, et al. Active tactile exploration using a brain-machine-brain interface[J]. Nature, 2011, 479(7372): 228-231.

[27] Carmena J M, Lebedev M A, Crist R E, et al. Learning to control a brain-machine interface for reaching and grasping by primates[J]. PLOS Biology, 2003, 1(2): E42.

[28] Lebedev M A, Carmena J M, O'Doherty J E, et al. Cortical ensemble adaptation to represent velocity of an artificial actuator controlled by a brain-machine interface[J]. Journal of Neuroscience, 2005, 25: 4681-4693.

[29] Millet D. The origins of EEG-Session VI-An atomical and physiological models and techniques [C]//The Seventh Annual Meeting of the International Society for the History of the Neurosciences (ISHN), Los Angeles, 2003.

[30] Haas L F. Hans Berger(1873-1941), Richard Caton(1842-1926), and electroencephalography[J]. Journal of Neurology, Neurosurgery & Psychiatry, 2003, 74(1): 7-9.

[31] Wolpaw J R, Birbaumer N, Heetderks W J, et al. Brain-computer interface technology: A review of the first international meeting[J]. IEEE Transactions on Neural Systems and Rehabilitation, 2000, 8: 161-163.

[32] Müller-Putz G R, Scherer R, Brauneis C, et al. Steady-state visual evoked potential(SSVEP)-based communication: Impact of harmonic frequency components[J]. Journal of Neural Engineering, 2005, 2(4): 123-130.

[33] Chen X G, Wang Y J, Nakanishi M, et al. High-speed spelling with a noninvasive brain-

computer interface[J]. Proceedings of the National Academy of Sciences, 2015, 112(44): E6058-E6067.

[34] Müller-Putz G R, Scherer R, Neuper C, et al. Steady-state somatosensory evoked potentials: Suitable brain signals for brain-computer interfaces? [J]. IEEE Transactions on Neural Systems and Rehabilitation, 2006, 14(1):30-37.

[35] Guger C, Edlinger G, Harkam W, et al. How many people are able to operate an EEG-based brain-computer interface? [J]. IEEE Transactions on Neural Systems and Rehabilitation, 2003, 11(2):145-147.

[36] Coyle S, Ward T, Markham C, et al. On the suitability of near-infrared(NIR) systems for next-generation brain-computer interfaces [J]. Physiological Measurement, 2004, 25: 815-822.

[37] Zephaniah P V, Kim J G. Recent functional near infrared spectroscopy based brain computer interface systems: Developments, applications and challenge [J]. Biomedical Engineering Letters, 2014, 4:223-230.

[38] Khan M J, Hong M J, Hong K S. Decoding off our movement directions using hybrid NIRS-EEG brain-computer interface[J]. Frontiers in Human Neuroscience, 2014, 8:244.

[39] Gallegos-Ayala G, Furdea A, Takano K, et al. Brain communication in a completely locked-in patient using beside near-infrared spectroscopy[J]. Neurology, 2014, 82(21):1930.

[40] Peplow M. Mental ping-pong could aid paraplegics [J]. Nature, 2004, doi: 10.1038/news040823-18.

[41] Miyawaki Y, Uchida H, Yamashita O, et al. Decoding the mind's eye-visual image reconstruction from human brain activity using a combination of multiscale local image decoders[J]. Neuron, 2008, 60(5):915-929.

[42] Nishimoto S, Vu A T, Naselaris T, et al. Reconstructing visual experiences from brain activity evoked by natural movies[J]. Current Biology, 2011, 21(19):1641-1646.

[43] Kauhanen L, Nykopp T, Lehtonen J, et al. EEG and MEG brain-computer interface for tetraplegic patients[J]. IEEE Transactions on Neural Systems and Rehabilitation, 2006, 14(2):190-193.

[44] Mellinger J, Schalk G, Braun C, et al. An MEG-based brain-computer interface(BCI)[J]. Neuro Image, 2007, 36:581-593.

[45] Mathôt S, Melmi J B, van der Linden L, et al. The mind-writing pupil: A human-computer interface based on decoding of covert attention through pupillometry[J]. PLoS One, 2016, 11(2):e0148805.

第2章 事件相关电位脑机接口

本章针对 ERP-BCI 技术,讨论系统设计中应该重点考虑的因素及衡量一个 BCI 系统性能的主要指标。本章的目的在于为后面的优化设计工作做理论准备。虽然讨论是针对 ERP-BCI 技术展开的,但讨论涉及的系统设计基本要素、性能指标等内容适用于其他类型 BCI 系统。

2.1 引　言

ERP-BCI 是一种重要的外源 BCI。围绕 ERP-BCI 提出的范式有一个共同特点,即都是在一组待选目标项中选取一个目标项。ERP-BCI 的研究得到了广泛关注,主要得益于其具有以下优势:

(1) 多目标选择方式较自然。ERP-BCI 一般用于目标选择,即从多个待选目标中选出期望目标。一次选择的完整过程是:呈现给被试一个序列刺激,被试对目标刺激和非目标刺激做出反应,刺激结束后算法对两种刺激响应做出分类判断,选择出目标刺激的响应并反推关注目标。相比使用非诱发电位的 BCI 系统,这个选择过程从被试的角度看是比较自然和直接的。在 MI-BCI 或 SCP-BCI 中,由于所支持的类别数有限(一般为 2~4),因此备选目标较多时只能采用间接方式实现。例如,使用 SCP 的拼写系统思维翻译机,把所有字符排列成一个二叉树的形式,需要进行多次两分类选择才能选中一个目标字符[1-3]。使用两类 MI 任务实现的拼写范式 hex-o-speller 也采用了字符分组和两步选择的策略[4,5]。

(2) 易于训练。训练一般包括三方面内容:第一,使用者了解系统如何操作,例如,在 ERP-BCI 中,被试需要详细了解刺激如何呈现、关注何种刺激、如何做出反应等;第二,使用者通过练习达到一定的熟悉程度,掌握所需技巧;第三,系统使用训练数据对信号处理算法的参数进行优化。ERP-BCI 的训练在这三方面都不需要消耗太多的时间。使用者的任务一般都较为明确,容易掌握。训练算法也不需要太多数据,根据 P300 speller 的实验,如果使用线性分类器,一般拼写 6~10 个字符(约需 5min)即可达到较好的效果。相比而言,MI-BCI 和 SCP-BCI 的训练就需要更多的时间。这主要是因为对于使用者来说,对身体某个部位的运动想象或者对某个慢电位的控制不够简单、直观,掌握这些任务是有一定难度的,因此需要更多的学习。

(3) 适用人群广泛。Guger 等[6]对大量人群的实验表明,89%的人可以使用 P300 speller 达到 80%~100%的正确率;而对于 MI-BCI,只有 19%的人可以达到同等正确率水平。另一项研究表明,约 20％的人即使经过训练也无法正确使用 MI-BCI[7]。实验表明,瘫痪患者、渐冻症患者等也可使用 ERP-BCI 进行通信[8-10],而且 ERP 中的 P300 等电位特征相当稳定,可以保持 40 个星期[11]。

(4) 框架灵活,应用方便。ERP-BCI 目标选择范式的灵活性表现在:可使用多种感觉通道刺激,如视觉、听觉、触觉等;可使用不同类型的刺激或主动任务诱发不同 ERP 成分,如 P300、LPC、VEP 等,也可混合使用多种 ERP 成分;刺激编码和刺激过程可以灵活调整;选择项可以根据任务的需求灵活改变;可根据具体要求来设计选项的数目、外观表现、对应功能等,使其特别适合嵌入各种应用环境中。例如,除拼写范式外,ERP-BCI 已经开发出屏幕光标控制[12]、轮椅控制[13,14]、机械手臂控制[15]、类人机器人控制[16]、网络浏览和搜索[17]、游戏[18]等应用。

视觉刺激方式在实际中的应用更为广泛,因此本书重点研究视觉刺激下的 ERP-BCI。本章首先对经典的 P300 speller 拼写范式进行介绍,然后系统介绍 ERP-BCI 设计的相关问题,包括基本原理、设计要素,以及数据分析和系统评价方法等。

2.2　P300 speller 及其衍生范式

2.2.1　P300 speller 的设计

P300 speller 是研究最多、最成熟的 BCI 范式之一[19]。自 1988 年由 Farwell 和 Donchin 提出至今,人们围绕它开展了很多理论研究和再设计,这种范式也经过多种改造而在各类通信和控制任务中应用。P300 speller 的刺激界面如图 2.1 所示,36 个字符排列成一个 6×6 的字符矩阵,在刺激过程中,矩阵 6 行和 6 列字符轮流闪烁(亮度短暂加强),被试注意所要拼写的目标字符,当目标闪烁时,被试默数闪烁次数。这里,刺激事件是目标的闪烁,而被试通过计数对刺激事件做出反应

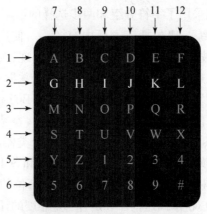

图 2.1　P300 speller 刺激界面

字符矩阵外的数字标识的是行列编号(码字),图中第 2 行字符正在发生闪烁

（但这种计数并不是必需的,更多的是起到保证被试集中注意力的作用）。如果被试正确注意到了目标的闪烁,目标闪烁后约 300ms 会在 EEG 中出现一个正的峰值,即 P300 波。通过检测不同时间段内 P300 波是否出现,就可以判断在此时间段内是否含有目标所在行或列的闪烁。不同的行、列闪烁在时间上是有严格先后关系的(时间间隔一般大于 800ms,以保证彼此不会混淆),因此根据 P300 的出现就可以锁定目标所在的行和列,继而推断出目标。

2.2.2　oddball 刺激范式与 P300 波

P300 speller 使用的刺激范式是一种 oddball 范式。oddball 范式常用于诱发 P300 波,它由随机出现的两种刺激组成:一种称为标准刺激,出现的概率很高;另一种称为偏差刺激(或目标刺激、靶刺激),出现的概率很小。实验中要求被试关注偏差刺激,并当其出现时做出反应。在偏差刺激出现后约 300ms 会产生 P300 波[20]。P300 波是一种与心理因素相关的内源成分,它的产生并不依赖特定的外部刺激。P300 波的幅值正比于偏差刺激出现的惊奇度(出现概率越小,惊奇度越大)[21]。P300 波简称 P300,用于统称潜伏期在 250～900ms 内的信号变化[22]。不同感觉通道的刺激,其 P300 的潜伏期是不同的,如触觉通道对应的潜伏期要大于视觉通道的潜伏期,具体可以参见第 15 章的实验与讨论。

2.2.3　P300 speller 的改进和衍生范式

在 P300 speller 的基础上,研究者进行了很多的改进和优化工作。这些工作一般围绕 4 个设计要素进行,详见 2.4 节。P300 speller 是一种基于视觉刺激的 BCI 范式,对于视觉功能有损伤或者视力很差的被试并不适用。许多研究在 P300 speller 的基础上,采用听觉或触觉刺激实现了类似的 BCI 系统。在 Klobassa 等[23]和 Furdea 等[24]提出的听觉范式中,P300 speller 中字符矩阵的行和列对应不同音调,刺激序列和 P300 speller 相同,被试关注目标所在行和列对应两种音调。这种非视觉刺激方式会给使用者带来额外的记忆负担,如 Furdea 等和 Klobassa 等的研究需要被试记住字符和音调的对应关系,才能在刺激时做出正确的判断,此外,刺激的间隔也较大,因为声音本身会有一定的持续时间,对听觉刺激的判断也比视觉刺激相对慢一些,这些都会限制系统的通信速度。因此,视力正常的人使用视觉事件相关范式可以达到更高的性能。

2.3　P300-BCI 与 ERP-BCI

2.3.1　ERP 的 P300 成分

除 P300 之外,一个完整的 ERP 信号还包括 P100、N100、P200、N200 等信号

成分,它们在时序关系上位于 P300 之前。这些成分与视觉信息的感知、处理及注意机制有关,属于 TVEP 成分。它们也可以对输入反编码起到显著的作用[25,26]。在使用闪烁刺激的 P300 speller 中,P300 之外的皮层特征电位也可用于提升目标和非目标刺激的分类能力[27]。

另外,在 Guo 等[28]提出的听觉 ERP-BCI 范式中,被试除了判断所听到的声音是否是目标声音之外,还需要判断声音的方向或者发声者的性别,这些主动的精神任务可以诱发出 400～700ms 的 LPC,它们同样有助于分类和目标识别。

图 2.2 给出了一个比较典型的 ERP 波形示意图。各 ERP 成分的命名和解释虽然有其心理或生理学上的意义,但如果只从模式识别的角度来讲,一个信号成分只要对目标和非目标刺激的响应存在统计意义上的显著差别,那么就可以用于 BCI 系统。最初,ERP-BCI 更多的是指 P300-BCI 系统,但前面的研究表明,包括 P300 在内的多种 ERP 成分均可以用于 ERP-BCI 系统,所以现在的 ERP-BCI 有着更丰富的含义。不过从应用范围来看,P300-BCI 在 ERP-BCI 中依然占据着主导地位,在部分研究者那里,P300-BCI 和 ERP-BCI 两个词是混用的。

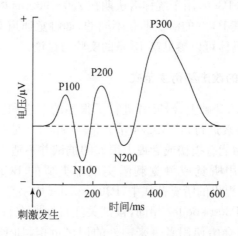

图 2.2　ERP-BCI 中目标刺激诱发的 ERP 波形示意图

2.3.2　瞬态视觉诱发电位 BCI

有些 ERP-BCI 范式明确利用了 TVEP 成分作为分类的主要信息来源。在这些范式中,不同刺激事件发生在空间的不同位置,被试只须注视目标,而不必对刺激做出认知反应。在 Lee 等[29]提出的闪烁刺激范式中,利用闪烁的发生与撤销所引发的 VEP(称作 flash VEP)成分进行目标选择,达到了 92.18% 的平均目标识别正确率和 33.65bit/min 的 ITR,证明在 ERP-BCI 范式中,通过刺激类型和刺激序列的设计,VEP 成分可以代替 P300 实现 BCI 功能[图 2.3(a)]。Guo 等[25,28]、Lee 等[29]在 Guo 等[30]设计的 N200 speller 范式中,使用目标的位置平移代替闪烁,可以诱发出较强的 N200 成分[图 2.3(b)],并根据此范式实现了网络搜索应用[31]。

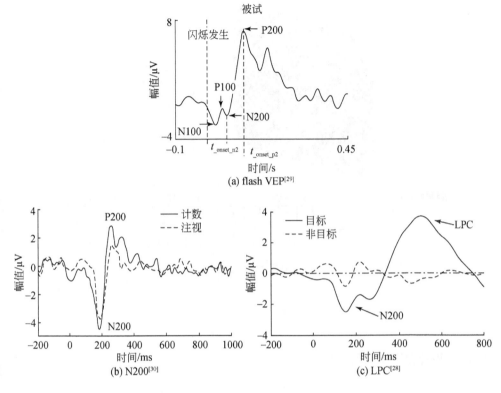

图 2.3　ERP-BCI 范式中使用的非 P300 电位

2.4　ERP-BCI 的设计

2.4.1　需求分析和选项确定

在设计一个 ERP-BCI 系统之始,首先应该分析系统的应用环境和功能需求。由于 ERP-BCI 的基本功能是提供一个选择器,因此功能需求分析的一个主要任务就是确定需要使用多少个选项,以及每个选项对应的功能指令是什么。这一步是系统设计的前期工作,选项数目会直接影响系统的性能,后面的优化设计都在此基础上进行。然而,这方面的考虑在文献中体现不多,在很多应用中,选项的确定并没有经过仔细的考虑,例如,有时添加选项只是为了让所有选项便于排列成一个矩阵,而它们的功能并非不可缺少。第 4 章提出并探讨针对不同选项数进行优化设计的问题。在选项确定后,对 ERP 选择器的设计一般包括以下 4 个要素:视觉设计、刺激编码设计、刺激序列时间控制、信号处理与目标识别算法。下面分别加以讨论。图 2.4 给出了前 3 个设计要素的一般性示意。

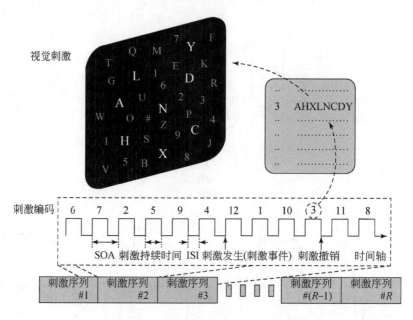

图 2.4　ERP-BCI 的一种设计示意图

2.4.2　设计要素 Ⅰ : 视觉设计

视觉设计是指设计视觉刺激的呈现方式,包括确定视觉现实相关的所有参数。视觉设计大致可以分为两类:①在刺激中保持不变的元素,如屏幕的尺寸、背景颜色、每个选项在刺激中的不变视觉参数等;②刺激类型,确定视觉刺激的改变方式,如采用闪烁作为刺激。第一类参数包括选项的位置、大小、形状等,第二类参数包括定义选项在标准状态和 oddball 状态下的亮度值。关于视觉设计方面的研究大多是在 P300 speller 范式基础上进行的,一般做法是改变某个参数并保持其他参数不变,通过实验分析来判断改变该参数是否给系统性能带来正面的影响。例如,对于不变元素的设计,研究发现使用白色背景(刺激时选项亮度减弱)可以显著提高性能[32];使用尺寸很小的选项会显著降低系统性能[32]。而改变某些参数,如屏幕尺寸和选项间距,并没有发现有统计上的显著影响[32,33]。研究还显示,不变元素对不同被试的影响存在显著差异性,刺激类型的设计对系统性能有很大的影响。对于闪烁类型,Li[33]发现增加标准状态和 oddball 状态的亮度对比可以显著提高性能。Takano 等[34]发现,在闪烁刺激中同时改变选项的颜色(如蓝色变绿色)和亮度,相比于仅改变亮度,系统性能有显著的提高。近年来研究开始使用一些非闪烁的刺激类型,如 Hill 等[35]提出的 flip 类型、Treder 等[26]使用的 upsizing 类型、Guo 等[30]使用的平移类型等。使用这些与运动相关的刺激类型,如 2.3 节所述,可以诱发出 N100、P200、N200 等 ERP 成分,对分类效果具有明显的促进作用。

2.4.3　设计要素Ⅱ:刺激编码设计

刺激编码规定了刺激序列,即确定预设选项按照什么顺序给出刺激事件。

1. 刺激编码的基本原则

ERP 的基本特点是信号成分和刺激在时间上是锁定的,具有相对稳定的时差关系,因此要从 ERP 中反推出刺激来源,不同刺激所诱发的 ERP 在时间上不能重叠。这就决定了需要采用分时刺激的信息调制方式。根据刺激和选项的对应关系,有直接分时刺激和间接分时刺激两种信息调制方式。

(1) 直接分时刺激。刺激事件和选项直接一一对应,这时刺激事件也就代表了选项本身。这种刺激范式一般用于目标数较少的情况,例如,具有 5、6 个目标的基于运动 TVEP 的 BCI 系统[25-31],以及有 4 个目标的基于 P300 的问答系统[9] 等。在使用听觉和触觉刺激的 ERP-BCI 中,这种方式使用也较多[36,37]。

(2) 间接分时刺激。在间接分时刺激范式中,选项和刺激事件之间又加入了一层映射关系,此时一个刺激事件不是对应一个选项,而是对应几个选项的一个集合。被试在刺激过程中同时关注几个刺激事件。通过对 ERP 的检测,可以判断出所关注的刺激事件及它们所对应的选项集合,要选的目标就是这些选项集合的交集(通常情况下只有一个目标)。这种间接刺激范式的代表是经典 P300 speller 所使用的行列刺激方式[19]。

2. 行列编码

每个刺激事件对应一个选项的子集(直接分时刺激中,每个子集只包含一个选项)。为方便描述,为每一个刺激事件及其对应的选项子集赋予一个编号,称为码字。一个刺激序列由一串码字组成。完成一个目标选择需要数个刺激事件,称为一个码本(图 2.4)。

P300 speller 使用的行列(row-column,RC)编码是 ERP-BCI 范式中最常用的编码方式。RC 编码具有如下几种变体,本章将这几种 RC 系列编码方式统称为 RC 编码。

(1) RC_{mix}。在生成编码时,所有选项按固定顺序排列为一个矩阵,矩阵的行和列构成了码字,所有码字的随机排列构成一个基本刺激序列,几个基本刺激序列构成一个码本。

(2) RC_{sep}。和 RC_{mix} 基本类似,不同的是基本刺激序列中的码字按照行列的顺序分开,即先行后列,或者先列后行。

(3) RC_*。和 RC_{sep} 基本类似,不同的是,每次生成编码时,选项在矩阵中的排列顺序被随机打乱。也就是说码字和选项子集的对应关系不是固定的。

在 RC 编码中,矩阵的大小可以变化,例如,P300 speller 使用了 6×6 的矩阵,Iturrate 等[14]的轮椅控制范式使用了 4×5 的矩阵,Mugler 的 Internet 浏览器范式中使用了 8×8 的矩阵。

3. 其他类型编码

其他类型编码主要从以下两方面对 RC 编码进行优化。

(1) 提高目标码字出现的频率。增加单位时间内目标刺激出现的次数,从而期望用更短的刺激时间积累达到分类所需的 ERP 特征强度。Hill 等[35]从这一点出发提出了最大化最小汉明距离(maximizing/minimum Hamming distance)编码(在其文献中称为 D10 编码)。然而,增加目标频率带来的问题是:连续出现的目标刺激将会增多,重叠(overlapping)和不应(refractory)效应的存在,导致每个刺激平均诱发的 ERP 强度减弱,因此综合性能相比 RC 编码并没有显著提高。平衡这方面因素,Hill 等又优化得到了 D8opt 编码,然而实验表明其效果没有显著超过 RC 编码。

(2) 减少时空相邻目标刺激的干扰。时间上的相邻目标刺激会引起 ERP 的重叠干扰。空间上的相邻刺激会导致误判和对 VEP 成分的干扰,并和视觉设计有关联。Townsend 等[38]在其提出的棋盘范式中,巧妙地交叉混合了两个 6×6 的矩阵 RC 编码,使得这两种干扰都得到一定程度的降低,从而整体提高了系统性能。

从以上分析可以看到,RC 编码是一种高效的编码方式。第 4 章将借鉴 RC 编码的基本思想,对编码进行改进,并对二维 RC 编码进行任意维推广。

2.4.4　设计要素Ⅲ:刺激序列时间控制

刺激时间控制就是规定各刺激事件呈现的相对时间。时间控制参数(图 2.4)主要有:①两个连续刺激发生的时间间隔(stimulus onset asynchrony,SOA);②刺激序列数 R;③刺激持续时间;④刺激间隔(inter-stimulus interval,ISI)。

刺激持续时间一般固定,ISI 可以固定,也可以在一定范围内随机变动。由于 SOA＝刺激持续时间＋ISI,因此 SOA 也相应地固定或者随机变动。关于 SOA 对系统性能的影响,各文献中的结论并不一致。Farwell 等[19]指出较长的 SOA 可以提高分类的正确率,而 Meinicke 等[39]和 Sellers 等[40]得出相反的结论,即较短的 SOA 更好。每个刺激序列一般包含所有码字的一次不重复排列,所以在一个刺激序列中,每个码字对应的刺激事件只有一次。由于 ERP 信噪比较低,通过单次事件的响应推断出刺激事件比较困难,因此一般使用多个刺激序列构成一个目标刺激的码本。关于刺激序列数 R 的确定,有两种基本方法:离线优化法和在线适应法。离线优化法是利用离线训练确定一个最优的 R,供在线实验使用,这是比较普遍的做法。在线适应法不使用固定的 R，而是在每个刺激序列完成后在线计算特征的强度和可分度，若超过了某个设定的阈值，则结束刺激，否则会继续下一个刺激序列。研究表明，在线适应法可以有效提高系统的性能[41,42]。

2.4.5　设计要素Ⅳ：信号处理与目标识别算法

ERP-BCI 的目标识别任务定义为：根据 ERP 信号与刺激过程的同步关系，判定所关注的目标。为了完成这个任务，首先需要在训练数据上训练分类器，获得分类器参数。得到分类器后，将其应用于未知目标的数据，推断出最可能的目标。具体过程如下。

1. 预处理

TVEP 是低频信号，信号滤波中，除工频陷波外，可用一个带通滤波器去除直流和高频成分。带通滤波频率下限设为 $0.01\sim0.05\text{Hz}$，上限设为 $30\sim50\text{Hz}$。视情况还可以考虑去除 EOG 干扰。

2. 单次响应数据截取和两分类

在整个刺激过程对应的 EEG 数据中，把每个刺激事件启动之后一段时间窗内（如 $0\sim800\text{ms}$）的数据截取出来，形成单次响应数据，认为此时间窗内的数据是对单一刺激的响应。这些单次响应数据与刺激事件的码字相对应，可分成两类：①对目标刺激的响应，称为目标响应；②对非目标刺激的响应，称为非目标响应。目标识别本质上是对这两类响应的分类。通过两分类识别出目标响应，进而确定出目标刺激，这样就完成了赋予目标之上的信息传递。在分类方法的选择上，线性和非线性分类方法都有应用，谁更具优势还在争论中[43]。非线性方法包括支持向量机（support vector machine，SVM）和非线性神经网络等，虽然在特定数据上可获得更高的分类正确率，但算法复杂，训练代价大，对被试的适应性差[44,45]。线性方法在多数情况下的分类效果足够好，而且训练快速、泛化能力好，因此可能更适合在 ERP-BCI 中使用[46]。目前效果最好的线性分类方法有两种：步进线性判别分析（step-wise linear discriminant analysis，SWLDA）[47,48]和收缩线性判别分析（LDA with shrinkage）[46]。SWLDA 方法是对 Fisher 线性判别分析方法的一种改进，在 BCI 中最初用于 P300 speller[19]。它是在 LDA 的基础上，对线性加权的每个变量（即数据矩阵的每个时空点）施加一个迭代的特征选择过程，最终得到一个有限的特征变量集合和相应的稀疏权值向量。对权值向量的每一步迭代包括向前和向后两步：在向前过程中，当前特征用最小二乘回归预测其对应类别，统计上最显著的特征（如 $p<0.1$）被添加进新的特征集合；在向后过程中去掉统计上最不显著的特征（如 $p>0.15$）。如此迭代，直到特征集合中的特征数目达到预定值，或者特征集合不再变化。SWLDA 的一个主要参数是最大特征数。收缩 LDA 方法是 LDA 方法的改进。LDA 权值计算的关键是估计数据分布的协方差矩阵。EEG 数据维数高(通道数×样本数),相比之下样本数偏少,导致估计出现显著偏差。收缩 LDA 方法把估计得到的协方差矩阵和单位矩阵进行平衡,使估计结果更加准确[46]。

3. 目标识别方法

这里以 RC 编码和线性分类器为例给出目标识别的过程。设选项矩阵维数为 $n_r \times n_c$,刺激序列数为 R。单次响应记为 X_r^c,它是"通道数×样本数"的矩阵,c 表示码字,r 表示所对应的刺激序列数($1 \leqslant r \leqslant R$)。基于目标和非目标单次响应训练得到的分类器权值表示为 w。w 的维数和 X_r^c 相同。前面给出了基于两分类进行目标识别的一般性方法,具体到 RC 编码,可以利用的一个约束条件是:如果把行列刺激分开考虑,那么各自都有且只有一个目标刺激。因此,目标识别的过程可以等效为分别识别目标所在的行和列,在对 n_r 行对应的单次响应进行分类时,有且只有一个样本应判决为目标响应,对 n_c 列对应的单次响应进行分类也一样。整个目标识别的步骤如下。

(1) 对每个单次响应数据用训练得到的权值进行加权,得到的加权和定义为该单次响应的特征值 score:

$$\text{score} = \langle w, X_r^c \rangle \tag{2.1}$$

(2) 按照码字 c,对 R 个 score 进行平均得到

$$\overline{\text{score}^c} = \frac{1}{R} \sum_{r=1}^{R} \text{score}_r^c \tag{2.2}$$

(3) 设 n_r 个行对应的码字集合为 C_{row},n_c 个列对应的码字集合为 C_{col}。在行列码字集合对应的平均 score 中,分别选取一个最可能是目标刺激响应的平均 score。一般在 SWLDA 中进行最小二乘回归时,目标类别以正值表示(如+1),非目标类别以负值表示(如-1),因此 score 值越大表示其为目标类别的可能性越高。又由于目标样本有且只有一个,因此只要将最大平均 score 判决为目标类别即可。

$$C_{\text{row}} = \arg_{c \in C_{\text{row}}} \max\{\overline{\text{score}^c}\}$$
$$C_{\text{col}} = \arg_{c \in C_{\text{col}}} \max\{\overline{\text{score}^c}\} \tag{2.3}$$

(4) 在行列码字集合中分别选取两个平均 score 所对应的码字,C_{row} 和 C_{col} 即为目标所在行列的码字,继而可确定目标在矩阵中的位置。例如,按照图 2.1 所示的行列码字,则可得目标所在的行列为

$$\text{row} = C_{\text{row}}$$
$$\text{column} = C_{\text{col}} - n_r \tag{2.4}$$

然后根据各个选项在矩阵中的排列关系,即可确定目标本身。

2.5　相关的分析方法

2.5.1　ERP 特征计算

ERP 的信噪比低,最简单也是经典的分析方法是叠加平均法,常见于 ERP-BCI 数据分析中。提取 ERP 特征的目的是:①观察 BCI 分类所用特征的时空来源及分布;②考察 ERP 成分的生理学基础有助于理解刺激处理过程中的脑活动。ERP 特征分析一般按照如下过程进行:

(1) 单次响应数据截取。这一步与分类过程类似,不同的是截取数据的时间窗一般还包含刺激前一段时间。以刺激事件发生为零时刻,数据时间窗记为 $[-T_1, T_2]$。其中,刺激事件前的时长 T_1 一般可取为 $1 \times \text{SOA} \sim 2 \times \text{SOA}$。$T_2$ 的取值一般和分类中所使用的时长相同。

(2) 去基线(baseline)。对每个单次响应数据,减去基线漂移。基线一般使用 $[-T_1, 0]$(刺激前时间段)内的均值来估计。

(3) 响应归类。一般地,P300 等成分的潜伏期要大于 SOA,因此目标刺激响应会出现在后面一个或几个响应的数据中。如果通过编码设计避免连续目标刺激现象,那么后面受这种重叠干扰影响的一般为非目标刺激响应。另外,对于使用 P300 成分的范式,由于采用 oddball 设计,非目标刺激响应的数量会数倍于目标刺激响应,因此可仅选用一部分未受重叠干扰的非目标刺激响应用于分析。例如,可以去除目标刺激后 1~3 个非目标刺激响应。

(4) 叠加平均。将两类单次响应数据分别平均,得到目标和非目标的平均刺激响应,称为目标 ERP 和非目标 ERP,两者相减得到差异波。ERP 特征定量分析可以针对目标和非目标 ERP 进行,也可以针对差异波进行,这取决于刺激的类型,以及目标与非目标刺激之间的差异。分析 ERP 特征对分类的影响时一般采用差异波。

ERP 平均响应的可视化方法一般有两种:①按通道(电极)给出波形;②按时间点绘出脑地形图。

2.5.2　ERP 特征时空模式分析

叠加平均法只考虑均值差异而忽略了方差因素。从模式识别的角度来看,均值差异大并不意味着可分性高。为了进一步从分类角度分析特征的时空分布及其对分类的贡献程度,可以采用如下辅助手段作为 ERP 分析的有效补充。

1) ERP 差异统计检验

针对目标和非目标的单次刺激响应数据,在每个时空点上进行统计分析。常用的统计量有平方相关系数 r_2[49]和双样本 t 检验。统计量的时空分布表示两类间统计差异性的分布。若设定显著性水平,则可获得两类间统计差异显著点的时空点分布。差异显著点的分布可以叠加在 ERP 平均波形图上显示。

2) 分类器权值分布

分类器的权值在某点的绝对值在一定程度上可以表示该点对分类贡献的强弱,因此可以观察权值的时空分布。

3) 加权 ERP(weight ERP,wERP)分析

单次响应特征值 score 的大小反映了该单次响应属于目标响应的可能性。score 是单次响应的加权和,若考察加权后的数据时空分布,则可知各时空点对 score 和分类的贡献。wERP 的计算过程和 ERP 分析类似,差别只在于对单次响应使用权值进行了加权处理,然后按类别平均。由于加权叠加是线性过程,因此 wERP 等价于对平均后的数据加权。

2.6　系统性能评价

要设计一个实际的 ERP-BCI 系统,应从多个方面进行优化考虑,如对需求的满足程度、界面友好程度、硬件便携性、成本等。本章仅从功能实现的角度来优化设计,即如何设计才能实现高效率的目标选择。选择合适的系统性能评价指标来指导设计是至关重要的。本节列举 ERP-BCI 系统常用的性能指标,给出计算方法,分析它们之间的关系,并指出各自的优缺点和适用条件。

2.6.1　目标识别正确率

目标识别正确率是 BCI 系统的常用指标,反映分类器的分类效果,而较高的识别正确率是系统可行性的保证。一般情况下,识别正确率会随着刺激序列数的增加而增高,因此,单纯以识别正确率为优化指标,会导致刺激序列维数过高,从而导致选择目标所需要的时间过长,选择的效率低下,影响交互的实时性。

2.6.2　信息传输率

信息传输率 ITR 是通信系统中常用的评价指标。它从信息论的角度出发估计单位时间内传输信息的位数,兼顾了正确率和传输速度。对于 BCI 系统,ITR(单位为 bit/min)可由下式计算[50]:

$$ITR = \frac{\log_2 N + P \log_2 P + (1-P)\log_2 \frac{1-P}{N-1}}{T} \tag{2.5}$$

式中,N 表示选项数;P 表示目标识别正确率;T 表示一次选择所需的时间。ITR 随着 P、N 的增加而增大,随着 T 的增加而减小。如果以每次选择为时间单位,那么得到位率 B(单位为 bit/selection)的计算公式如下:

$$B = \mathrm{ITR} \cdot T = \frac{\log_2 N + P \log_2 P + (1-P) \log_2 \dfrac{1-P}{N-1}}{T} \tag{2.6}$$

图 2.5 显示了位率和正确率及选项数的关系。当正确率低于机会水平（chance level）时，位率的值为零，这个正确率的下限为 $N-1$。在实际使用 ERP-BCI 时，用户会进行纠错。纠错是指当选择结果错误时，通过选择一个撤销选项删除错误的选择，然后重新选择目标。撤销和重新选择一直进行，直到正确选中目标。研究发现，如果简单按照式（2.5）估计 ITR，那么正确率的作用在某种程度上被夸大，导致对系统实际 ITR 的估计偏高[40-51]。Sellers 等[40]通过仿真实验发现，当正确率为 53% 时，尽管对应的 B 为 1.7bit/selection，要正确选择出 10 个目标却需要进行 190 次选择（设 SOA 为 170ms，约需 1.2h）。这说明系统的实际可用性需要以足够高的正确率为保证。这是因为错误的选择并不应该计入有效传输的信息，如果考虑通过纠错而选中真正的目标，那么相当于整体的平均正确率下降了。

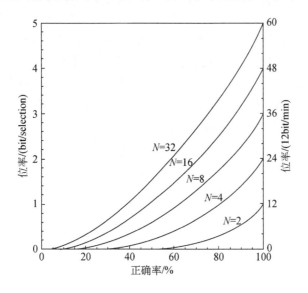

图 2.5　位率和正确率与选项数的关系[50]

2.6.3　字符率

字符率（symbol rate, SR）在位率 B 的基础上，以选项数代替了二进制位数[52]，其表达式为

$$\mathrm{SR} = \frac{B}{\log_2 N} \tag{2.7}$$

SR 的问题和 ITR 类似，倾向于高估实际水平。由于需要和 $\log_2 N$ 作除法，SR 不适合用来比较具有不同编码容量（即不同 N）的范式。

2.6.4　写入字符率

为了克服 ITR 和 SR 会高估实际水平的问题,需要把纠错过程考虑在性能指标中。在纠错条件下,SR 的计算只考虑正确选择的目标数,得到写入字符率(write symbol rate,WSR)[24] 为

$$WSR = \begin{cases} \dfrac{2SR-1}{T}, & SR > 0.5 \\ 0, & SR \leqslant 0.5 \end{cases} \tag{2.8}$$

WSR 的含义是在需要纠错的条件下,单位时间内所能正确选择出的目标数量。和 SR 类似,WSR 的计算也需要和 $\log_2 N$ 作除法,所以 WSR 不适合用来比较具有不同编码容量的范式。图 2.6 给出了 WSR 和目标识别正确率 P 及选项数 N 的关系。图 2.6(a)中的曲线和图 2.5 很相似,与位率 B 相同,WSR 也是 P 和 N 的单调增函数。对比图 2.5 和图 2.6(a)可以发现,使 WSR 达到正值的最小 P 要远高于使 B 达到正值的最小 P,即识别正确率要显著高于机会水平,才能使 WSR 指标达到正值。这说明在纠错条件下,B 或 ITR 大于零并不能保证系统是可用的,若 WSR 为零,则意味着错误的选择太多以至于不能及时完成纠正。图 2.6(b)给出了不同 N 下使 WSR 获得正值的目标识别正确率 P 的下限值。从图中可以看出,N 越小,所需要的最低目标识别正确率 P 越高,说明在选项较少的情况下,即使个别的错误也会显著降低系统的性能。

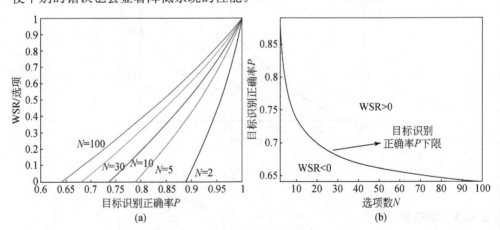

图 2.6　WSR 和目标识别正确率 P 及选项数 N 的关系

(a)是不同选项数 N 下,WSR 随目标识别正确率 P 的变化曲线;WSR/选项为每个选项的平均 WSR,相当于选择一个目标需要的时间为 1s;(b)是使 WSR 为正值的最低目标识别正确率 P 随选项数 N 的变化曲线

2.6.5　实际信息传输率

假设每个错误的选择都需要纠正(选择撤销,再选择正确的目标),可以证明,

当目标识别正确率 P 保持不变时,若要正确选择出 N 个目标,则需要实际进行的选择次数为[38]

$$N+2N(1-P)+2[2N(1-P)](1-P)+2\{2[2N(1-P)](1-P)\}+\cdots$$
$$=N\sum_{i=0}^{\infty}(2-2P)^i=\frac{N}{2P-1}, \quad P>0.5$$

设一次选择需要的时间为 T',则正确选择一个目标的平均时间为

$$T'=\frac{T}{2P-1} \tag{2.9}$$

这个过程相当于在 T' 内以目标识别正确率选择的概率为 100%。实际信息传输率(practical ITR, PITR)定义为在这种情况下计算得到的 ITR,根据式(2.5)可得

$$\text{PITR}=\log_2\frac{N}{T'}=\begin{cases}(2P-1)\log_2\dfrac{N}{T}, & P>0.5\\0, & P\leqslant0.5\end{cases} \tag{2.10}$$

DalSeno 等[51]通过计算期望平均获益函数 Utility,得到了和式(2.10)类似的指标表达式。从其给出的 ITR 和 PITR 理论曲线图(图 2.7)可以看出,PITR 的值始终低于 ITR,当 $P<0.5$ 时,PITR 为零;而当 $P>0.5$ 时,PITR 增长速度比ITR 快。

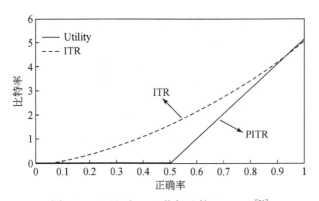

图 2.7 PITR 和 ITR 指标比较($N=36$)[51]

2.7 本章小结

本章系统归纳整理了 ERP-BCI 系统设计的相关问题,主要涉及设计中应该考虑的因素及衡量系统性能的常用指标。目的在于为后面的优化设计工作做理论准备。基于 ERP 的选择范式最早由 P300 speller 范式引入,之后其他研究者在其基础上开展了很多理论及应用研究工作。ERP-BCI 范式的基本原理是利用 ERP 成

分和刺激事件的锁时关系,把要传递的信息分时编码到刺激事件中,然后根据响应电位反推所关注的目标刺激事件,进而获得其中的编码信息。研究发现,除 P300 成分之外,不同的刺激响应模式可以诱发出不同种类和强度的 ERP 成分。例如,强烈闪烁可以诱发 flash VEP 成分,运动相关的刺激可以诱发较强的 N200 成分。因此,相比 P300-BCI,ERP-BCI 可以更全面地描述这一类的所有范式。2.4 节把 ERP-BCI 设计要考虑的问题归纳成如下要素:视觉设计、刺激编码设计、刺激序列时间控制和信号处理与目标识别算法,对其逐一进行了分析,并对现有研究情况进行了总结。ERP-BCI 数据分析中常会进行 ERP 特征分析。传统 ERP 特征分析的主要意图是考察大脑对外界刺激的应激反应。针对 BCI 应用,传统 ERP 分析方法在快速有效判别目标和非目标响应方面有所不足。一些度量统计可分性的指标(如 t 检验),以及从分类角度分析权值分布和特征来源的方法(如加权 ERP 分析),可以作为 ERP 分析的有效补充。ERP 分析和特征时空模式分析方法分别在 2.5.1 节和 2.5.2 节中做了介绍。本章最后系统总结了 ERP-BCI 中可用的性能评价指标及其计算方法,并对各种指标的适用性和优缺点进行了说明。通过分析可以看到,考虑到选择中的纠错过程而提出的指标,如 WSR 和 PITR 指标,其估计值可以更好地反映系统实际所能达到的性能水平。

参 考 文 献

[1] Birbaumer N,Ghanayim N, Hinterberger T, et al. A spelling device for the paralysed[J]. Nature,1999,398(6725):297,298.

[2] Kübler A,Kotchoubey B,Hinterberger T,et al. The thought translation device:A neurophysiological approach to communication in total motor paralysis [J]. Experimental Brain Research,1999,124:223-232.

[3] Birbaumer N, Kübler A, Ghanagim N, et al. The thought translation device (TTD) for completely paralyzed patients[J]. IEEE Transactions on Neural Systems and Rehabilitation, 2000,8(2):190-193.

[4] Blankertz B,Dornhege G,Krauledat M,et al. The berlin brain-computer interface presents the novel mental typewriter Hex-o-Spell [C]//Proceedings of the 3rd International Brain-Computer Interface Workshop and Training Course,Graz,2006.

[5] Blankertz B, Krauledat M, et al. A note on brain actuated spelling with the Berlin brain-computer interface[M]//Universal Access in Human-Computer Interaction. Ambient Interaction, Lecture Notes in Computer Science. Berlin: Springer,2007.

[6] Guger C,Daban S,Sellers E,et al. How many people are able to control a P300 based brain-computer interface(BCI)? [J]. Neuroscience Letters,2009,462(1):94-98.

[7] Pfurtscheller G,Neuper C. Motor imagery activates primary sensorimotor area in humans [J]. Neuroscience Letters,1997,239(2/3):65-68.

[8] Piccione F,Giorgi F,Tonin P,et al. P300-based brain computer interface:Reliability and per-

formance in healthy and paralysed participants[J]. Clinical Neurophysiology,2006,117(3): 531-537.

[9] Sellers E W,Donchin E. A P300-based brain-computer interface: Initial tests by ALS patients [J]. Clinical Neurophysiology,2006,117(3):538-548.

[10] Hoffmann U,Vesin J M,Ebrahimi T,et al. An efficient P300-based brain-computer interface for disabled subjects[J]. Journal of Neuroscience Methods,2008,167(1):115-125.

[11] Nijboer F,Sellers E W,Mellinger J,et al. A P300-based brain-computer interface for people with amyotrophic lateral sclerosis[J]. Clinical Neurophysiology,2008,119(8):1909-1916.

[12] Citi L,Poli R,Cinel C,et al. P300-based BCI mouse with genetically-optimized analogue control[J]. IEEE Transactions on Neural Systems and Rehabilitation,2008,16(1):51-61.

[13] Rebsamen B,Teo C L,Guan C,et al. Controlling a wheelchair indoors using thought[J]. Intelligent Systems IEEE,2007,22(2):18-24.

[14] Iturrate I,Antelis J,Kübler A,et al. Non-invasive brain-actuated wheelchair based on a P300 neurophysiological protocol and automated navigation[J]. IEEE Transactions on Robotics, 2009,25(3):614-627.

[15] Donchin E, Arbel Y. P300-based brain computer interfaces: A progress report[C]// Proceedings of the 5th International Conference on Foundations of Augmented Cognition, San Diego,2009.

[16] Bell C J,Shenoy P,Chalodhorn R,et al. Control of a humanoid robot by a noninvasive brain-computer interface in humans[J]. Journal of Neural Engineering,2008,5(2):214-220.

[17] Mugler E,Bensch M,Halder S,et al. Control of an internet browser using the P300 event-related potential[J]. International Journal of Bioelectromagnetism,2008,10(1):56-63.

[18] Finke A,Lenhardt A,Ritter H. The mind game: A P300-based brain-computer interface game[J]. Neural Networks,2009,22(9):1329-1333.

[19] Farwell L A,Donchin E. Talking off the top of your head: Toward a mental prosthesis utilizing event-related brain potentials[J]. Electroencephalography and Clinical Neurophysiology,1988, 70(6):510-523.

[20] 魏景汉,罗跃嘉. 认知事件相关脑电位教程[M]. 北京:经济日报出版社,2002.

[21] Teuting P,Sutton S,Zubin J. Quantitative evoked potential correlates of the probability of events[J]. Psychophysiology,1970,7:385-394.

[22] Andreassi J L. Psychophysiology: Human Behavior and Physiological Response[M]. 4th ed. Mahwah:Lawrence Erlbaum Associates,2000.

[23] Klobassa D,Vaughan T,Brunner P,et al. Toward a high-throughput auditory P300 based brain-computer interface[J]. Clinical Neurophysiology,2009,120(7):1252-1261.

[24] Furdea A,Halder S,Krusienski D J,et al. An auditory oddball(P300) spelling system for brain-computer interfaces[J]. Psychophysiology,2009,46(3):617-625.

[25] Guo F,Hong B,Gao X,et al. A brain-computer interface using motion-onset visual evoked potential[J]. Journal of Neural Engineering,2008,5(4):477-485.

[26] Treder M S,Blankertz B. (C)overt attention and visual speller design in an ERP based brain-

computer interface[J]. Behavioral & Brain Functions,2010,6(1):28.

[27] Krusienski D J,Sellers E W,McFarland D J,et al. Toward enhanced P300 speller performance[J]. Journal of Neuroscience Methods,2008,167(1):15-21.

[28] Guo J,Gao S K,Hong B. An auditory brain computer interface using active mental response [J]. IEEE Transactions on Neural Systems and Rehabilitation,2010,18(3):230.

[29] Lee P L,Hsieh J C,Wu C H,et al. Brain computer interface using flash onset and offset visual evoked potentials[J]. Clinical Neurophysiology,2008,119(3):605-616.

[30] Guo F,Hong B,Gao X R,et al. N200-speller using motion-onset visual response[J]. Clinical Neurophysiology,2009,120(9):1658-1666.

[31] Liu T,Goldberg L,Gao S,et al. An online brain-computer interface using non-flashing visual evoked potentials[J]. Journal of Neural Engineering,2010,7(3):036003.

[32] Salvaris M,Sepulveda F. Visual modifications on the P300 speller BCI paradigm[J]. Journal of Neural Engineering,2009,6(4):046011.

[33] Li Y. A P300-based brain-computer interface(BCI):Effects of luminosity contrast,stimulus duration,interface type & screen size[D]. Fayetteville:University of Arkansas,2009.

[34] Takano K,Komatsu T,Hata N,et al. Visual stimuli for the P300 brain-computer interface: A comparison of white/gray and green/blue flicker matrices[J]. Clinical Neurophysiology, 2009,120(8):1562-1566.

[35] Hill J,Farquhar J,Martens S M M,et al. Effects of stimulus type and of error-correcting code design on BCI speller performance [C]//International Conference on Neural Information Processing,Vancouver,2009.

[36] Halder S,Rea M,Andreoni R,et al. An auditory oddball brain-computer interface for binary choices[J]. Clinical Neurophysiology,2010,121(4):516-523.

[37] Brouwer A M,van Erp J. A tactile P300 BCI and the optimal number of tactors:Effects of target probability and discriminability[C]//Proceedings of the 4th International Brain-Computer Interface Workshop and Training Course,Graz,2008.

[38] Townsend G,LaPallo B,Boulay C B,et al. A novel P300-based brain-computer interface stimulus presentation paradigm:Moving beyond rows and columns[J]. Clinical Neurophysiology, 2010,121(7):1109-1120.

[39] Meinicke P,Kaper M,Heumann M,et al. Improving transfer rates in brain computer interfacing [C]//Neural Information Processing Systems,Cambridge,2002.

[40] Sellers E W,Krusienski D J,McFarland D J,et al. A P300 event-related potential brain-computer interface (BCI):The effects of matrix size and inter stimulus interval on performance[J]. Biological Psychology,2006,73(3):242-252.

[41] Serby H,Yom-Tov E,Inbar G F. An improved P300-based brain-computer interface[J]. IEEE Transactions on Neural Systems and Rehabilitation,2005,13(1):89-98.

[42] Lenhardt A,Kaper M,Ritter H J. An adaptive P300-based online brain-computer interface [J]. IEEE Transactions on Neural Systems and Rehabilitation,2008,16(2):121-130.

[43] Müller K R,Anderson C,Birch G E. Linear and non-linear methods for brain-computer

interfaces[J]. IEEE Transactions on Neural Systems and Rehabilitation, 2003, 11(2):165-169.

[44] Müller K R, Mika S, Rätsch G, et al. An introduction to kernel-based learning algorithms [J]. IEEE Transactions on Neural Network, 2001, 12(2):181-201.

[45] Rakotomamonjy A, Guigue V. BCI competition III: Dataset II-ensemble of SVMs for BCI P300 speller[J]. IEEE Transactions on Biomedical Engineering, 2008, 55(3):1147-1154.

[46] Blankertz B, Lemm S, Treder M, et al. Single-trial analysis and classification of ERP components—A tutorial[J]. Neuro Image, 2011, 56(2):814-825.

[47] Draper N, Smith H. Applied Regression Analysis[M]. 2nd ed. New York: Wiley, 1981.

[48] Krusienski D J, Sellers E W, Cabestaing F, et al. A comparison of classification techniques for the P300 speller[J]. Journal of Neural Engineering, 2006, 3(4):299-305.

[49] Winer B J. Statistical Principles in Experimental Design[M]. New York: McGraw-Hill, 1971.

[50] Wolpaw J, Birbaumer N, Heetderks W J, et al. Brain-computer interface technology: A review of the first international meeting[J]. IEEE Transactions on Neural Systems and Rehabilitation, 2000, 8:161-163.

[51] DalSeno B, Matteucci M, Mainardi L T. The utility metric: A novel method to assess the overall performance of discrete brain-computer interfaces[J]. IEEE Transactions on Neural Systems and Rehabilitation, 2010, 18(1):20-28.

第 3 章 视觉脑机接口范式中的刺激类型

3.1 引 言

在 Farwell 等提出的经典 P300 speller 范式中,刺激背景被设为单一颜色,所有字符排列成一个矩阵。在刺激过程中,背景保持不变,每个字符在两种显示外观之间切换。两种显示外观仅有亮度的差异:在标准状态下,字符的亮度很低(接近黑色),和背景仅保持足够的可分辨反差;在 oddball 状态下,字符的亮度很高(为白色或接近白色),和背景的反差强烈。当针对某个字符发出刺激时,该字符迅速从标准状态转入 oddball 状态,持续短暂时间后又回到标准状态。标准状态是常态(出现概率高)而 oddball 状态持续时间很短(出现概率低),从被试来看,这种 oddball 状态相当于闪烁。当目标字符闪烁时,被试对其做出反应(默数其出现的次数),刺激之后约 300ms 可以诱发出正电位,即 P300 波。通过 2.4.2 节的讨论已经知道,刺激的视觉设计对 ERP 电位的产生及其时空特征有较大的影响,从而间接影响 BCI 系统的性能。视觉设计大致可以分为两个方面:①几何、外观等基本界面配置,包括屏幕尺寸、背景颜色、待选目标的排布和大小等。在这方面已经取得了很多研究成果。例如,Salvaris 等[1] 发现使用白色背景比使用黑色背景效果好。Sellers 等对屏幕尺寸、字符间距[2] 及字符大小的影响也进行了相应研究。②刺激类型的设计。刺激类型是指刺激呈现的方式。例如,在经典 P300 speller 中,刺激通过目标字符的亮度增强来实现。研究发现,使用某些非 flash 刺激类型可以获得更好的效果。例如,Takano 等[3] 发现让字符的亮度和颜色同时变化可以提高正确率。Hill 等[4] 提出了一种翻转类型刺激,刺激时字符背景矩形区域旋转 90°,该类型在分类效果上明显优于闪烁类型[图 3.1(a)]。Hong 等[5,6] 提出的 N200 speller 将目标的平移运动作为刺激类型,可以诱发出较强的 N200 成分,该成分属于运动相关的 TVEP[图 3.1(b)]。使用 N200 成分进行分类,可以获得与 P300 speller 相近的性能。与 P300 相比,N200 在时间上和空间上都更为集中,因此从理论上看其特征的鲁棒性更强,并且可用更少的电极实现高效 BCI 系统。在 Treder 等[7] 提出的基于 ERP 的拼写系统 hex-o-speller 中,用字符放大代替闪烁给出刺激,这种类型有效地增强了外围视觉的对比度和刺激的显著度,提高了固定条件下的拼写正确率[图 3.1(c)]。

上述研究表明,对刺激的呈现方式等进行设计可以提升系统的整体性能。本

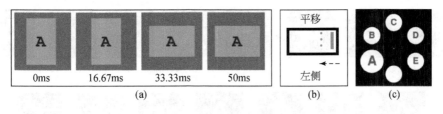

图 3.1 几种非闪烁刺激类型

(a)是翻转类型[4];(b)是 N200 speller 使用的平移类型[5,6];(c)是 hex-o-speller 使用的放大类型[7]

章将系统研究多种刺激类型,包括平移、旋转、缩放和锐化等(分别为改变目标的位置、角度、大小、清晰度等属性),测试不同刺激类型的效果;并比较两种状态变化方式——脉冲方式和阶跃方式。研究目的在于为一般视觉范式设计提供理论依据。结果表明,旋转和缩放类型可以诱发更强的 ERP 成分,同时针对被试特点选择合适的刺激类型对提高系统的性能有较大的帮助。

3.2 视觉刺激类型的设计

3.2.1 刺激类型的定义

在视觉 oddball 范式中,每个目标的刺激过程都可以理解为一个图像序列。在刺激过程中,这些图像的一个或几个属性会按照预定的方式发生变化。这些属性的变化构成了刺激事件,被试关注这些事件即可诱发出相应的 EPR 电位。刺激类型就是对目标图像的属性及刺激事件中属性如何变化的定义。

3.2.2 刺激类型的分类

从不同属性变化方式的角度考察下面两种刺激类型:①脉冲方式。每个目标有两种可能的状态:标准状态和 oddball 状态。标准状态是显示的常态,目标在刺激事件中短暂地变化到 oddball 状态,再变回标准状态。经典闪烁类型采用的就是脉冲方式。②阶跃方式。在刺激事件中,目标由初始状态变化到下一状态,然后保持在新状态不再变回。图 3.1(a)所示的翻转类型即采用阶跃方式,矩形背景旋转后就保持在新的状态不再转回。为描述方便,在阶跃方式下,把初始状态称作标准状态,把新状态称作 oddball 状态。此处标准状态和 oddball 状态是由具体刺激事件临时定义的。

按照刺激事件中目标图像的不同属性,刺激类型又可进行如下分类。结合此种分类的描述,此处也一并给出在实验中使用的各种刺激类型,如图 3.2 所示。为了对各种类型进行比较,仅研究单个属性的改变,属性之间的组合不在考察之列。

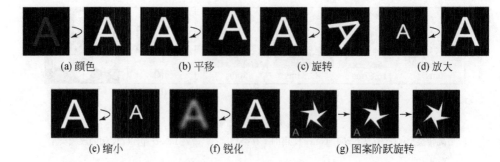

图 3.2　刺激类型设计

标准状态和 oddball 状态间的箭头 "＞" 表示脉冲方式,箭头 "→" 表示阶跃方式

（1）颜色。oddball 状态下目标的颜色与标准状态下目标的颜色形成较强烈的对比。实验中使用了经典的翻转类型,即以脉冲方式改变目标颜色,变换后恢复原来的颜色。

（2）运动。oddball 状态下,目标的位形发生变化。运动类型都使用了脉冲方式,即变化后迅速归位。具体分类如下:

① 平移。目标向某一随机方向平移一定的距离。在本实验中移动距离设定为目标图像边长的 20%。

② 旋转。目标向某一随机角度旋转。在本实验中旋转角度设定为顺/逆时针 $30°\sim90°$。

③ 缩放。目标的尺寸放大或缩小一个随机比例。在本实验中放大系数设为 2,缩小系数设为 0.5。

（3）锐化。采用脉冲方式,标准状态下的图像比较模糊,oddball 状态下的图像变得清晰。

（4）图案阶跃旋转。改变目标图像的纹理特征。本实验中使用了星形图案,采用阶跃方式,每次刺激事件图案按顺时针方向旋转 10°。

由于视觉对比度大,颜色、运动等刺激容易吸引注意力,可能造成误判,诱发对分类无益的 ERP 成分。锐化刺激的视觉对比度小且局部性强,需要投入更多的注意力才可辨认。本章提出此种类型的初衷是减少空间上相邻刺激对被试关注的目标刺激所带来的干扰。

3.3　实验设计和过程

3.3.1　实验范式设计

实验使用了经典的 P300 speller 范式(见 2.2.1 节),在其基础上将其闪烁刺激替换为上述各种刺激类型。图 3.3 是以锐化刺激类型为例的刺激流程。在两个字符刺激序列中间,target 阶段和 interval 阶段交替显示。在 target 阶段,字符矩阵的某行/列按照刺激编码,以设定的刺激类型给出刺激事件。例如,当刺激类型为锐化时,该行/列的字符由模糊变清晰。在 interval 阶段,所有字符都处于标准状态(对于脉冲方式)或者新的标准状态(对于阶跃方式)。在两字符刺激序列中间,如果是训练模式,下一个要拼的字符会以框出的方式给出提示,以方便被试定位;如果是自由拼写模式,将不会有任何提示。

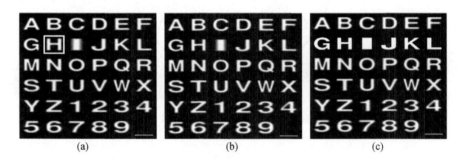

图 3.3　刺激流程示意图(训练模式,以锐化刺激类型为例)
(a)是两字符刺激间隔阶段,下一个待拼字符"H"被框出;(b)是 interval 阶段,所有字符都处于标准状态;(c)是 target 阶段,第二行字符被锐化,处于 oddball 状态

3.3.2　实验过程和数据采集

4 个健康被试(男性,23~28 岁)参加了实验。其中 1 人有使用 P300-BCI 的经验,另外 3 人没有相关经验。每个被试均进行了两组实验,两组实验中间时隔两周。每组实验包含 4 个 run,在每个 run 中,被试拼写一个 4 字母的单词。两组实验都采用训练模式,不同的是第一组实验不显示拼写结果,第二组实验使用第一组实验数据训练得到的分类器在线分类,并在每个字符刺激序列后显示出识别结果。实验过程和 P300 speller 类似,被试坐在一台 22in(1in≈2.54cm)LCD 显示器(分辨率为 1024×768)前方,注视着要拼写的目标字符,并在心里默数目标字符刺激事件的出现次数。EEG 信号采集设备选用的是德国 Brain Products 公司出品的 BrainAmp MR plus 放大器。本书所有实验均采用这种 EEG 数据采集设备。在实验中,每个字符的刺激序列都重复 10 次。选择了 Cz、Pz、Oz、P3 和 P4 作为数据电极,参考电极选择 P8,接地电极布设在前额。电极分布如图 3.4 所示。采样频率为 250Hz,在线进行了 0.1Hz 高通滤波和 50Hz 陷波处理。

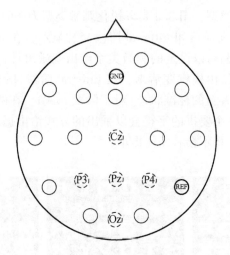

图 3.4　实验中电极分布
5 个数据电极以虚线圈出,参考电极(REF)和接地电极(GND)以实线圈出

3.4　不同刺激类型的比较

3.4.1　字符识别方法

分类器使用 SWLDA,单次响应的数据长度取为刺激后 0~800ms。分类器的训练方法和使用其进行字符识别的方法与经典 P300 speller 相同,已在 2.4.5 节进行了介绍,此处不再赘述。

3.4.2　拼写性能

图 3.5 为各被试由两个 session 的数据合并训练得到的离线字符正确率。可以看到,各个被试的正确率都基本令人满意。随着所用字符序列数的增多,在针对所有刺激类型的实验中,正确率曲线都会上升,且大多可以超过 80%。这说明测试的所有刺激类型都可以作为基于 oddball 范式的拼写范式的备选方案。有过 P300-BCI 拼写经验的被试(YJW)并没有比其他被试表现得更好,这说明 ERP-BCI 并不要求被试有太多的经验即可顺利使用。研究也注意到,没有一种刺激类型对所有被试都一致地优于其他刺激类型。而对于所有被试,图案阶跃旋转(图 3.5 中的图案阶跃旋转)都需要更多的刺激序列数才可以达到和其他类型相当的正确率。这说明脉冲方式优于阶跃方式。其他类型,包括平移、旋转、缩放和锐化,都达到或者超过了经典的闪烁类型。不同被试的最佳刺激类型并不相同。例如,对于被试 YJW,放大类型效果最好,而对于被试 JJ 和 ZXC,旋转类型最好。对于被试 MXP,

缩小和锐化类型的效果都令人满意。运动类型优于颜色类型这一结果和 Hill 等[4] 的实验结果是一致的。表 3.1 列出了每个被试在每种刺激类型实验中的 ITR。在计算 ITR 时,设定字符识别正确率要达到 80% 以上,以保证较好的使用体验。表 3.1 给出了满足这一正确率约束的最高 ITR 值,同时给出了对应的字符正确率和所需刺激序列数。两个 session 的实验相隔两周,可以看出,相比 session1, session2 需要更多的刺激序列数才可达到与 session1 相当的正确率和 ITR。但是也应该看到,session2 的结果并没有比 session1 差太多,这说明 ERP 特征是相对稳定的。session1 的离线训练结果显示,被试 YJW 和 MXP 分别使用放大和缩小刺激类型,可以达到 124.5bit/min 和 140.0bit/min 的较高 ITR。但是,使用同样的分类器对 session2 数据分类,ITR 分别降至 54.9bit/min 和 53.9bit/min。说明被试差异性对 BCI 系统性能有显著影响,在追求系统性能的应用场合,需要针对具体被试优化系统参数。

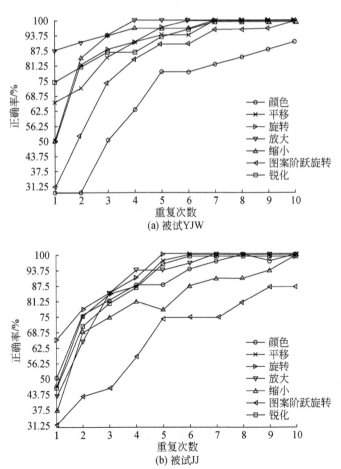

(a) 被试YJW

(b) 被试JJ

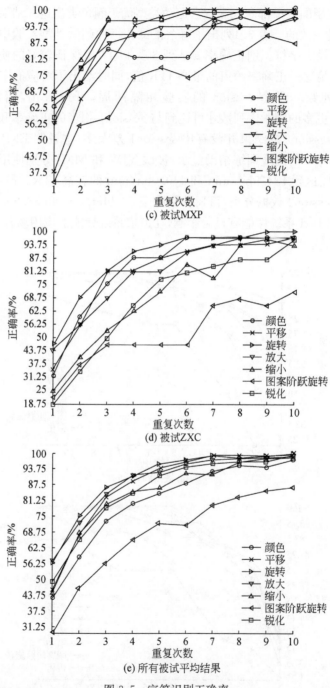

(c) 被试MXP

(d) 被试ZXC

(e) 所有被试平均结果

图 3.5　字符识别正确率

表 3.1　各刺激类型实验的结果

被试	session	刺激类型						
		颜色	平移	旋转	放大	缩小	图案阶跃旋转	锐化
YJW	S1	21.9,81.25,5	109.7,81.25,1	70.5,93.75,2	**124.5**,87.50,1	62.3,87.50,2	17.4,81.25,4	62.3,87.50,2
	S2	15.7,81.25,7	27.4,81.25,4	36.6,81.25,3	**54.9**,81.25,2	27.4,81.25,4	13.7,81.25,8	27.4,81.25,4
JJ	S1	**54.9**,81.25,2	41.5,87.50,3	36.6,81.25,3	36.6,81.25,3	**54.9**,81.25,2	27.4,81.25,4	**41.5**,87.50,3
	S2	21.9,81.25,5	**41.5**,87.50,3	32.3,100.00,5	36.6,81.25,3	17.6,93.75,8	13.7,81.25,8	28.2,93.75,5
MXP	S1	62.3,87.50,2	41.5,87.50,3	109.7,81.25,1	70.5,93.75,2	**141.0**,93.75,1	54.9,81.25,2	62.3,87.50,2
	S2	21.9,81.25,5	**54.9**,81.25,2	47.0,93.75,3	41.5,87.50,3	53.9,100.00,3	16.9,91.67,8	47.0,93.75,3
ZXC	S1	**54.9**,81.25,2	24.9,87.50,5	**54.9**,81.25,2	27.4,81.25,4	31.1,87.50,4	21.9,81.25,5	21.9,81.25,5
	S2	13.8,87.50,9	15.7,81.25,7	**27.4**,81.25,4	17.8,87.50,7	15.7,81.25,7	7.2,62.50,10	12.2,81.25,9
均值 (方差)	S1	48.5,82.81,2.8	54.4,85.94,3.0	67.9,84.38,2.0	64.8,85.94,2.5	**72.3**,87.50,2.3	32.9,81.25,3.8	47.0,85.94,3.0
		18.1,3.13,1.5	37.7,3.13,1.6	31.1,6.25,0.8	43.9,5.98,1.3	47.7,5.10,1.3	14.9,0.00,1.3	19.4,3.13,1.4
	S2	18.3,82.81,6.5	34.9,82.81,4.0	**35.8**,89.06,3.8	37.7,84.38,3.8	28.7,89.06,5.5	12.9,79.17,8.5	28.7,87.50,5.3
		4.2,3.13,1.9	17.0,3.13,2.2	8.3,9.38,1.0	15.4,3.61,2.2	17.6,9.38,2.4	4.1,12.15,1.0	14.2,7.22,2.6

注:①每个被试包括两个 session 和各刺激类型。②每一项的 3 个值分别为 ITR(bit/min)、字符识别正确率 ACC(%)和对应的刺激序列数 R。其中,ITR 的值为正确率高于 80% 的最高 ITR(若所有正确率都低于80%,则取正确率最高时的 ITR 值),ACC 和 R 为对应于 ITR 的取值。S1 是在 session1 数据上得到的训练结果,S2 是用从 session1 数据上训练得到的分类器应用于 session2 的测试结果。每行的最大值用黑体标出。

3.4.3　分类器及特征的时空模式

　　SWLDA 权值的时空模式分布如图 3.6 所示,由所有被试的权值平均得到。其中时间分布为各通道权值的平均,空间分布为权值在时间上的平均。加权 ERP (weighted ERP,wERP)的时空模式分布如图 3.7 所示。图中,wERP 信号为目标和非目标的 wERP 信号之差,且为所有被试均值。时间和空间分布的计算与SWLDA 权值分布相同。

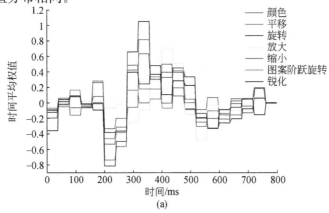

(a)

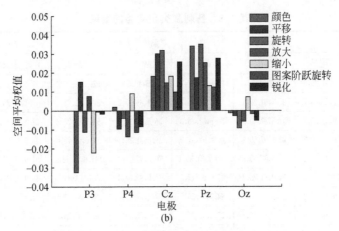

图 3.6　SWLDA 权值的时空模式分布(见彩图)

(a)是 SWLDA 权值的时间分布;(b)是 SWLDA 权值的空间(电极)分布

　　从空间分布上看,分类器权值和 wERP 在 Cz 和 Pz 上明显强于其他电极。从时间上看,放大和锐化类型的 wERP 最强,然后是颜色、旋转、平移和缩小类型。图案阶跃旋转类型最弱,这和其分类效果最差是一致的。从图 3.7 中还可以看到,不同的刺激类型表现出不同的潜伏期特征。放大、锐化、颜色、缩小和旋转类型在约 300ms 时出现相近的峰值。运动相关类型的波峰比颜色类型的波峰要宽。从图 3.6 中可见,运动类型的刺激(旋转和平移)在 200~250ms 出现了明显的负值,这对应于 N200 成分。反映到图 3.7 上,为对应时间上的正峰值,这说明该成分对分类有较大的贡献。N200 成分属于运动相关的 TVEP,由对运动对象的视觉信息处理诱发[5,6]。从图 3.7 中还可发现,需要被试注意力更集中的锐化刺激类型,会诱发 350~400ms 的一个明显的峰值(P300 之后),这一峰值成分对应的权值为正(图 3.6),所以这一峰值属于 LPC 成分。LPC 与记忆更新及认知信息处理有关,一般由主动认知任务引发[8]。

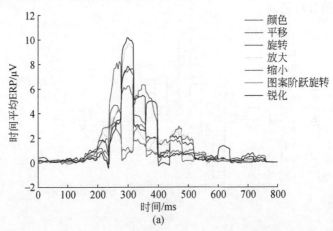

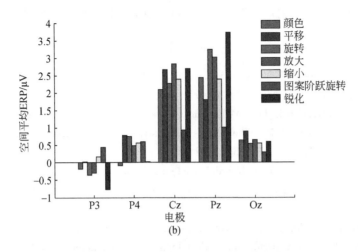

图 3.7　wERP 的时空模式分布（见彩图）

(a)是 wERP 的时间分布；(b)是 wERP 的空间（电极）分布。所显示的是
目标响应和非目标响应的 wERP 均值之差

3.5　本 章 小 结

本章在 P300 speller 范式的基础上研究了各种刺激类型对系统性能的影响。
除了经典的闪烁类型，还提出并测试了运动（包括平移、旋转和缩放）、图案阶跃旋
转和锐化等类型。实验结果表明，多数刺激类型可以应用于基于 oddball 范式的
BCI 拼写程序。然而，没有一种类型对所有被试都是最优的，也就是说，每个被试
都有对其而言效果较好的一两个刺激类型。虽然导致这种被试差异性的原因尚不
清楚，但这个结果说明在实际应用中，一个较好的做法是选择最适合被试的刺激类
型，而不是对所有被试使用某种固定的刺激类型。值得指出的是，对于所有被试都
存在一个或几个刺激类型的表现优于闪烁类型。SWLDA 权值显示运动相关类型
可以诱发早期视觉相关的 N200 成分。虽然锐化成分的视觉对比不强，但是从效
果上看也可达到与其他类型相当的水平。这说明这种新型的基于语义理解和识别
的刺激也可用于视觉 oddball 范式。从视觉信息处理的角度来看，颜色或运动类型
的信息处理在相对较底层的处理回路进行，而语义理解涉及更多认知信息过程，从
而需要更多的注意力和精神投入，也可诱发晚期正成分 LPC。N200 和 LPC 成分
都有助于提高分类识别正确率和系统性能。另外，根据被试的反应，锐化类型的另
一个好处是被试较不容易被相邻的刺激干扰，而且长期使用时视觉疲劳也较弱。
比较两种状态变化方式，实验结果表明，脉冲方式优于阶跃方式。从 wERP 的分
布上可以看出，阶跃方式所诱发的 wERP 比脉冲类型弱。根据被试的反应可以看

出，与脉冲方式相比，阶跃方式状态变化的不确定性和意外程度都较弱。

参 考 文 献

[1] Salvaris M,Sepulveda F. Visual modifications on the P300 speller BCI paradigm[J]. Journal of Neural Engineering,2009,6(4):046011.

[2] Sellers E W, Krusienski D J, McFarland D J, et al. A P300 event-related potential brain-computer interface (BCI): The effects of matrix size and inter stimulus interval on performance[J]. Biological Psychology,2006,73(3):242-252.

[3] Takano K,Komatsu T,Hata N,et al. Visual stimuli for the P300 brain-computer interface:A comparison of white/gray and green/blue flicker matrices[J]. Clinical Neurophysiology, 2009,120(8):1562-1566.

[4] Hill J,Farquhar J,Martens S M M,et al. Effects of stimulus type and of error-correcting code design on BCI speller performance[C]//International Conference on Neural Information Processing Systems,Vancouver,2009.

[5] Guo F, Hong B, Gao X, et al. A brain-computer interface using motion-onset visual evoked potential[J]. Journal of Neural Engineering,2008,5(4):477-485.

[6] Hong B,Guo F,Gao X R,et al. N200-speller using motion-onset visual response[J]. Clinical Neurophysiology,2009,120(9):1658-1666.

[7] Treder M S,Blankertz B. (C)overt attention and visual speller design in an ERP based brain-computer interface[J]. Behavioral & Brain Functions,2010,6(1):28.

[8] Guo J,Gao S K,Hong B. An auditory brain computer interface using active mental response [J]. IEEE Transactions on Neural Systems and Rehabilitation,2010,18(3):230-235.

第4章 事件相关电位脑机接口的超立方体编码方案

4.1 引　言

在 ERP-BCI 设计中,刺激编码对系统性能起着关键作用。通过对现有各种刺激编码的综述(见 2.4.3 节)可以看到,经典 P300 speller 所使用的 RC 编码具有简单高效的特点。Hill 等[1]提出的最大化最小汉明距离编码并没有显著优于 RC 编码;Townsend 等[2]在 checkboard 范式中使用的编码是把两个 RC 编码交叉合并在一起,也属于 RC 编码的变形。然而,RC 编码并非在任何情况下总是最优或高效的。

在目前的范式设计中,选项数 N 的确定与优化是一个没有引起足够重视的问题。选项数是指在多少个待选对象中选择目标对象。在很多基于 RC 编码的应用中,选项数的设计和矩阵大小的确定并未经过仔细的考虑和优化。实际上,在设计 ERP-BCI 范式时,确定选项数 N 十分重要,并且需要先于其他设计因素考虑。这是因为 N 是由任务本身决定的,或者说 N 的选择需要符合任务的需求。如果 N 小于任务需要的选项数,那么系统在功能上是不完备的。如果 N 大于任务需要的选项数,那么意味着存在选项冗余,部分选项不传输有效信息,却占用了编码资源,降低了 ITR,而且这种对性能的不利影响无法通过对其他因素的优化设计得到弥补。

考虑到选项数 N 这个变量,RC 编码未必总是高效的。虽然现有范式中的 N 都不是很大(一般在 100 以内),但理论上,ERP-BCI 范式对 N 没有限制。本章先不考虑实际条件的限制,而是认为 N 可以任意取值。当 N 较小(如 3~7)时,二维 RC 编码显然不如一维编码更为合适,一维编码相当于 RC 编码中的选项矩阵只有一行或一列。采用二维矩阵会使目标刺激出现的频率过高,从而使 P300 的诱发产生重叠和不应效应[3],不利于分类。当 N 较大时,如果将 N 个选项排列成矩阵并使用 RC 编码,那么 ITR 并不会一直随着 N 的增大而增加,因为刺激时长增加的速度可能比传输信息量的增加速度更快。如果采用一种编码可以在 N 较大时缩短刺激时长,那么就有望提高通信速率。

在一个复杂而真实的环境下,通过 BCI 选择范式进行交互时,随着场景的变化,选项数和选项含义可能会相应地发生变化。在已有的研究中,刺激编码的选择并没有得到关注[4,5]。如果针对不同的 N 动态地调整编码方案,那么 BCI 的整体性能就可以得到提升。

本章将基于二维矩阵的 RC 编码推广到任意维超立方体的情况,提出超立方体编码方案(以下简称 cube 编码),系统研究选项数 N 和最优 cube 编码之间的对应关系。

4.2　cube 刺激编码的设计

4.2.1　cube 编码的生成

cube 编码可以理解为二维 RC_* 编码的任意维推广。RC_* 是混合行列编码 RC_{mix} 的一种变体,区别在于:①RC_* 选项在矩阵中的位置是随机的;②RC_* 编码中行与列的顺序不交叉。

生成 cube 编码的过程和 RC_* 编码类似:①所有目标随机排列成一个 D 维 $(D \in N)$ 超立方体。假设 cube 的尺寸为 $S_1 \times S_2 \times \cdots \times S_D$,并且 cube 沿一个笛卡儿直角坐标系 $A_1 \sim A_D$ 放置。为方便起见,为每个垂直于坐标轴的超平面赋予一个码字(codeword),按坐标轴顺序编号,垂直于坐标轴 A_m 的超平面的码字集合为 $C_m = \left\{ \sum_{i=1}^{m-1} S_i + j \right\}_{j=1}^{S_m}$ $(m = 1, 2, \cdots, D)$。图 4.1(a) 和 (b) 分别为二维和三维情况下的 cube 编码和码字,图 4.2(c) 和 (d) 是二维和三维码本示例。

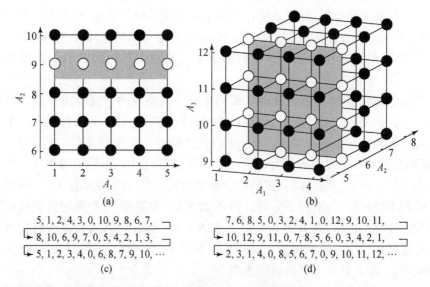

图 4.1　二维和三维 cube 编码示意

(a)和(b)为二维和三维 cube 编码和码字。cube 的节点表示各个选项。坐标轴上标出了每个超平面的码字。
白色的节点位于同一个超平面上,它们会同时给出刺激。(c)和(d)为二维和三维编码本示例。
每行表示一个 cube 码本,空码字(占位码字)用 0 表示

cube 刺激码本(codebook)是一系列码字的集合。把所有码字一次不重复的遍历称为 cube 码本,完成一次目标选择所需要的刺激码本称为目标码本。通常,一个目标码本由 cube 码本数次重复组成。每增添一个 cube 码本,就把所有码字的顺序重新随机打乱。

当相邻的两个码字属于不同坐标轴时,由于对应的两个超平面是互相垂直的,因此位于相交平面(二维平面)上的选项会连续发出刺激。若关注的目标就在其中,则会对 P300 的诱发产生不利影响[2,3]。为了避免这种情况发生,在生成 cube 目标码本时,加了 4 个约束:①类似 RC$_*$ 编码的做法,在每个 cube 码本中,码字是按坐标轴顺序排列的,这样可以减少很多 cube 码本内部连续的目标刺激;②cube 码本的第一个坐标轴选为上一个 cube 码本的最后一个坐标轴,这样可以保证两个 cube 码本相接时没有超平面的交叉;③cube 码本的第一个码字不能与上一个 cube 码本的最后一个码字相同;④在 cube 码本内部坐标轴变化时,插入一个空码字;空码字只起时间上的占位作用,没有真正的刺激发生。通过上面的 4 个约束,可以严格保证每个目标都不会在两个 SOA 的时间内连续发出刺激。

4.2.2　目标预测方法

和使用 RC 编码的经典 P300 speller 类似(见 2.4.5 节),使用 cube 编码时,目标预测过程是在每个坐标轴的码字内搜索,确定目标在 cube 中的坐标。具体过程如下:

第一步,截取所有刺激开始后某个时间段(如 0~800ms)内的单次响应数据,并按照对应的码字分开。

第二步,对单次响应数据进行线性时空滤波,计算线性加权和,得到对应的 score。

第三步,设使用的 cube 码本数为 R,则对于每个码字,将其对应的 R 个 score 进行平均,得到平均 score。

第四步,对于每个坐标轴的码字,比较其平均 score 的大小,选取最大 score 对应的码字作为目标在该坐标轴上的坐标。当目标在 cube 中的坐标确定后,根据选项在 cube 中的排列顺序,目标本身也就确定了。

本章依然使用线性分类器 SWLDA,只是对训练得到的权值向量 w 做了归一化处理,使其满足 $\|w\|=1$。这样做的目的是使线性加权和 score 具有和源信号一样的尺度,从而可用源信号的单位来度量。

假设第一步中得到的单次响应数据用 x_r^c 表示,其中 c 为对应码字,r 代表该单次响应的刺激属于从前往后数第 r 个 cube 码本,则对应的 score 为 $\text{score}_r^c=\langle w,x_r^c\rangle$。式中,$\langle\cdot,\cdot\rangle$ 表示内积运算,即点点相乘再求和。上述目标预测方法可以归纳为

$$a_m=\arg_{c\in C_m}\max\left\{\frac{1}{R}\sum_{r=1}^{R}\langle w,x_r^c\rangle\right\}-\sum_{j=1}^{m-1}S_j,\quad m=1,2,\cdots,D \qquad (4.1)$$

4.2.3　性能指标及优化

目标识别正确率作为 ERP-BCI 的性能指标没有考虑系统的通信速率。ITR和 SR 是理论估计值,一般会高估系统的实际性能水平。SR 和 WSR 忽略了信道的编码容量,因此不适于用来对比具有不同选项数 N 的系统。本章实验将实际ITR(PITR)作为性能指标,PITR 是对存在纠错情况的通信位率的估计,比 ITR 估计更接近实际情况,而且可用于具有不同选项数 N 的系统性能对比。

为叙述方便,把 PITR 的计算公式重新列在此处。设目标识别正确率为 P,一个目标刺激序列长度为 T,则 PITR 为

$$\mathrm{PITR}=\begin{cases}(2P-1)\log_2\dfrac{N}{T}, & P>0.5 \\ 0, & P\leqslant0.5\end{cases} \tag{4.2}$$

在生成 cube 编码时,设 N 个选项被放置在一个 D 维 cube 的节点上,这相当于 N 被分解为一个 D 维 cube,表示为 cube$=\{S_1,S_2,\cdots,S_D\}$,其中,cube 的各边长 $S_i>1(i=1,2,\cdots,D)$。定义 cube 的大小 $\mathrm{size(cube)}=\sum\limits_{i=1}^{D}S_i$,cube 码本的码长 $L=\mathrm{length(cube)}=\sum\limits_{i=1}^{D}S_i+D-1$。$L$ 的计算公式中 $D-1$ 代表在每个 cube 码本中插入 $D-1$ 个空码字。

设 SOA 为常值,在计算 T 时,为简单起见,不计算刺激序列之间的时间,T 的表达式为

$$T=\mathrm{SOA}\cdot LR \tag{4.3}$$

将式(4.3)代入式(4.2),得到

$$\mathrm{PITR}=\frac{(2P-1)\log_2N}{\mathrm{SOA}\cdot LR}=G\frac{\log_2N}{\mathrm{SOA}} \tag{4.4}$$

式中

$$G=\frac{2P-1}{LR} \tag{4.5}$$

G 定义为配置系数,它是 P、cube 和 R 的函数。当 N 固定时,优化 PITR 和优化 G是等价的。

4.3　嵌入 cube 编码设计

4.3.1　嵌入 cube 编码

考虑 N 为任意取值时,前面对 N 直接分解的方法还是可以继续优化的。对于

很多数字,直接分解的结果使 cube 的各边长很不平衡。作为极端的例子,质数只能分解为 $N \times 1$。很不平衡的 cube 会使码长 L 很长,这是因为对于固定的 N,当各边相等时,其和最短(此处先忽略空码字的影响,更多讨论见 4.7.1 节)。

然而,如果不总是直接分解 N,而是把 N 个选项嵌入一个比 N 更大但分解更平衡的 cube 中,就有可能减小码长 L。假设 N 个选项被嵌入 cube 中[$\mathrm{size(cube)} \geqslant N$],也就是说,生成 cube 码本时,这 N 个目标只占据 cube 的一部分节点,其他剩余的节点只是用来辅助生成 cube 的空节点,并不代表真实的刺激目标。简单起见,在生成码本时,这些空节点被忽略,而只有原来的 N 个选项给出刺激。容易看出,直接分解的方式是这种嵌入 cube 编码方式的一种特例,即 N 个选项充满所使用的 cube。

4.3.2 PITR 计算和优化

使用嵌入 cube 编码,在计算 PITR 时要注意,编码容量中要把空节点去除,因为它们对信息传输没有贡献,故 PITR 应为

$$\mathrm{PITR}_{N \to \mathrm{cube}} = G_{\mathrm{cube},R} \frac{\log_2 N}{\mathrm{SOA}} \tag{4.6}$$

式中,下标 $N \to \mathrm{cube}$ 表示 N 个选项嵌入 cube 中(以下简称 N 嵌入 cube)。由此可见,$\mathrm{PITR}_{N \to \mathrm{cube}}$ 正比于配置系数 $G_{\mathrm{cube},R}$。优化 $G_{\mathrm{cube},R}$ 就可以最大化 N 嵌入 cube 时的 PITR,同时得到最优配置下的 cube 和 R。

优化可以分两步进行。首先,对于每个 cube,关于 R 最大化 $G_{\mathrm{cube},R}$:

$$\begin{cases} R_{\mathrm{cube}} = \arg_R \max\{G_{\mathrm{cube},R}\} \\ \bar{G}_{\mathrm{cube}} = G_{\mathrm{cube},R_{\mathrm{cube}}} \end{cases} \tag{4.7}$$

然后,对于 N,关于 cube 最大化 $\bar{G}_{\mathrm{cube}}$:

$$\begin{cases} \mathrm{cube}_N = \arg_{\mathrm{cube}} \max\{\bar{G}_{\mathrm{cube}}\}, \quad \mathrm{size(cube)} \geqslant N \\ R_N = R_{\mathrm{cube}_N} \\ \bar{G}_N = G_{\mathrm{cube}_N, R_N} \end{cases} \tag{4.8}$$

式中,cube_N 和 R_N 为对 N 的最优配置;$\bar{G}_N$ 为对应 N 的最大配置系数,则对应 N 的最大 PITR 为

$$\overline{\mathrm{PITR}}_N = \bar{G}_N \frac{\log_2 N}{\mathrm{SOA}} \tag{4.9}$$

4.3.3 最优性能和配置的函数特性

关于优化得到的最优刺激配置及性能,可以推测出以下性质:

(1) $\bar{G}_N$ 是关于 N 的非增函数。

证明:设 $N_1 < N_2$,假设 $\bar{G}_{N_1} < \bar{G}_{N_2}$,即 $G_{\mathrm{cube}_{N_1}, R_{N_1}} < G_{\mathrm{cube}_{N_2}, R_{N_2}}$,因为 $\mathrm{size(cube}_{N_2})$

$\geqslant N_2 > N_1$，所以把 N_1 嵌入 cube_{N_2} 可以得到更大的 G，这与 $\bar{G}_{N_1}$ 的最优性矛盾。

（2）$\mathrm{size}(\mathrm{cube}_N)$ 是关于 N 的非减函数。

证明：设 $N_1 < N_2$，假设 $\mathrm{size}(\mathrm{cube}_{N_1}) > \mathrm{size}(\mathrm{cube}_{N_2})$，根据性质（1），把 N_2 嵌入 cube_{N_1}，对于 N_2 可以获得更高的 G，与 $\bar{G}_{N_2}$ 的最优性矛盾。

（3）若对于某个 N，$\mathrm{size}(\mathrm{cube}_N)$ 大于 N，则对于任意 M，由 $N < M \leqslant \mathrm{size}(\mathrm{cube}_N)$ 有 $\mathrm{cube}_M = \mathrm{cube}_N$。

证明：对于 $\mathrm{cube}_M \neq \mathrm{cube}_N$，则意味着 $G_{\mathrm{cube}_M, R_M} > G_{\mathrm{cube}_N, R_N}$，由于 $\mathrm{size}(\mathrm{cube}_M) \geqslant M > N$，因此把 N 嵌入 cube_M 可以得到更高的 G，这与 $\bar{G}_N$ 的最优性矛盾。

从这些性质中可以得知，函数 cube_N、R_N、$\bar{G}_N$ 和 $\overline{\mathrm{PITR}}_N$ 都是关于 N 的分段函数。在每个分段区间上，如 $[N_1, N_2]$，对于任意中间值 $N_1 \leqslant N \leqslant N_2$，有 $\mathrm{cube}_N = \mathrm{cube}_{N_2}$，而且 $\mathrm{size}(\mathrm{cube}_{N_2}) = N_2$。这就是说，分段区间上的每个 N 的最优嵌入 cube 相同，都是区间右端点的某种直接分解形式。本章定义所有分段区间的右端点为嵌入点，上面这些函数可完全由嵌入点决定。

4.4　跨 cube 性能预测和优化方法

本章的设计目标是对于任意给定的 N，设计一个有 N 个选项的 ERP-BCI 系统，并且优化所使用的 cube 刺激编码使系统的 PITR 达到最大。具体来讲，cube 编码的优化包括选择 N 所嵌入的 cube 和目标码本中包含的 cube 码本数（或称刺激序列数）R。换句话说，就是要估计出最优性能函数 $\bar{G}_N$ 和 $\overline{\mathrm{PITR}}_N$，继而得到最优配置函数 cube_{N,R_N}。

通过前面的推导可知，最优配置可以通过最大化配置系数 $G_{\mathrm{cube},R}$ 来实现，而且已经推知了这些函数的分段及单调等特性。然而，得到这些函数的解析形式甚至理论最优解是不可能的，这是因为 cube 编码的变化对系统性能的影响形式是未知的。要想知道特定 cube 下的系统性能，最准确的方法就是在这个 cube 编码下进行实验。然而，对于特定的 N，它所可能嵌入的 cube 的数量是很大的，利用遍历法考察是不现实的，何况 N 也是需要优化的参数。

这里提出一种解决方案，能够基于有限次训练对不同 cube 编码下的性能进行预测。预测的主要难点是 ERP 特征分布会随着 cube 的不同而变化，因此会影响特征提取和分类的性能。在所提出的方法中，把 cube 的影响简化为一个参量，即目标刺激的概率 P_T，并假设 ERP 特征随 P_T 的变化是连续而光滑的。在训练中，对一些具有不同 P_T 值的 cube 编码进行实验。对于其他没有训练的 cube，通过插值的方法预测出对应特征 score 的分布，然后通过一个 score-P 模型预测出目标识别正确率 P，继而可计算出配置系数 G。

4.4.1　score-P 模型

在 4.2.2 节中已经介绍过,目标识别的过程是先从单次响应数据中提取出特征 score,然后选出每个坐标轴上平均 score 最大的码字作为目标在该轴上的坐标。因此,虽然线性分类器是通过两类数据训练得出的,但是在对同坐标轴码字对应的数据进行分类时,却不是简单地划分为目标和非目标,这是因为目标响应数据有且仅有一个。

设 t 和 s 分别表示目标和非目标刺激下单次响应的 score。假设它们都服从高斯分布 $t \sim N(\mu_t, \sigma_t^2)$,$s \sim N(\mu_s, \sigma_s^2)$,$t$ 和 s 互相独立且 $\mu_t > \mu_s$,则 R 次的平均 score 分布为

$$t^R = \frac{1}{R} \sum_{r=1}^{R} t_r \sim N\left(\mu_t, \frac{1}{R} \delta_t^2\right), \quad s^R = \frac{1}{R} \sum_{r=1}^{R} s_r \sim N\left(\mu_s, \frac{1}{R} \delta_s^2\right) \quad (4.10)$$

可以看到,平均并未对 score 的均值造成影响,但降低了方差,因此两分类时 score 的可分性增加了。用 f_T 和 f_s 表示 t^R 和 s^R 的概率密度函数,用 F_s 表示 s^R 的分布函数。

坐标预测是按坐标轴排序进行的。以 d 轴为例,有 S_d 个平均后的 score $\{t_d, s_{d1}, s_{d2}, \cdots, s_{dm}\}$(简洁起见略去了上标 R),其中,$m = s_d - 1$,t_d 为目标 score,其他为非目标 score。设这些样本都是独立生成的,则目标在该坐标轴上的坐标 t_d 为这些 score 中的最大值。

$$
\begin{aligned}
P_d &= P\{s_{d1} < t_d \bigcap s_{d2} < t_d \bigcap \cdots \bigcap s_{dm} < t_d\} \\
&= \int_{-\infty}^{+\infty} \int_{-\infty}^{t} \cdots \int_{-\infty}^{t} f_T(t) f_s(s_{d1}) f_s(s_{d2}) \cdots f_s(s_{dm}) \mathrm{d}t \mathrm{d}s_{d1} \mathrm{d}s_{d2} \cdots \mathrm{d}s_{dm} \\
&= \int_{-\infty}^{+\infty} \left[f_T(t) \int_{-\infty}^{t} f_s(s_{d1}) \mathrm{d}s_{d1} \int_{-\infty}^{t} f_s(s_{d2}) \mathrm{d}s_{d2} \cdots \int_{-\infty}^{t} f_s(s_{dm} \mathrm{d}s_{dm}) \right] \mathrm{d}t \\
&= \int_{-\infty}^{+\infty} f_T(t) \left[F_s(t) \right]^m \mathrm{d}t
\end{aligned}
$$

$$(4.11)$$

正确预测出目标在所有坐标轴上的坐标概率为

$$
P = \begin{cases} \prod_{d=1}^{D} P_d, & P_d > \dfrac{1}{S_d}, \quad d = 1, 2, \cdots, D \\ 0, & \text{其他} \end{cases} \quad (4.12)
$$

式中,$P_d > 1/S_d$ 表示 P_d 应大于每个坐标预测的机会水平。由式(4.11)和式(4.12)可见,P 随着 $\mu_t - \mu_s$ 和 R 的增大而增大,随着 σ_t、σ_s、S_d 和 D 的增大而减小。

4.4.2　跨 cube 特征分布预测

t 和 s 的分布与数据中 ERP 的特征分布有关,而后者又会受到所使用的 cube

编码的影响。这里把 cube 的影响简化为一个参数：目标刺激概率 P_T，并假设 score 分布随 P_T 连续变化。P_T 可由 cube 按下式估计：

$$P_T(\text{cube}) = \frac{D}{L} \tag{4.13}$$

假设用 m 个 cube 编码进行实验，它们的目标刺激概率为 $\{P_T^k\}_{k=1}^m$。对于给定的未训练的 cube，设其目标刺激概率为 $P_T \in [\min_k(P_T^k), \max_k(P_T^k)]$，可利用左右最接近 P_T 的两个点 P_T^i 和 P_T^j，用线性内插方法预测出当 cube 作为刺激编码时，其 score 分布的参数 $\{\tilde{\mu}_t, \tilde{\sigma}_t, \tilde{\mu}_s, \tilde{\sigma}_s\}$。以 $\tilde{\mu}_t$ 为例，线性插值按下式进行：

$$\tilde{\mu}_t = (1-\lambda)\mu_t^i + \lambda\mu_t^j \tag{4.14}$$

式中，$\lambda = (P_T - P_T^i)/(P_T^j - P_T^i)$；$\mu_t^i$ 和 μ_t^j 是对应 P_T^i 和 P_T^j 的 score 分布的参数。对其他参数的预测与此类似。

4.4.3 cube 编码的优化

利用前面提出的跨 cube 预测特征分布的方法，可以对一组特定的选项数 N 进行预测并优化系统性能，得到最优 cube 编码，过程如下：

（1）列出一组 cube，满足 $P_T(\text{cube}) \in [\min_k(P_T^k), \max_k(P_T^k)]$，即 P_T 不超过训练 cube 的范围（只做内插，不做外推）。

（2）对于每个 cube，按前面的方法预测其 score 的分布。

（3）对于每个 cube 和一组 R（如 1~10），按 4.4.1 节的 score-P 模型计算目标识别正确率 P。

（4）对于每个 cube 和 R，按式（4.5）计算 $G_{\text{cube},R}$。

（5）对于 N，按照 4.3 节给出的方法估计最优性能和相应的最优 cube 编码。

4.5　实　验　设　计

4.5.1 刺激设计

在 ERP-BCI 选择范式中，选项的外观和功能设置是有很大设计自由度的。此实验中，控制任务设定为字符拼写，任务的具体形式和范式性能的关系并不大。视觉刺激在一个 19in LCD 显示器上呈现，界面如图 4.2 所示，36 个字符（"A"~"Z"，"1"~"9"和"♯"）排列成 6×6 的方阵。在刺激类型的选择上，实验综合考虑了相关文献和第 3 章的研究结果，使用了一种组合刺激类型。在刺激呈现时，目标的 3 个属性（亮度、尺寸和位置）同时按脉冲方式切换状态，即同时被加亮、放大和向左平移一小段距离。目标在标准状态和 oddball 状态下的亮度、尺寸和位置都是事先设定的，对所有目标都相同。平移方向之所以固定为向左，而没有使用混合方向或者随机方向,是考虑到平移刺激的空间不对称效应[6],使用一个固定方向可以使相应的 ERP 响应在空间上更为一致和集中。使用这种组合刺激方式是为了尽量诱发出多种类型的 ERP 成分,包括 TVEP 和 P300。

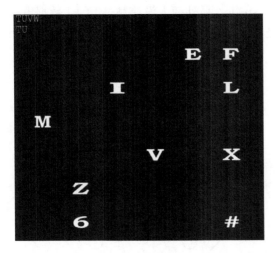

图 4.2　实验界面
发出刺激的字符(图中为"EFILMVXZ6♯")会同时加亮、放大,并向左平移。
界面左上方显示的是待选的字符和选择的结果

为了专注于考察 cube 编码的影响,需要尽量控制其他因素,特别是视觉条件变化引起的影响。有两个因素需要特别考虑,一个是目标的视角范围,另一个是刺激中同时出现在视野中的目标个数。为了使实验过程中这两个条件不发生太大的变化,对测试的任何 cube 编码和选项数,实验都只拼写位于矩阵中间位置的 16 个字符,即不拼写矩阵外围的一圈字符。这样的实验策略是可行的,原因如下:①在同样的视觉条件下,选择任何字符都是等同的,因此只选择某些字符和选择所有字符在对系统性能评估上的效果是相同的。②当测试的选项数 $N \leqslant 36$ 时,刺激按照 36 个字符的一个 N 个字符的子集给出,此时 N 个字符的刺激都是在屏幕上可见的。③当测试的选项数 $N > 36$ 时,刺激依然按照 N 个字符给出,选择也可认为是在 N 个选项上进行,只是此时屏幕上只可见到其中的 36 个字符,其余 $N - 36$ 个字符可以认为也在显示,只不过不可见而已。

实验设置 SOA 为 200ms,其中 120ms 为刺激呈现,80ms 为刺激间隔。没有设置太小的 SOA 是出于以下考虑:①诱发 TVEP 成分通常要求刺激的频率低于 2Hz。当 SOA 为 200ms 时,两个连续刺激可能的最短间隔为 $3 \times \text{SOA} = 600\text{ms}$,其对应的刺激频率是 1.67Hz。②当目标刺激概率较大时,设置稍大一点的 SOA 会让被试容易完成对目标刺激的计数任务,并可降低视觉疲劳和不适感。

4.5.2　被试和数据采集

4 个健康被试参加了实验(FP、MXP、HXC、YJW,年龄为 22～29 岁)。其中,两人曾使用过 P300 speller,另外两人没接触过 BCI。数据电极放置在 Cz、Pz、Oz、P3 和 P4,参考电极和接地电极分别布设在右耳乳突和前额,具体如图 4.3 所示。

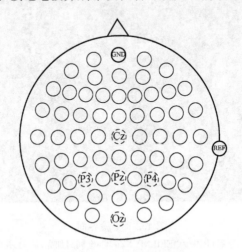

图 4.3　实验中的电极配置

5 个数据电极以虚线圈出,参考电极(REF)和接地电极(GND)以实线圈出

4.5.3　实验过程

每个被试都进行 8 组实验,每组实验中使用一种 cube 编码。所使用的 cube 编码及对应的目标刺激概率 $P_T^i(i=1,2,\cdots,8)$ 见表 4.1。这些 cube 的选择标准是使它们的 P_T 基本上均匀分布在一个范围内。P_T 的上限由 cube$\{2,2,2,2,2,2\}$ 决定,此 cube 的 P_T 值最大。P_T 没有理论上的下限,但如果 P_T 太小,那么被试等待目标刺激出现的时间可能过长而导致注意力分散,实验中根据经验使用 cube$\{20,20\}$ 来确定 P_T 的下限。

表 4.1　训练使用的 cube 及其目标刺激概率值

session	1	2	3	4	5	6	7	8
cube	$\{2,2,2,2,2,2\}$	$\{3,3,2,2\}$	$\{3,3,3,3\}$	$\{4,4,4\}$	$\{5,5,5\}$	$\{7,7\}$	$\{10,10\}$	$\{20,20\}$
P_T	0.353	0.308	0.267	0.214	0.177	0.133	0.096	0.049

在每组实验中,矩阵中间的 16 个字符每个要被拼写两次,刺激序列数均使用 10。每组实验分为 8 个 run,每个 run 有 4 个字符。由于实验的过程较长,每个被

试的 8 组实验均安排在两天之内分两次或三次完成。在每次实验中,两组或三组实验(使用不同 cube 编码)是交叉同步进行的。

4.5.4　数据处理过程

数据处理是离线进行的。针对每个被试的每个 cube 编码进行实验,训练 SWLDA 分类器,并计算出实际达到的性能(目标识别正确率及 PITR)。接下来的分析包含如下三部分:

(1) 检验所提出的 score-P 模型,以及跨 cube 预测方法的准确度。将模型预测结果和实际训练结果进行对比。

(2) cube 编码的优化。利用跨 cube 预测方法,对不同选项数($N=2\sim400$)的 cube 编码进行优化。作为对比,这里还设计了其他几种 cube 编码方案,其中有些是对 cube 的形式做了约束,有些选用了不同于 G 的优化指标。将这些 cube 编码和最大化 G 得到的嵌入 cube 编码进行比较。

(3) 计算不同 cube 编码下 ERP 特征的时空分布,分析特征随 P_T 的变化规律,以及这种变化对最优 cube 编码设计的潜在影响。

4.6　最优嵌入 cube 编码及分析

4.6.1　模型的检验

1. score-P 模型的检验

图 4.4 为目标和非目标刺激下单次响应的 score 分布。可以看到,用高斯分布可以很好地描述 score 分布。第 1 个图为原始单次响应 score 的分布,第 2~5 个图依次为 R 取 2~5 次平均后的 score 分布。可以看出,分布的变化符合式(4.10)的描述,随着 R 的增大,两类分布的方差都在减小,两类的重叠区域也在减小,因此可分度在增加。

图 4.5 为在每个被试的每组数据上使用三种方式得到的性能结果,包括目标识别正确率 P 和配置系数 G。第一种方式是在该组数据上实际训练分类器,提取特征,然后进行分类所得到的正确率,并由式(4.5)计算出 G。第二种方式是根据实际训练得到分类器,提取特征 score,估计 score 的分布,然后使用 score-P 模型[式(4.10)~式(4.12)]进行预测得到目标识别正确率,据此计算 G。第三种方式是使用跨 cube 方法预测得到 P 和 G,方法的细节将在后面介绍。

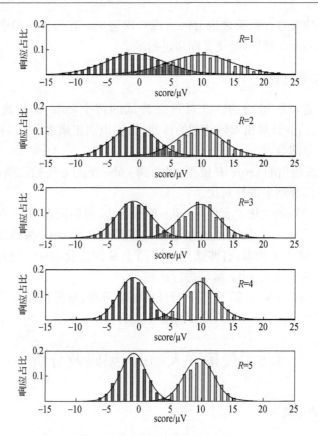

图 4.4　目标和非目标刺激下单次响应的 score 分布

标准得分(非目标)　标准得分(目标)　——估计标准分布

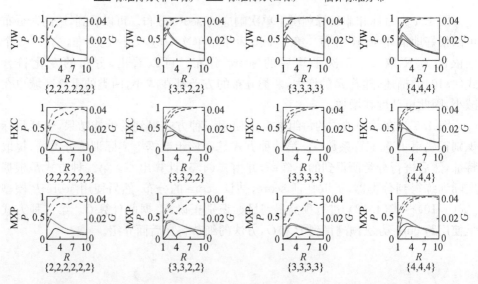

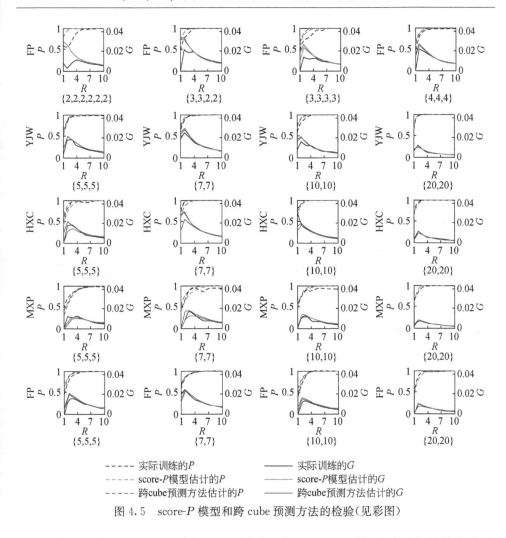

--- --- 实际训练的 P　　　　　　　―― 实际训练的 G
--- --- score-P 模型估计的 P　　　　―― score-P 模型估计的 G
--- --- 跨 cube 预测方法估计的 P　　―― 跨 cube 预测方法估计的 G

图 4.5　score-P 模型和跨 cube 预测方法的检验（见彩图）

比较前两种方式得到的结果可以看到,采用 score-P 模型预测出的性能和实际训练的性能相当接近,预测的结果显得更为平滑,这是由其理论模型的性质决定的。在 P_T 较大的一端,由模型得到的性能估计有高估的趋势。

2. 跨 cube 预测方法的检验

图 4.6 为各个被试 score 分布的参数 $\{\mu_t, \sigma_t, \mu_s, \sigma_s\}$ 随 P_T 变化的情况。除 4 个分布参数外,图中还绘出了 $\mu_t - \mu_s$,这是因为对分类有影响的独立变量并非两类分布的均值,而是其均值差。通过对各个被试的比较可见,虽然参数的具体数值相差较大,但在变化趋势上具有共同的特点。两类方差(σ_t 和 σ_s)几乎没有变化,这表明背景 EEG 活动的影响是相对平稳的。两类均值差($\mu_t - \mu_s$)随着 P_T 先减小后增大,但变化较为缓慢。这一变化规律是 ERP 内在成分变化的外在表现,关于这一点在

4.6.3 节有更详细的分析。

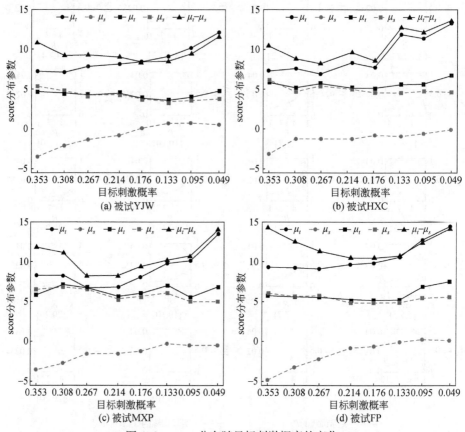

图 4.6　score 分布随目标刺激概率的变化

　　每个被试采集了 8 组数据,除了最小和最大的两组数据之外,设计实验,利用剩下的 6 组数据检验 4.4 节提出的跨 cube 预测方法。具体来讲,依次将这 6 组数据作为测试数据,用除测试数据之外的 7 组数据作为训练数据,用内插的方法求出其 score 分布,然后经由 s 模型估计出目标识别正确率 P,再计算出 G。结果在图 4.5 中给出。和数据训练得到的实际性能相比,预测误差是可以接受的,这表明预测方法的前提假设(ERP 成分随 P_T 的变化而缓慢变化)是基本成立的,也说明选择用来训练的 cube 基本上可以捕捉到这种变化趋势。

4.6.2　最优嵌入 cube 编码

1. 编码优化结果

　　按照 4.4.3 节中给出的步骤,实验对所有大小在 1024 以下且 $P_T \in [0.049, 0.353]$ 的 cube,以及 $1 \leqslant R \leqslant 10$ 计算了 $G_{cube,R}$,然后针对 $N \in [2,400]$ 的选项数优化了 cube 编码。

预测的最优嵌入 cube 编码 $cube_N$ 和最优配置系数 $\overline{G}_N$ 见图 4.7。与理论推测一致，$cube_N$ 和 $\overline{G}_N$ 都是分段常值函数。因此在图 4.7 中只显示了嵌入点（即分段区间右端点）的函数值，其他点的值可以从中推得。对 $2\sim400$ 内的选项数 N，显示了函数 $cube_N$、R_N 和 $\overline{G}_N$ 在所有嵌入点上的取值。$cube_N$ 用层叠的条形图表示，R_N 标注在上方。两个嵌入点之间点的取值与其右面紧邻的嵌入点的取值相等。例如，对于被试 YJW，$cube_{36}=\{4,3,3\}=cube_{40}\{8,5\}$。由此可知，对于 $N\in[37,39]$，$cube_N$ $=cube_{40}\{8,5\}$，$R_N=R_{40}=2$，并且 $\overline{G}_N=\overline{G}_{40}$，图中 S_i 代表 $session_i$。

2. 最优性能比较

图 4.8 为对应最优嵌入 cube 编码的最优性能函数 $\overline{PITR}_N$。图中还显示了其他五种 cube 编码的 PITR。这几种编码是在 cube 编码优化过程式（4.7）和式（4.8）中对 cube 的形式或维数施加了约束，或者采用了不同于 G 的其他优化指标。三方面的对比具体解释如下。

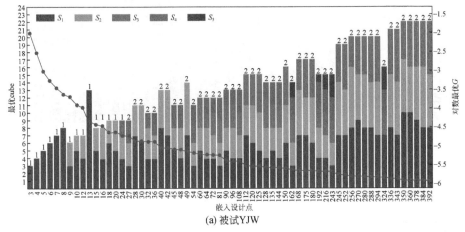

(a) 被试YJW

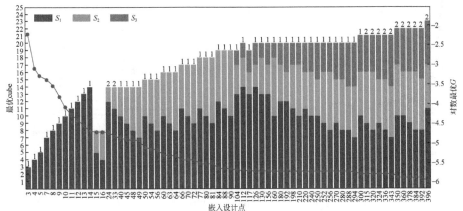

(b) 被试HXC

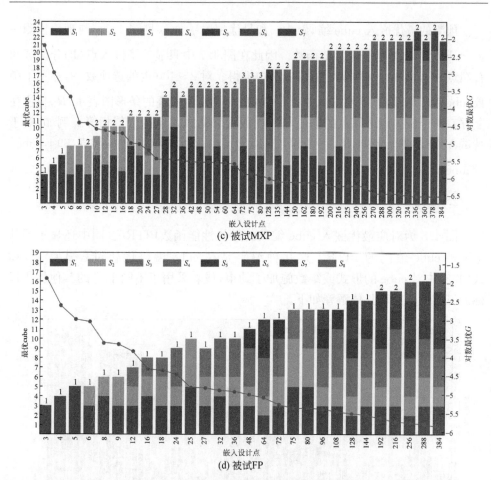

图 4.7　最优 cube 编码及配置系数（见彩图）

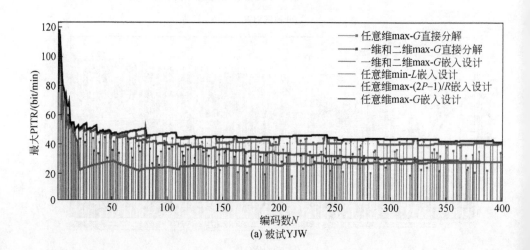

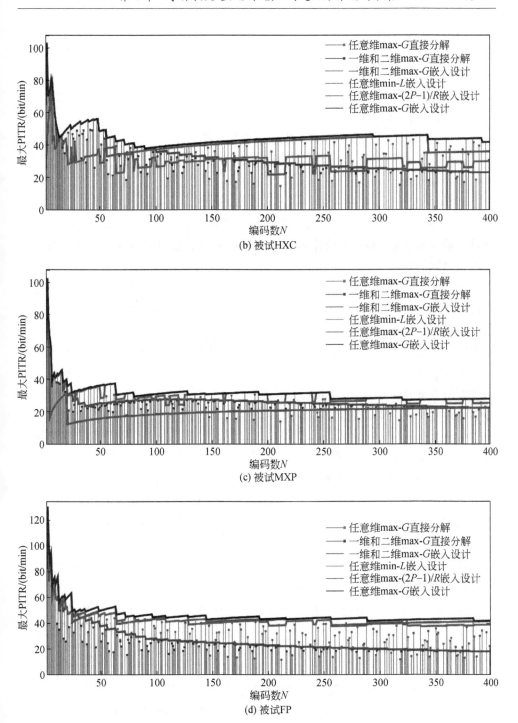

(b) 被试HXC

(c) 被试MXP

(d) 被试FP

图 4.8　最优 cube 编码的性能(见彩图)

1) N 和 size(cube) 的关系

（1）直接分解：对于 N，可选的 cube 仅限 N 的直接分解形式，即不允许把 N 嵌入更大的 cube 中。

（2）嵌入设计：对于 N，可选的 cube 是所有满足条件 size(cube) $\leqslant N$ 的 cube。

2) cube 的维数

（1）一维或二维：可选 cube 的维数不超过二维。

（2）任意维：可选 cube 的维数不限。

3）优化指标

（1）max-G：最大化配置系数 $G_{cube,R}$，这等同于最大化 PITR。

（2）min-L：在优化过程中最小化 cube 码本的码长 L，即在所有可选 cube 中选择具有最小 L 值的 cube 为最优 cube。选取这个指标是为了观察码长的变化与系统性能之间的关系。

（3）max-$(2P-1)/R$：在优化过程中最大化 $(2P-1)/R$。选取这个指标是为了观察目标识别正确率变化与系统性能之间的关系。选择这样一个指标是因为目标识别正确率 P 本身并不适合作为指标。最大化 $(2P-1)/R$ 可理解为用尽量少的时间达到尽量高的目标识别正确率。实际上，$1/L$ 和 $(2P-1)/R$ 是 G 的两个因子［见式（4.5）］。

前面三种不同组合就构造出不同的 cube 编码设计。例如，本章实验所提出的最优编码方案是采用了"嵌入设计＋任意维＋max-G 指标"。图 4.8 中给出了六种方案的性能优化结果，具体分析如下。

（1）直接分解对比嵌入设计。将嵌入式设计方案和 cube 为 N 的直接方案相比较可以看出，随着 N 的增加，直接分解方式的最优 PITR 不连续地上下振荡，很多 N 的性能非常差，主要原因是，对于很多数字，其分解非常不均衡，从而导致码长很长，进而导致识别正确率下降。相比之下，采用嵌入设计方案的编码性能随着 N 的变化连续而平稳。对于直接分解性能很差的 N，通过将其嵌入大于 N 的某个 cube 中，使其性能显著提高。

（2）二维以下 cube 对比任意维 cube。从全局来看，维数上无约束的 cube 编码性能显著高于二维以下 cube 编码设计的性能。最优编码维数的变化趋势是随着 N 的增加而增大。当 N 较小时，最优编码的维数低于二维；而当 N 较大时，高维 cube 编码开始体现出优势，此时二维 cube 编码的性能开始下降，而使用高维编码，性能仍可保持较高水平。这个分界点在被试间相差较大。

（3）不同优化指标下的性能。比较优化不同指标得到的 cube 编码的性能可以看出，把二维编码推广到任意维所获得性能提升不能简单地归因于高维 cube 缩短了码长和刺激时间。具体是 L 的缩短还是 P 的提高对性能提升的影响更大，因被试而异。在图 4.8 中，只观察 3 条采用了不同优化指标的任意维嵌入 cube 编码性能曲线。对于被试 YJW 和 MXP，max-G 和 min-L 指标的 cube 编码的性能曲线非常接近,说明最优 cube 也基本具有最短码长 L。而对于被试 HXC,max-G 和 max-$(2P-1)/R$ 指标的 cube 编码的性能曲线更为接近,明显高于 min-L 指标 cube 编码的性能曲线。这说明最优 cube 的码长并不是很短,而正确率的快速上升对提高性能起了更大的作用。对于被试 FP,3 条曲线都很接近,这说明其最优 cube 的码长较短,识别正确率同时较高。

4.6.3　ERP 时空特征随目标刺激概率的变化

针对每个被试的每组数据分析其 ERP 特征的时空分布,以及各成分随目标刺激概率 P_T 的变化规律。ERP 分析的基本方法如 2.5.1 节所述。单次响应数据取自每个刺激后 0~700ms 的时间段,使用-200~0ms 时间段的均值去基线。把数据按照属于目标刺激的响应还是非目标刺激的响应分别进行平均,得到目标刺激 ERP 和非目标刺激 ERP,然后相减得到 ERP 差异波。

图 4.9 为不同 P_T 下 5 个关键时间点上的脑地形图(数据来自被试 FP),从中可以清楚地看出 ERP 特征随时间、空间和目标刺激概率的变化情况。选取的时间点为 80ms、200ms、280ms、350ms 和 400ms,是 ERP 的基本成分 N100、N200、P200 和 P300 较为显著的时刻。可以看到,N100 成分在 P_T 相对较大时较为显著,随着 P_T 的减小而减弱。N200 成分的峰值出现在约 200ms 的 Cz 处,对所有 P_T 都很明显。基本在 N200 成分达到峰值时,P200 成分开始在 Oz 出现,然后其范围在空间上扩大,在约 280ms 时达到峰值。P300 成分在 P_T>0.267 时才比较明显,而且其幅值和持续时间都随着 P_T 的减小而增加。

为了定量刻画各个 ERP 成分随 P_T 的变化规律,按照如下方法计算每个成分的幅值。对于每个成分,以 ERP 差异波在某个局部的时空范围内(即某个时间段和某些电极上)的最大峰值作为该成分的幅值。各成分选用的时间区间和电极位置见表 4.2。

表 4.2　ERP 成分幅值计算的时空范围选取

成分	N100	N200	P200	P300
时间区间/ms	40~100	160~240	240~320	320~440
电极	P3、P4、Oz	Cz、Pz	P3、P4、Oz	Cz、Pz

图 4.10 为主要 ERP 成分幅值随 P_T 变化的计算结果。从图 4.9 中可以看出,实际上,P200 成分并不能单纯归为 VEP 成分,它其实是 VEP 和 oddball 任务诱发电位的一个混合成分。当 P_T 较大时,P200 主要来自 VEP;当 P_T 较小时,oddball 任务诱发的电位对它的贡献增大。由此可以看到,使用不同 cube 编码,目标概率发生变化导致各个 ERP 成分的时空模式和统计特性也相应改变。在分类器训练过程中,显著的时空特征都可被分类器捕捉到,从而在分类中发挥作用。因此,不同编码下各成分对系统性能的贡献也有所不同。

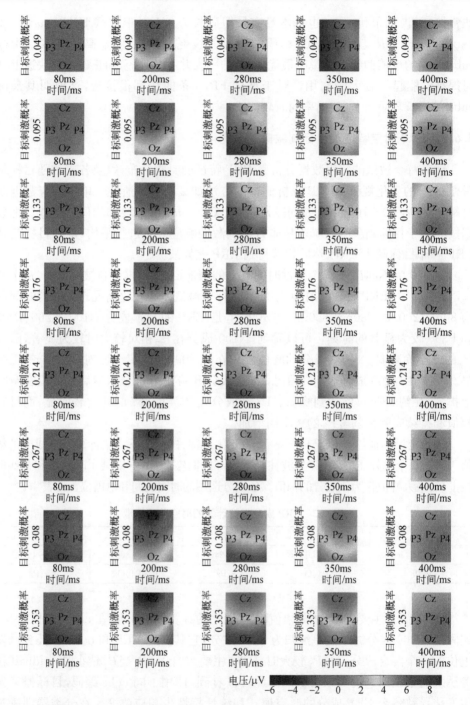

图 4.9　不同 P_T 下 ERP 时空模式（见彩图）

在时间点 80ms、200ms、280ms、350ms 和 400ms 上绘出了脑地形图

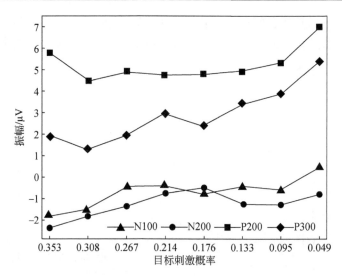

图 4.10　主要 ERP 成分的幅值随P_T的变化曲线

　　另外可以发现,实验中使用的组合刺激类型对不同刺激编码具有很好的适应性。这种适应性表现在当P_T较小时,它作为 oddball 刺激可以诱发出 P300 成分;当P_T较大时,P300 成分严重弱化,它可以成功诱发出 TVEP 成分,从而保证了系统在多种 cube 编码下都可以获得满意的分类正确率和 ITR,对系统整体性能的提升具有很大的帮助。

4.7　cube 编码优化的进一步讨论

4.7.1　关于码长和正确率因素的进一步讨论

　　从前面给出的 min-L 指标下 cube 编码性能曲线可以看到,任意维 cube 编码可以有效地减小刺激码长,从而提高通信速率。本节将进一步比较二维和任意维 cube 编码的码长。

　　首先考虑一个连续模型,假设 cube 的维数 D 和边长S_i都可以取连续值。对于给定选项数 N,若使用二维 cube,则 N 个选项排列成方阵时 L 最小,对应的 $L=2\sqrt{N}+1$。若使用任意维 cube,则由于 $\sum_{i=1}^{D} S_i \geqslant D\sqrt[D]{N}$,因此当各边相等时 L 取得最小值。用 S 表示 cube 的边长,则 cube 的维数 $D=\log_s N$,$L=S\log_s N+\log_s N-1$。最小化 L 可得对应边长$\hat{S}\approx3.6$,L 的最小值为$\hat{L}=\hat{S}\ln N-1$。图 4.11 为上述连续模型的二维和任意维 cube 的最短码长(虚线)。图 4.11 同时显示了实际优化得到的三种嵌入 cube 编码的 L 曲线。它们是二维 min-L 嵌入 cube 编码、任意维 min-L

嵌入 cube 编码，以及任意维 max-G 嵌入 cube 编码（数据取自被试 HXC）。可以看到，二维编码和任意维编码的最短码长的差别非常显著，当 N 较大时尤为明显。

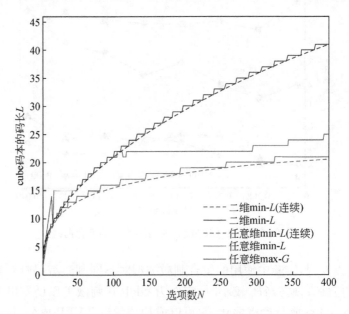

图 4.11　cube 码本的码长 L 随选项数 N 的变化比较（见彩图）

前面的优化结果显示（图 4.8），在很多情况下，具有最短码长的 cube 编码并非具有最高的性能。这一点从图 4.11 中也可以看出，图中任意维 max-G 嵌入 cube 编码的 L 曲线比任意维 min-L 嵌入 cube 编码的 L 曲线要高。

对于任意维 min-L 嵌入 cube 编码，其目标刺激概率 $P_T = \log_{\hat{S}} N / (\hat{S} \ln N - 1) \in$ $(0.225, 0.365)$。从图 4.6 中可以看到，对这个范围内的 P_T，目标和非目标响应数据的特征可分性是相对较低的。这意味着如果以增加码长为代价使用其他 cube，有可能会获得更高的分类正确率，从而提高 ITR。cube 编码的优化是通信速率和正确率的折中。

4.7.2　子菜单设计的优化策略

在 ERP-BCI 选择范式中，当一个目标刺激序列完成后，根据分类器的在线识别算法，某个选项被选中。这个选项可以直接对应到某个输出命令（如拼出某个字符），也可以是一个子菜单（sub-menu）。子菜单被选中后，选项被替换为这个子菜单下的一些新选项，然后继续进行新一轮选择，如此直到选中没有下级菜单的最终选项为止。没有子菜单的直接选择方式可以认为是子菜单方式的特例，即菜单级数为零。从选项的组织结构来看，子菜单的选择方式是一个树形结构，选择的过程就是沿某条路径从根节点出发走到叶子节点（对应最终的选项）。例如，基于 ERP

的 hex-o-speller 系统就采用了二级菜单的方式实现了 30 个字符的选择[7],第一级选择中,所有字符被分为六组,选中某一组后,第二级菜单出现,再在这一组字符中选中最终的目标字符。

在有些情况下,使用子菜单比直接选择的方式更合适。例如,有时选项可以按照它们的语义或者时间上的顺序自然地归为几个类别,这时如果同时把所有选项放到一起进行选择,逻辑上就会显得比较混乱。另外,由于呈现刺激的显示面积一般是有限的(特别是一定距离下人眼清晰聚焦的面积也是有限的),因此采用子菜单分级选择的方式就可以减少每一级选择的选项数,这样可以增大选项的视觉尺寸和选项间距,从视觉设计的角度看,有助于增强电位特征和减少不同选项的串扰。

这里仅从系统性能的角度分析子菜单的优化设计问题。假设有 N 个最终选项,设计一个 K 级子菜单来实现选择,每一级的选择都按照 cube 编码来刺激。按照菜单级别从上到下的顺序,设所使用的 cube 分别为 $cube_1$, $cube_2$, $\cdots$, $cube_K$。完成目标的选择需要顺序使用 K 个子选择器。为简化分析,做以下假设:

(1)同一级的子选择使用同样的 cube 编码。

(2)用每个级别的子选择器进行选择时,纠错是在这个子选择器内完成的。这样,选择到目标所需的总时间为

$$T' = \sum_{i=1}^{K} T'_i = \sum_{i=1}^{K} \frac{SOA}{G_i} \tag{4.15}$$

因此,PITR 为

$$PITR_{N \to \{cube\}_K} = \frac{\log_2 N}{\sum_{i=1}^{K} T'_i} = \left(\sum_{i=1}^{K} \frac{1}{G_i} \right)^{-1} \frac{\log_2 N}{SOA} \tag{4.16}$$

由此可见,使用如上所述的子菜单设计方案,可用如下指标对系统的综合性能进行优化:

$$\min \sum_{i=1}^{K} \frac{1}{G_i} \tag{4.17}$$

4.7.3 刺激序列数的确定

在 ERP 选择器的实际设计和应用中,另外一个重要的问题是:在刺激过程中使用多少个刺激序列。一方面,刺激过程越长,系统性能 PITR 就越低[见式(4.4)];另一方面,如果刺激序列数 R 不够大,ERP 特征得不到足够的积累,就会降低分类正确率,也会降低 PITR[见式(4.10)~式(4.12)]。本章的研究使用了离线优化的方法,即对于给定的选项数 N,在训练数据的基础上,对 cube 编码和刺激序列数 N 同时进行优化,然后在其他实验中使用这个优化的 R 值,并且保持不变。

这种离线优化方法得到的 R 值是统计意义上最优的,这意味着:①要想得到最优估计值,优化过程需要足够多的样本;②在训练集上的统计最优并不能保证在某

次特定刺激过程中的最优,甚至无法获得令人满意的性能。

为了解决这个问题,一些研究者提出了在线自适应的方法来确定所需的刺激序列数。这类方法对 ERP 特征进行在线计算,当特征的强度或者目标与非目标响应的可分性超过设定的阈值时,就不再进行新的刺激,否则会继续给出新的刺激序列。这种在线决定的方法被证明优于离线优化的方法[8,9]。

4.8　本章小结

在设计一个 ERP-BCI 系统时,根据任务的需求确定要使用的选项数是一项重要的工作。在选项数确定之后,再对其他因素如刺激编码、视觉设计、刺激时间控制等进行优化,有利于得到高性能的系统设计。

本章将经典的 RC 编码推广到任意维数,得到了 cube 刺激编码方案。在生成 cube 编码时,N 个选项组成一个高维超立方体 cube,然后按照垂直于 cube 各边的超平面(相当于 RC 编码中矩阵的行和列)生成刺激码本。

为了进一步优化编码性能,提出嵌入 cube 的设计方案,使 N 个选项可以嵌入任意尺寸大于 N 的 cube 中。在这样一个灵活的嵌入 cube 编码的框架下,本章重点研究了不同选项数和最优编码之间的对应关系。

由于每个 N 可以嵌入的 cube 有很多,因此通过一一实验来优化的策略是不可行的。为了解决这个问题,本章提出了一种基于有限训练的跨 cube 性能预测和优化方法。在考察不同编码对 ERP 特征分布带来的影响时,将这种影响简化为一个参量,即目标刺激概率 P_T。在训练中,选用了一组具有不同 P_T 的 cube 编码进行实验,得到对应的特征分布;对于其他没有训练过的 cube 编码,利用插值的方法,估计其特征分布,进而利用提出的 score-P 模型预测出目标识别正确率和实际信息传输率 PITR。在这种预测的基础上,就可以得到对特定选项数 N 最优的 cube 编码。

对于参加实验的被试,给出了在 N 取 2～400 时的优化结果。结果表明,嵌入 cube 编码可以有效地提升系统的全局性能,当 N 较大时这种提升更为显著。总体来看,最优 cube 的维数随着 N 的增加而增加。比较优化不同性能指标得到的结果大体可以看到,码长的缩短和正确率的提高都有利于性能的提升,具体哪个因素的作用更大因被试而异。不同被试优化结果差异很大,这说明一个通用的最优编码方案是不存在的。

另外值得指出的是,使用组合刺激类型可以成功地诱发出 TVEP 和 P300 等多种 ERP 成分,可显著提高可用 cube 编码的数量。当编码对应的 P_T 较大时,P300 成分较弱,而利用 VEP 成分仍可获得较好的性能,即使当 P300 成分较强时,TVEP 成分对分类的贡献也很显著。

本章的研究也存在如下一些局限:①由于训练时的实验量较大,训练是分次进行的,其间,被试状态的变化是未知因素,且并未在本实验中考虑。即便是在同一次实验中,被试状态也会变化。这就对编码的最优性造成了不确定的影响,也就是说,不能保证得到的优化刺激编码在下次实验中仍然是最优的。从理论上说,要保证全局最优性,就要求被试大脑刺激—响应映射关系是时不变的,而且训练得到的分类器充分学习了这个映射关系。这种理想情况显然是不成立的,实际中只能假设这种映射关系在统计上是相对稳定的,它对优化编码的影响值得进一步研究。②为了让结果仅反映 cube 编码的影响,实验对视觉因素变化带来的影响进行了控制,例如,保证每个刺激目标的大小固定和只用内部的 16 个字符进行实验等。在实际系统设计中,视觉设计对性能的影响必须加以考虑。例如,如果实际系统显示区域是有限的,当使用更多的选项数时,每个选项的视觉尺寸及选项间的距离就必然要缩小,这会对 ERP 成分的显著性造成不利影响。因此设计一个性能最优的系统需要综合考虑多种因素的影响。

参 考 文 献

[1] Hill J,Farquhar J,Martens S M M,et al. Effects of stimulus type and of error-correcting code design on BCI speller performance[C]//International Conference on Neural Information Processing Systems,Vancouver,2009.

[2] Townsend G,LaPallo B,Boulay C B,et al. A novel P300-based brain-computer interface stimulus presentation paradigm:Moving beyond rows and columns[J]. Clinical Neurophysiology,2010,121(7):1109-1120.

[3] Martens S M M,Hill N J,Farquhar J,et al. Overlap and refractory effects in a brain computer interface speller based on the visual P300 event-related potential[J]. Journal of Neural Engineering,2009,6(2):26003.

[4] Rebsamen B, Teo C L, Zeng Q, et al. Controlling a wheelchair indoors using thought[J]. Intelligent Systems IEEE,2007,22(2):18-24.

[5] Iturrate I,Antelis J,Kübler A,et al. Non-invasive brain-actuated wheelchair based on a P300 neurophysiological protocol and automated navigation[J]. IEEE Transactions on Robotics,2009,25(3):614-627.

[6] Guo F, Hong B,Gao X,et al. A brain-computer interface using motion-onset visual evoked potential[J]. Journal of Neural Engineering,2008,5(4):477-485.

[7] Treder M S,Blankertz B. (C)overt attention and visual speller design in an ERP based brain-computer interface[J]. Behavioral & Brain Functions,2010,6(1):28.

[8] Serby H, Yom-Tov E, Inbar G F. An improved P300-based brain-computer interface[J]. IEEE Transactions on Neural Systems and Rehabilitation,2005,13(1):89-98.

[9] Lenhardt A,Kaper M,Ritter H J. An adaptive P300-based online brain-computer interface [J]. IEEE Transactions on Neural Systems and Rehabilitation,2008,16(2):121-130.

第5章 基于视觉搜索任务和视线独立的脑机接口范式

5.1 引　言

对于健康人而言,BCI虽然已经在运动控制和操作控制等方面展现了其应用前景,但是总体来看依然处于技术积累阶段,离广泛应用还有一定的距离。在残疾人辅助康复方面,BCI已经可以发挥实实在在的作用。对于运动机能受损的患者来说,BCI提供了一种切实可行的交互手段。然而对于并未完全瘫痪、尚有残存运动机能的患者,很多时候BCI并非最理想的选择,通过检测残存主动运动实现外部设备控制的思路可能更有效。例如,研究表明,通过检测头部运动、眼动或者眨眼来实现通信的方式比BCI具有更高的通信速率,而且更为可靠和方便[1]。据相关文献报道,基于视觉跟踪的拼写设备可以达到33symbol/min的通信速率[2],这一数值比大多数BCI拼写系统都要高。对于那些严重瘫痪,几乎没有残存运动机能的患者,BCI提供了唯一的通信和交互手段[3],这些患者也是当前BCI所能实际发挥作用的主要服务对象。

考虑到BCI的发展现状及其主要服务人群,一类称为独立BCI的技术更多地得到了研究者的关注。与非独立BCI相比,在独立BCI中,携带意图信息的EEG信号产生过程需要较少或者不需要外围神经肌肉系统的参与[4]。因此,独立BCI具有更高的临床价值。例如,BCI研究面对的一类目标人群是肌萎缩侧索硬化(amyotrophic lateral sclerosis,ALS)患者。ALS是一种神经系统退化性疾病,导致肌肉萎缩和瘫痪。ALS患者可能会丧失大部分正常的运动能力,甚至包括眼部肌肉的控制能力。在这种情况下,依赖眼动的非独立BCI已经失去作用,而独立BCI还可以使用。很多研究致力于开发独立BCI字符拼写设备,这是因为通过拼写进行交流是瘫痪患者的一项基本需求。

P300被认为是一种内源信号成分,它与注意及工作记忆等认知过程密切相关。其产生并不一定要眼部肌肉的参与,因为注意力的移动可以和视线移动的方向不一致[5],因此P300 speller被一致认为是独立BCI[4]。然而,根据作者的经验,移动视线或者直接注意目标对提高P300 speller的性能有很大的作用。最近的一些研究明确地证实了这一点。Brunner等[6]和Treder等[7]各自开展了实验,对比了两种条件下P300 speller的性能:

(1) 视线移动条件。被试移动视线直接注视要拼写的字符。

（2）视线固定条件。被试始终注视屏幕中心,而用余光隐蔽地注意要拼写的字符。

他们的实验均表明,P300 speller 的性能在很大程度上依赖于视线方向。在 Treder 等的实验中,当刺激序列数为 10 时,字符识别正确率在视线移动条件下可以达到 100％,而在视线固定条件下只能达到 40％。他们还发现,在视线移动条件下,枕叶区的 VEP 成分较为明显,对分类贡献较大。在其他一些 P300 speller 实验中也发现在脑后部的信号中存在较强的判别信息,这表明实验中很可能发生了视线的移动[8,9]。

Treder 等将视线固定条件下 P300 speller 的低性能归因于其视觉设计上的缺陷。生理视觉的研究表明:人的视觉空间锐度(可以简单理解为空间分辨率)会随着视角的增加而迅速降低[10]。另外,外周视觉存在拥挤效应[11],即紧邻而相似的字符会变得难以辨认,这是外周视野空间分辨率低的直接结果。Treder 等提出的 hex-o-speller 范式通过改进视觉设计,在很大程度上避开了外周视觉的两种缺陷。在他们的设计中(图 5.1),首先,字符的尺寸很大且呈环形分布,有效地降低了拥挤效应的影响;其次,他们使用了放大刺激类型代替闪烁刺激类型,增加了目标刺激的显著程度。通过这些改进,在固定视线条件下,10 个刺激序列的字符识别正确率提高到了 60％。然而,这一识别正确率比起视线移动条件下的结果还有较大差距。

图 5.1　Treder 等提出的 hex-o-speller 拼写范式[7]

本章提出一种更为实用的不依赖眼动的 BCI 拼写范式。这种范式同样改进了 P300 speller 的视觉设计,与 hex-o-speller 相比有两点主要不同之处:

（1）为了减少外周视野视觉锐度差和拥挤效应的影响,视觉刺激更多地利用了中心视觉区。在经典 P300 speller 中,字符矩阵的行和列跨越了很大的视角范围,而在本章设计中,每行/列的字符呈环形显示在中心视野中。

(2) 在刺激类型上,采用了需要更多主动精神任务(mental task)参与的视觉搜索(visual search)任务,相较于被动的闪烁或放大刺激类型,这种主动任务可以诱发 P300 之外的晚期正成分 LPC,有助于对目标刺激的识别。

视觉搜索任务是一种在视觉研究中常见的实验范式,常被用于研究人脑对视觉信息的处理加工机制,研究者围绕它提出了很多视觉信息处理模型,如特征集成模型[12]和引导视觉搜索模型[13]等。实验室中研究的典型视觉搜索任务如图 5.2所示。当刺激图像出现时,要求被试从聚在一起的一组符号中找到关注的目标字符。目标字符一般在某个或某些特征上区别于非目标字符。研究指出,当符号相对较大而且不拥挤在一起时,视觉搜索任务可以在视线固定条件下通过转移注意完成[14]。Luck 等[15]把视觉搜索任务和 oddball 任务结合起来,在他们的实验中,目标字符以小概率出现,当目标字符出现时要求被试做出反应。实验中被试视线固定在屏幕中心(图 5.2 中"+")。ERP 分析显示,目标刺激出现 400~700ms 后可以诱发较强的 P300 成分。这些研究预示了使用 oddball 视觉搜索任务实现 BCI拼写范式是可行的。

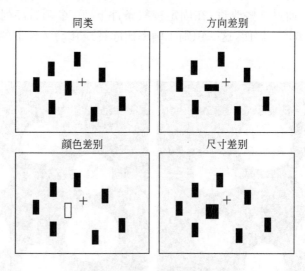

图 5.2　视觉搜索任务示例[15]

5.2　基于 oddball 视觉搜索任务的拼写范式

5.2.1　刺激序列设计

刺激序列由图像阶段和间隔阶段组成,如图 5.3 所示。在刺激过程中,这两个阶段轮流显示,长度分别为 240ms 和 160ms,因此相邻刺激间隔 SOA 为 400ms。在图像阶段,一个灰色圆盘显示在屏幕中心,6 个字符呈环形均匀排列其上。在每个图像中显示的字符由刺激编码确定(后面会阐述)。在间隔阶段,只显示圆盘而不显示字符。被试的任务是在图像显示时,判断目标字符是否出现。

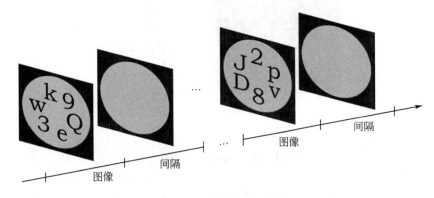

图 5.3　刺激序列示意图

一个基本的刺激序列包含 12 个图像阶段和 12 个间隔阶段,一个字符刺激序列由若干个基本刺激序列组成。图像阶段和间隔阶段的长度分别为 240ms 和 160ms

在一个字符的刺激序列中,每个图像阶段显示 36 个字符("a"~"z","1"~"9"和"♯")中的一个 6 字符子集,在设计中改变了一些字符的大小写以使区分更加容易。这些子集的设计和显示顺序由刺激编码决定。采用经典 P300 speller 的 RC 编码(详见 2.4.3 节)。一个基本刺激序列包含顺序随机的 12 个子集,分别对应 6×6 矩阵的 6 行和 6 列(图 5.4 中左侧字符矩阵)。一个字符刺激序列包含 R 个基本刺激序列,共有 $12R$ 个子集。实验中 $R=10$,于是每个字符刺激持续时间为 $SOA×12×R=48s$,期间目标字符出现 $2×R=20$ 次。

5.2.2　两种刺激呈现模式

1. RP 模式和 FP 模式

为了优化范式设计,实验中设计了两种刺激呈现模式:随机位置(random position,RP)模式和固定位置(fixed position,FP)模式。两种模式对应不同难度的视觉搜索任务,它们的区别只在于字符排列方式。图 5.4 显示了两种模式是如何显示同一组字符"DJpv28"的。两种模式下,6 个字符的中心都是相隔 60°均匀分布在一个圆上,圆的半径为圆盘半径的一半。

(1) RP 模式如图 5.4 中右上方所示。在 RP 模式中,字符的排列有两个随机操作:①字符的顺序被随机打乱;②字符按逆时针顺序排列到圆上时,初始角度也是随机的。这两个随机操作在每个图像显示之前都会进行。引入这些随机性后,

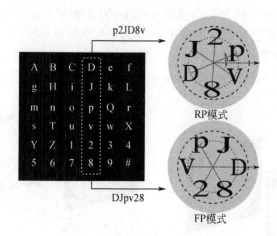

图 5.4　刺激编码和图像刺激设计

图中显示了 RP 和 FP 模式如何在图像阶段以不同方式显示同一组字符"DJpv28"（对应字符矩阵的第 4 列）。在 RP 模式（右上角）中，字符的顺序被随机打乱，从一个随机初始角度 θ 开始呈环形均匀排列。在 FP 模式（右下角）中，字符按照原来在矩阵中的顺序排列，初始角度 θ 始终为零。对于两种模式，字符中心所在圆（以点线表示）的半径为圆盘半径 r 的一半，字符的长和宽都调整为 $r/3$。虚线表示的是 6 个字符的外接圆。图中的点线和虚线只起说明作用，并不实际显示

被试无法事先判断出目标字符的位置，必须注意所有 6 个字符。

（2）FP 模式如图 5.4 中右下方所示。在 FP 模式中，字符按照在原字符矩阵中的顺序排列（从上到下或从左到右）。按逆时针顺序排列到圆上时，初始角度总是从 0°开始。这样排列的结果是每个字符总会在 1～2 个特定位置出现。对于字符矩阵中对角线上的字符，出现位置有 1 个，对于非对角线上的字符，出现位置有 2 个。刺激过程中，被试只需关注目标字符可能出现的 1～2 个位置即可。

2. 训练模式中待拼字符的提示

本范式设计的目标是让整个使用过程都在视线固定的条件下进行，因此一切信息的显示，包括刺激和反馈信息，都必须能够在视线固定的情况下让被试获得。在训练模式下，被试拼写一串事先规定的字符，在经典 P300 speller 中，这个字符串一般显示在屏幕上方距离字符矩阵较远的位置。在本范式中，在每个字符拼写之前，该字符会在圆盘中心显示，这样被试无须移动视线就可以知道下面要拼的字符是什么。

3. FP 模式中出现位置的提示

在 FP 模式中，字符可能出现的位置是固定不变的。然而，对于 36 个字符，每个字符可能出现的位置都不相同。被试需要在拼写前就知道下个字符可能出现的

位置,否则还是要关注所有 6 个位置才能够完成任务,固定位置的设计就没有意义了。被试可以通过两种方法获得这个映射关系:①事先让被试熟记,这会增加被试的认知负担;②在拼写之前通过提示让被试知道下个要拼的字符会出现的位置。此处设计了一种提示方案,如图 5.5 所示,在字符刺激之前,6 幅图像顺序显示,每幅显示约 1s 时间。这 6 幅图像分别提示了可能出现在 6 个位置的字符。被试只需要通过视觉搜索即可获知将要拼写的目标字符可能会出现在哪一个或哪两个位置。在提示之后,字符刺激随即开始。

图 5.5　FP 模式中的字符位置提示

需要注意的是,这一提示过程会降低 FP 模式的使用效率。对于熟练的被试,在其熟悉每个字符和出现位置的对应关系之后,这个提示过程可以去掉以节省时间。在 RP 模式中无须进行提示,因为目标字符可能会出现在任意位置。

4. 字符区分度

对所有字符使用相同的字体(times new roman),并将其调整到相同的尺寸(长宽都是圆盘半径的 1/3),因此字符之间仅能够通过形状加以区分。由于某些字符具有相似性(如"b"和"6","h"和"n"等),设计中改变了一些字符的大小写以使区分更加容易。经过调整,最终使用的字符集为

"ABCDefgHiJkLmnopQsrTuvwXYz123456789♯"

5.3　字符拼写实验

5.3.1　拼写实验

校准实验后,按照 RP 模式和 FP 模式分别进行实验。为了使两种模式的比较相对公平,原则上应该尽量让两种模式的实验轮流交叉进行,如每种模式下轮流各拼写一个字符。然而,这种高频度的轮换会给被试带来额外的认知负担。视觉搜索是一个主动的寻找和识别过程,掌握起来需要一定的熟练程度和相应的技巧,而且由于两种模式需要注意的范围不同,这种技巧也存在差别。如果频繁切换模式,被试将难以建立起这种技巧,从而降低在某固定模式下所应达到的水平。出于这

些考虑,实验采用了被试间平衡的实验方案,也即一半被试先做 RP 模式实验,另一半被试先做 FP 模式实验。

　　每种模式的实验都包括训练和测试两个阶段,训练阶段包括 6 次拼写,每次拼写一个单词。每个单词包含 3～5 个字符,共 24 个字符。训练完成后,用训练数据训练分类器,应用于接下来的测试实验。测试实验也包括 6 个单词的拼写,共 27 个字符。每个字符的刺激序列结束后,进行在线分类,并把识别出的字符显示在圆盘中心(结果的显示在下一刺激开始前消失)。

　　实验中,单词间和模式间都给予被试充分的休息时间,以避免出现疲劳。另外,被试如果意识到发生了眼动(不包括眨眼),会向操作员报告,相关数据会被丢弃,并从该字符开始重新拼写。

5.3.2　被试和数据采集

　　8 个健康被试(6 男 2 女,24～28 岁)参加了实验。所有被试都具有正常视力水平或矫正为正常视力水平。其中 4 人(被试 2～被试 5)有使用 P300 speller 的经验,余下 4 人没有 BCI 的经验。

　　数据电极选在 Fz、Cz、Pz、Oz、P3 和 P4,参考电极为 P8,接地电极为 Fpz,见图 5.6。使用两组双极导联电极记录眼电(electrooculogram,EOG),水平眼电(horizontal EOG,HEOG)在两个外眼角记录,垂直眼电(vertical EOG,VEOG)在左眼的上下方记录。所有电极的阻抗值都低于 10kΩ。

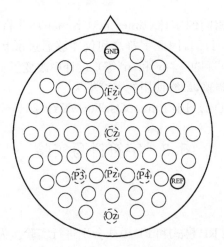

图 5.6　实验中所用电极配置

数据电极为 Fz、Cz、Pz、Oz、P3 和 P4(国际 10-20 电极布设标准),参考电极和接地电极分别为 P8 和 Fpz

5.3.3　系统校准

实验开始之前,实验者向被试详细解释范式的设计和实验目的,并明确要求被试在实验中视线始终要固定在圆盘区域中心。实验开始后,被试坐在一台 27in 的 LCD 显示器前,视线固定于屏幕中心,也即圆盘中心点,然后进行校准实验。校准实验包含两部分内容:①实验者在被试的反馈下调整圆盘的半径,使被试可以在不移动视线的条件下容易辨认出圆盘上的所有字符;②刺激序列被呈现,被试练习视觉搜索和目标字符辨认,同时要求默数目标出现的次数。被试要在每个字符的刺激序列结束后,报告自己数到的次数。通过练习,保证被试可以数出 80% 以上的目标,即在每个字符刺激序列出现目标的 20 次中,被试可以数到 16 次以上。

5.4　数据处理与分析方法

5.4.1　分类器训练和在线字符识别

如前所述,对于每种刺激模式,都用训练数据训练分类器,并将其应用在测试实验中,在线预测字符。分类器选用 SWLDA,其训练过程和字符识别方法已在 2.4.5 节中介绍过,此处仅将某些参数加以说明。考虑到任务难度及可能存在较长的潜伏期,在截取单次响应时,选取了较长的时间窗,为刺激后 $0 \sim 1500\text{ms}$, SWLDA 的最大特征数设为 60。

5.4.2　ERP 计算与分析

对各个被试的数据及所有被试的总体数据进行 ERP 分析。单次响应数据同样取自刺激后 $0 \sim 1500\text{ms}$ 时间段,并用刺激前 200ms 的数据均值做基线校正。把数据按照目标刺激响应和非目标刺激响应分别进行平均,得到目标刺激 ERP 和非目标刺激 ERP。由于非目标刺激响应数据量是目标响应数据量的 5 倍,仅筛选一部分非目标刺激响应数据加入分析,选择的标准是与目标刺激前后紧邻。这样做的好处是一方面可以平衡两类数据,另一方面可以避免前面的目标刺激引起重叠干扰[7]。将目标刺激 ERP 减去非目标刺激 ERP 就得到了差异波,在差异波基础上分析各种成分,其中包括 P300 和 N200。

5.4.3　离线性能分析

将训练数据和测试数据合并,对本章提出的拼写范式的性能进行总体评估。首先考察分类效果,对两分类和字符(36 类)分类均进行了测试。对于每个被试,给出了字符识别的中间结果,即目标响应和非目标响应的两分类正确率。使用了

5 联(5-fold)交叉检验方法,即将所有数据随机平均分为五部分,每次用其中的四部分数据训练分类器,用剩下的一部分数据用于测试,最后给出 5 次的平均正确率。对字符进行识别,使用了留一单词(leave one word out,LOWO)法,每次用一个单词的字符作为测试样本,其他单词的字符作为训练样本,最后给出所有字符的平均分类正确率。除分类正确率外,实验还使用了写入字符率 WSR[16] 来评价范式性能。在 2.6 节已经介绍过,WSR 是比 ITR 更符合实际应用的指标,它能够更合理地估计被试在单位时间内可以正确拼写的字符数。

5.4.4　EOG 校准与分析

经由被试的配合,实验中明显的眼动已经基本被排除。尽管如此,通过定量分析确定眼动的程度对本范式来讲也是非常必要的。在其他一些独立 BCI 研究中,也采用了记录和分析 EOG 的方法来分析眼动[17]。这里使用了模板比较方法,其思路是通过 EOG 校准实验,了解实验中可能发生的眼动会引起何种 EOG 特征,然后把拼写实验中记录的 EOG 数据特征和这些特征模板相比较,从而分析拼写实验中发生眼动的情况。被试 5 参加了如下 EOG 校准实验。在这些实验中,每次屏幕上只给出一个基本刺激序列(即 $R=1$)。若无特别说明,测试序列中的参数和拼写实验中相同。

(1) BLINK:按 RP 模式做 10 次实验。SOA 设为 3s,而图像阶段的长度仍为 240ms。被试看到图像显示后自然地眨眼。

(2) HS 和 VS:各按 RP 模式做 10 次实验。在每个图像显示后,被试从左到右(对 HS)或从上到下(对 VS)扫视所有字符。

(3) RS:按 RP 模式做 10 次实验。在每个图像显示后,被试沿着字符扫视一圈。被试反映在图像显示的 240ms 内来不及完成这个任务,因此在接下来的间隔阶段继续转动视线完成一圈的扫视。

(4) HIT:按 FP 模式做 10 次实验,实验中只选用了会出现在两个位置的字符。在每个图像显示后,被试移动视线从一个可能位置到另一个可能位置,然后停留在这里,直到下一次图像阶段再移动回去。

(5) FIX:按 RP 模式做 10 次实验,实验中被试只需盯住屏幕中心即可。

在上面的 EOG 校准中,除了 BLINK 实验,眨眼都是不允许的。实验者在线观测 VEOG 信号,如果发生了眨眼(被试也会报告),相应的实验数据被丢弃然后重新开始。在 HS、VS 和 RS 实验中,被试无须关注目标字符的位置,而只需完成实验要求的眼动任务。

在对 EOG 数据进行分析时,首先对数据进行 50Hz 低通滤波,然后截取刺激后某个时间窗内的单次响应数据。这个时间窗,对于 BLINK 实验是 0~1200ms,对其他 EOG 校准实验和拼写实验是 0~400ms。对于拼写实验的 EOG 数据,实验认为 VEOG 中超过 $150\mu V$ 的峰值是由眨眼引发的,删除了对应的单次响应数据。对于每个单次响应数据,计算 HEOG 和 VEOG 的方差均值作为其 EOG 特征。对于每个被试,用 t 检验方法对比了拼写实验中的 EOG 特征和 EOG 校准实验的 EOG 特征。

5.5　结果与分析

5.5.1　系统校准的结果

在系统校准阶段,通过调整显示参数,使圆盘区域在所有被试视场中的视角为 $4.46°\pm0.35°$,字符外接圆的视角为 $3.28°\pm0.26°$。在练习任务中,所有被试都在少于 8 个字符的练习中达到了 80% 以上的目标识别正确率。

5.5.2　在线拼写正确率

在测试实验阶段,被试对字符的在线识别正确率列于表 5.1 中。在使用 10 个刺激序列的情况下,平均字符识别正确率达到了 94.4%(RP 模式)和 96.3%(FP 模式)。

表 5.1　在线识别正确率

刺激模式	指标	被试 1	被试 2	被试 3	被试 4	被试 5	被试 6	被试 7	被试 8	均值
RP	拼错字符数	0	1	5	2	0	1	3	0	1.5
	正确率%	100.0	96.3	81.5	92.6	100.0	96.3	88.9	100.0	94.4±6.6
FP	拼错字符数	1	0	4	2	0	1	0	0	1
	正确率%	96.3	100.0	85.2	92.6	100.0	96.3	100.0	100.0	96.3±5.2

5.5.3　刺激诱发的特征电位

所有被试总体 ERP 分析的波形如图 5.7 所示。对于两种刺激模式,在除了 Oz 外的电极上,差异波在 530~650ms 内都有明显的正峰。在每个时空点上进行了配对 t 检验,图中用阴影背景表示出了所有目标和非目标数据间有显著差异($p<1.0\times10^{-10}$)的时间区域。

P300 波由差异波上的最大正峰确定,可以相应计算出潜伏期和峰值。每个被试 ERP 的 P300 峰值和潜伏期列于表 5.2 中。实验中分别对峰值和潜伏期做了 3 个因素的方差分析。3 个因素分别为刺激模式、电极位置和被试。结果表明,3 个因素都对 P300 幅值有显著影响(刺激模式:$F=7.25,p<0.009$;电极:$F=17.88$,$p<0.001$;被试:$F=14.35,p<0.001$)。具体而言,RP 模式的峰值[(9.3 ± 0.5)

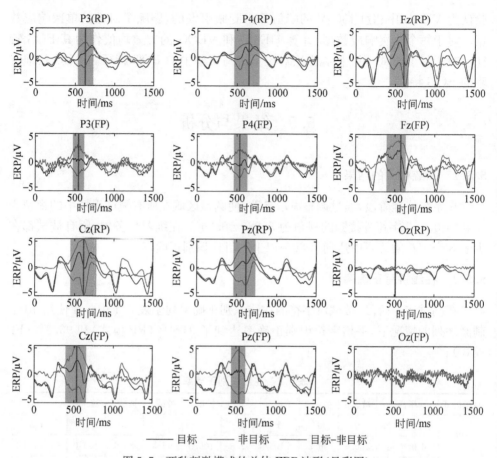

图 5.7　两种刺激模式的总体 ERP 波形（见彩图）

对每个电极、两种模式分别给出了目标刺激 ERP、非目标刺激 ERP，以及差异波。在每幅子图上，
竖线表示差异波上的峰值位置，目标和非目标响应存在显著差异的时间点用阴影标出

μV]显著高于 FP 模式[$(7.6\pm0.5)\mu$V]。Cz 处的峰值（平均为 12.0μV）显著高于 P3（平均为 8.6μV）、Fz（平均为 8.3μV）和 Oz（平均为 2.3μV）处的峰值。被试 8 的峰值显著高于其他被试。P300 潜伏期在电极间（$F=0.82,p=0.541$）和被试间（$F=1.97,p=0.07$）的差异不显著，而 RP 模式的潜伏期要显著长于 FP 模式（$F=4.34,p<0.04$；平均相差 45.3ms）。

表 5.2　两种刺激模式下 P300 波的潜伏期和峰值

被试	刺激模式	潜伏期/ms，峰值/μV					
		P3	P4	Fz	Cz	Pz	Oz
被试 1	RP	719,2.89	703,2.43	615,5.70	615,4.94	731,2.88	923,0.34
	FP	703,3.05	575,2.46	615,4.63	603,4.54	575,3.27	919,0.40

被试	刺激模式	潜伏期/ms，峰值/μV					
		P3	P4	Fz	Cz	Pz	Oz
被试 2	RP	595,4.67	575,3.52	599,3.50	595,5.03	595,5.37	779,2.06
	FP	483,7.46	535,5.53	455,4.48	523,5.98	531,7.61	459,4.28
被试 3	RP	571,1.17	555,3.70	559,4.47	567,4.47	571,6.56	571,0.76
	FP	499,3.02	519,2.29	407,3.18	407,2.96	519,3.81	379,2.56
被试 4	RP	615,4.49	647,3.46	595,9.68	579,8.88	595,5.10	451,1.29
	FP	527,4.51	531,3.78	579,12.99	579,10.26	531,6.03	407,1.11
被试 5	RP	631,2.25	619,2.24	343,1.62	623,2.06	619,2.03	343,0.98
	FP	559,2.53	519,2.35	399,3.56	559,5.55	559,7.46	979,5.38
被试 6	RP	611,2.03	603,1.84	535,4.39	607,5.26	607,3.67	603,0.36
	FP	595,2.24	567,1.01	407,3.61	587,3.20	595,2.18	951,0.60
被试 7	RP	635,2.31	647,1.48	619,4.34	615,5.49	639,2.31	383,0.32
	FP	554,3.19	527,2.13	527,7.77	527,8.32	527,4.43	387,1.23
被试 8	RP	591,9.12	535,6.85	523,10.34	591,12.94	591,11.23	591,1.00
	FP	519,6.56	515,4.52	555,5.85	515,8.38	491,8.05	943,1.61
总体	RP	607,2.77	631,2.66	595,4.55	595,5.52	603,4.28	499,0.30
	FP	527,3.33	519,2.66	559,4.46	519,5.51	519,4.84	467,1.10

实验中视觉搜索任务相关的 ERP 成分与文献报道相符。额叶区的 N200（前部 N200）成分与认知控制和感知惊奇度有关，而后部 N200 成分（N2p）与视觉注意任务中的目标信息处理相关[18,19]。在两种刺激模式中，前部和后部的 N200 成分都较为明显（图 5.7）。这表明在执行视觉搜索任务时，视觉注意和认知控制都起了重要作用。

实验中对 N200 波的峰值和潜伏期也进行了方差分析，4 个考察因素为刺激模式、类别（目标和非目标刺激）、电极和被试。结果表明，FP 模式的 N200 波峰值绝对值显著高于 RP 模式[$F=5.31$，$p<0.022$，FP 均值：$(-4.1\pm0.2)\mu V$，RP 均值：$(-3.6\pm0.2)\mu V$]。N200 波潜伏期在两刺激模式间的差异不显著（$F=0.33$，$p=0.569$），在不同电极位置的差异也不显著（$F=2.51$，$p=0.031$）。N200 波峰值在不同电极上的差异显著（$F=27.75$，$p<0.001$）。把 6 个电极按 N200 峰值从大到小分为 3 组：[Fz($-5.60\mu V$)，Cz($-5.16\mu V$)]、Pz($-4.1\mu V$)和[Oz($-2.8\mu V$)，P3($-2.8\mu V$)，P4($-2.5\mu V$)]，N200 波峰值在不同组电极间的差异是显著的，而在组内电极间的差异不显著。目标刺激和非目标刺激诱发的 N200 波在峰值和潜伏期上均无显著差异（峰值 $F=0.86$，$p=0.354$；潜伏期 $F=0.35$，$p=0.554$），这表

明视觉搜索阶段的电生理过程对两种类别的刺激是类似的。另外,被试间的差异也较为显著。对于不同的被试,N200 波的峰值变化范围为 $-5.5 \sim -2.8\mu\mathrm{V}$,潜伏期的变化范围为 $176 \sim 234\mathrm{ms}$。

5.5.4　离线性能分析

每个被试均各有 6120 个单次响应数据(每个刺激序列 12 个子集,每个字符 10 个刺激序列,共 51 个字符),其中 1/6 为目标响应数据。在这些数据上训练 SWLDA 分类器,用 5-fold 交叉检验方法检验两分类正确率,结果如图 5.8 所示。所有被试的平均分类正确率如下:RP 模式为 $(73.8 \pm 2.3)\%$,FP 模式为 $(75.2 \pm 1.8)\%$。t 检验显示两种刺激模式的结果没有显著差异($p = 0.66$)。

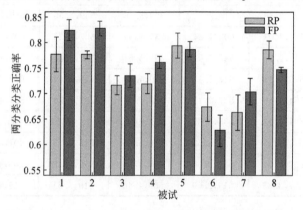

图 5.8　目标和非目标单次响应的离线两分类分类正确率(5-fold 交叉检验)

图 5.9 显示了离线字符识别正确率和相应的 WSR 曲线。横轴表示使用的刺激序列数。可以看到,两种模式的曲线非常接近。WSR 的峰值可以达到 1.38symbol/min。FP 模式 WSR 峰值出现的时间($R = 4$ 或 19.2s)要稍早于 RP 模式($R = 5$ 或 24s)。对应于最大 WSR 值,RP 模式的正确率为 87.8%,ITR 为 10.0bit/min,FP 模式的正确率为 84.1%,ITR 为 11.6bit/min。

为了进一步研究特征提取对分类的作用,实验中计算了 wERP(wERP 的具体计算方法见 2.5.2 节)。由 wERP 可以观察到各个时空点对分类的贡献大小。目标刺激和非目标刺激的 wERP 由所有被试的 wERP 平均得到,将它们相减得到 wERP 的差异波。图 5.10 绘出了几个时间点($500 \sim 640\mathrm{ms}$)上的脑地形图,以及刺激后 1500ms 内的平均脑地形图。比较两种刺激模式可以发现:①特征峰值在空间上出现在 Cz 和 Pz 之间,对于 RP 模式,峰值出现在 P3 而在 Cz 消失。对于 FP 模式,峰值出现在 Pz 而在 P3 消失。②FP 模式的特征峰值比 PR 模式略强,但是差距不明显。③FP 模式的特征峰值比 RP 模式的特征峰值早约 40ms。虽然两种模式下特征的时间分布有所差异,但平均模式是相似的(图 5.10 中最右边一

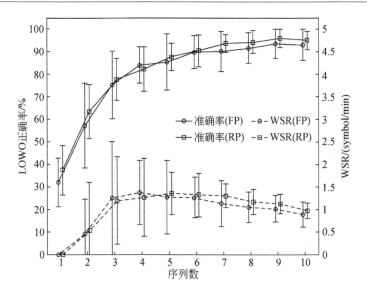

图 5.9　离线 LOWO 字符识别正确率和 WSR 随刺激序列数的变化曲线

列)。考虑到用于分类的 score 是 wERP 时空上的加权和,平均模式的相似性可以解释两种刺激模式下接近的性能。

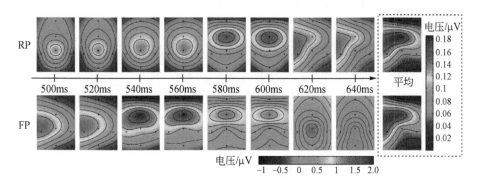

图 5.10　wERP 差异波的脑地形图(所有被试平均)(见彩图)

上面一行为 RP 模式,下面一行为 FP 模式,最右边一列为时间区间 0~1500ms
上的平均结果。电极的位置用"+"标出

5.5.5　眼动显著度分析

图 5.11(a)为 EOG 校准实验中各种眼动任务的平均 EOG 波形。可以看到,眨眼会在 VEOG 上表现为一个尖峰,比起其他眼动,其幅值较高而持续时间较短。

各眼动任务及拼写实验中各被试的 EOG 特征分布见图 5.11(b)。各被试的拼写实验中,EOG 特征与 EOG 校准任务的 EOG 特征之间两两进行了 t 检验,其显著性水平列于表 5.3。可以看到,对于所有被试,拼写实验的 EOG 方差都显著地小于 EOG 校准实验的 EOG 方差,而和 FIX 任务的 EOG 特征之间没有显著差别,这表明拼写实验中的眼动是不显著的。

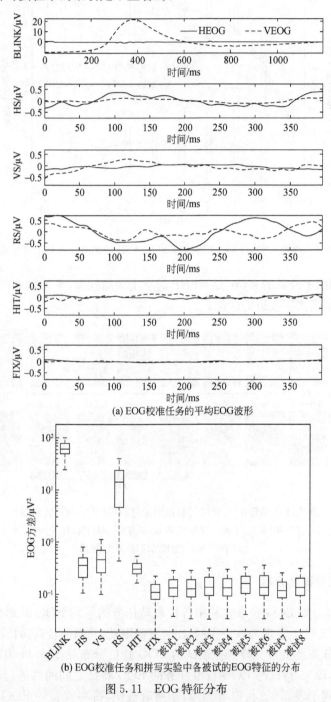

(a) EOG校准任务的平均EOG波形

(b) EOG校准任务和拼写实验中各被试的EOG特征的分布

图 5.11　EOG 特征分布

表 5.3　拼写实验和 EOG 校准实验的 EOG 特征之间 t 检验的显著性水平

校准任务	被试 1	被试 2	被试 3	被试 4	被试 5	被试 6	被试 7	被试 8
BLINK	<0.001	<0.001	<0.001	<0.001	<0.001	<0.001	<0.001	<0.001
HS	0.044	0.061	0.057	0.038	0.017	0.072	0.090	0.037
VS	0.002	0.003	0.012	0.001	<0.001	0.014	0.008	0.001
RS	<0.001	<0.001	<0.001	<0.001	<0.001	<0.001	<0.001	<0.001
HIT	0.063	0.076	0.055	0.056	0.030	0.045	0.061	0.055
FIX	0.653	0.563	0.890	0.385	0.346	0.740	0.620	0.367

5.6　oddball 视觉搜索 BCI 范式的特点

5.6.1　自纠错拼写系统的正确率要求

Treder 等[7] 的实验测试了两个视线固定的拼写系统:经典 P300 speller 和 hex-o-speller。经典 P300 speller 最高仅可以达到 40% 的识别正确率(10 个刺激序列,约 18.3s),相应的 ITR 为 3.4bit/min。hex-o-speller 系统(9 个刺激序列,约 16.4s)可以达到 40% 的识别正确率,相应的 ITR 为 7.3bit/min。然而,如果考察 WSR 指标,那么上述两个系统的 WSR 都是零,这意味着在实际应用中,如果需要通过系统本身来纠错,那么理论上这两个系统的纠错能力都不足以保证拼出正确的字符,换言之,拼出的错误字符会越来越多。

在 2.6.4 节已经计算过,如果要使 WSR 大于零,那么字符识别正确率需要高于某个阈值,这个阈值和字符数目有关(图 2.6)。Treder 等的实验用了 30 个字符,这个阈值是 68.1%。本章实验用了 36 个字符,这个阈值是 67.4%。要提高字符拼写正确率,一种方法是使用更多的刺激序列,而这样做会使字符拼写的时间变得很长。在本章提出的范式中,字符识别正确率在较短时间内就能达到较高的水平,从而保证了系统在需要自我纠错的实际环境中做到可用。

5.6.2　中心视觉和外围视觉比较

hex-o-speller 系统优化了视觉设计,避免了外围视觉的不利影响。然而,字符仍然处于离视线位置较远的外周视野区域(视角约为 12°)[7]。Treder 等实验的识别正确率仅为 40%。这说明被试对大部分目标刺激都无法做出正确的反应。被试出现识别错误有两种可能原因:①将非目标刺激误当作目标刺激;②将目标刺激误当作非目标刺激。这两种错误都是由被试在视线固定情况下识别能力受限造成的,这也很可能是 hex-o-speller 系统 ERP 特征较弱、分类正确率较低的主要原因。这表明视觉设计虽然可以在一定程度上降低外周视野的低锐度和拥挤效应对目标识别的不利影响,但对大视角外周视野中的目标辨识的作用还是有限的。

中央视觉区是指视网膜中央约 2°范围内的视野区域,这个区域对应着视网膜上的中央凹区域。因为视网膜中央凹区域的视锥细胞密度最高,可以接收到最多的细节信息,因此具有最高的视觉锐度。随着视角的增加,视觉锐度迅速减弱,见图 5.12[7]。

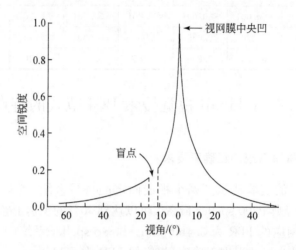

图 5.12 人眼的空间锐度随距离视网膜中央凹的视角的相对变化(左眼)[20]

本章的拼写范式更多地利用了中心视觉来降低目标辨识的难度。在系统校准阶段,考虑到被试间的差异,没有固定圆盘区域的大小,而是根据被试的能力调节到对其最适合的视角,从而得到最佳的性能。实验中测得的平均视角范围为[0,3.28°],这一角度实现了中央视野和外周视野之间的较好平衡。人类视觉系统主要依靠中央视野传递信息对本章范式非常关键,原因如下:①对字符的视觉搜索需要细节信息的感知和处理,所需要的高空间分辨率需要中央视野来保证;②在视线固定的条件下,对中央视野以外信息的获取需要隐蔽地转移注意力。如果字符都处于中央视野,那么可以减少注意力的转移,从而降低任务难度。

另外,在系统校准阶段,通过对字符辨识的练习,被试对字符的形状进行熟悉,要求计数错误率低于 20%。通过这种准备练习,可以认为被试在拼写实验中的识别正确率能够处于较高的水平。

5.6.3 任务复杂度和 P300 潜伏期的关系

P300 的研究表明其潜伏期可以是 250~1000ms[21]。P300 潜伏期与如下两个刺激的处理过程有关:对刺激的衡量和对刺激的反应。研究指出,P300 的潜伏期长度与前一过程的复杂度密切相关,而与后一过程相对独立[22]。这意味着 P300 的潜伏期在一定程度上可以作为任务复杂度的度量。任务越简单,对刺激的感知和分类过程越快,P300 的潜伏期就越短,反之则越长。

这里根据相关文献对几种基于 oddball 范式的 BCI 拼写系统中 P300 的潜伏期进行比较。P300 波在 Pz 电极处(枕叶)的潜伏期从长到短的顺序为:本章提出的 RP 刺激模式 P300 speller(603ms)>基于听觉的 P300 speller(575ms)[16]>本章提出的 FP 刺激模式 P300 speller(519ms)>基于触觉的 P300 speller(约400ms)[23]>经典 P300 speller(349ms)[16]。可以清楚地看出,P300 潜伏期和任务难度成正比。本书第 15 章将讨论触觉通道 P300-BCI,其 P300 潜伏期在 600ms 以上,与文献[23]的结果不同,原因有两个:①触觉刺激施加点的位置不同,第 15 章的电极布设在双臂上,文献[23]的电极布设在腰部。②触觉识别复杂度不同,第15 章的实验中电极布设在关节的对称位置。

P300 潜伏期的长短会影响到实验设计,具体会涉及刺激序列的时间控制(见2.4.4 节)。通过对 P300 的正确检测可以推断出响应的诱因是目标刺激还是由非目标刺激,前提是保证目标刺激诱发出 P300,而非目标刺激不会诱发出 P300。这就需要被试对每个刺激都做出正确的衡量和反应。前面已经介绍过,对刺激的衡量所需要的时间与任务复杂度有关,越复杂的任务需要的时间就越长。前后相邻刺激的间隔时间,即 SOA 的设置需要考虑到这一点。SOA 必须足够长以保证在下一个刺激出现前被试已经彻底完成对上一个刺激的衡量。若 SOA 太短,则被试将无法对相邻刺激做出正确判断,也就无法做出正确的反应。在经典 P300 speller 中,SOA 可以设置得很短(如 120ms),这是因为对闪烁发生的判断是简单、直接而快速的。而本章范式所使用的视觉搜索任务相对较为复杂,相应地,SOA 要设置得比较长。另外,在设置 SOA 时,除了要考虑对刺激衡量所需要的时间,最好还要加入一定的冗余时间,以保证在长时间使用中被试不会过于紧张而导致疲劳。

从字符识别正确率来看,本章提出的拼写范式接近经典 P300 speller 的水平。用 4 个刺激序列可达 80% 的识别正确率,用 6 个刺激序列可达 90% 的识别正确率。然而,本章所提出的范式传输速率相对较低。文献[1]指出,经典 P300 speller 的平均 ITR 可达到 28.2bit/min。其原因就在于本章范式的 SOA 值较大(400ms),而当刺激序列数 R 相同时,每个字符的刺激时长为 $12 \times SOA \times R$,与 SOA 成正比。

5.6.4　P300 潜伏期的任务间差异

Wolfe 等[24]证明在视觉搜索任务中,如果每个目标都由唯一的形状定义,那么搜索过程是低效的。如果搜索是在 m 个图形对象中进行,那么称目标集大小为m。反应时间是随目标集大小 m 变化的函数这一事实表明,在这种情况下,视觉信息处理很可能是串行的,也就是说被试需要逐个注意每个对象,直至找到所关注的目标。本章所提出的拼写范式中,FP 模式的目标集大小为 2,RP 模式的目标集大小为 6。如果是串行搜索，FP 模式的平均反应时间应该比 RP 要短。两种模式下 P300 潜伏期的差异证实了这一点。

串行搜索带来的一个问题是反应时间的不一致性。因为搜索到目标的时间取决于何时注意到目标，而由于目标位置的随机性，所以这个时间在每次执行任务时不会完全相同。这一差异会随着目标集的增大而增大，反映在 P300 的潜伏期上，也会存在任务间的差异。从 ERP 来看，这种任务间差异会使 P300 的波形变平、变宽[25]。从图 5.7 中可以看到，RP 模式的 P300 显著区域（阴影范围）要比 FP 模式更宽一些。

P300 潜伏期的任务间差异会对分类造成影响。由本章 ERP 分析结果可知，RP 模式的 P300 峰值显著高于 FP 模式。虽然如此，在更能反映各时空位置对分类影响的 wERP 分析结果中可以看到，FP 模式的特征峰值反而比 RP 模式略高（图 5.10）。这是因为 FP 模式下刺激诱发电位的时间一致性更好，使得点对点的可分性更高。

5.6.5　练习效应

在前面提及的 Wolfe 等[24]的视觉搜索实验中，每个目标都有独特的形状，这些形状是没有特殊意义的，而搜索有意义的字符似乎和搜索这种普通的形状并不能等同。本章实验中某些被试反映，随着他们对字符形状熟悉程度的提升，RP 模式下的视觉搜索会变得越来越容易。

这种感觉是有实验依据的。研究发现，搜索字母和数字可以通过练习变得更加高效[26]。一方面，字母和数字具有语义等高级属性，被试在识别时可以利用这些属性加快信息处理速度，甚至有可能以并行的方式来对其进行处理[26]。另一方面，通过练习，被试可以充分熟悉每个字符的独特特征，然后下意识地利用这些特征，而不再是简单地利用整个的形状来进行搜索，这样也可以融入更多并行处理机制，提高搜索效率[26]。

如果练习可以使搜索更加并行化，那么从理论上讲 P300 的潜伏期会缩短，而波峰的时间一致性会更强。一个简单的分析可以印证这一点：将 RP 模式的实验数据按时间顺序分为 5 组。前 4 组各包含 10 个字符的数据，最后 1 组包含 11 个字符的数据。计算出每组数据 P300 的峰值和潜伏期，结果见图 5.13。图中每个方框代表一组数据的结果，方框越小表示时间越晚。可以看到，随着实验的进行，被试 1、被试 4 的峰值大体呈现增加的趋势，被试 1、被试 3 的潜伏期缩短。当然，这一粗略的分析并不能得出确定的结论，原因如下：①实验中的数据不够充分；②练习对效果的改变需要更多技巧（若发现字符特征），因此存在被试间差异；③字符间也存在差异（有些特征明显，有些不太明显）。

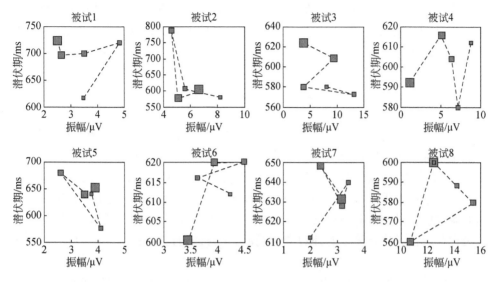

图 5.13　RP 模式实验中 P300 的峰值和潜伏期随时间的变化

对于每个被试,P300 峰值和潜伏期计算结果来自按时间顺序划分的五组数据。图中用方框的
大小代表时间的先后,方框越小表示时间越往后,其绝对数值本身并无意义

5.7　进一步的改进

5.7.1　最优目标集大小

Sellers 等[27]对 ALS 患者测试过一个只有 4 个选择项的 oddball 范式。该范式的刺激设计非常简单,4 个供选择的刺激项轮流在屏幕上显示,被试关注目标刺激来诱发 P300。这个范式可以认为是基于 oddball 视觉搜索范式的一个特例,即目标集为 1 的情况,被试实际上不需要搜索,只需要判断。然而,由于待选目标数太少,因此这个范式无法实现较高的通信速率。在本章范式中,同时呈现 6 个字符,这样在同一时间内可以呈现更多的待选目标,从而提高了通信速率。然而,增大目标集并不一定总能提高系统性能。这是因为视觉搜索任务很大程度上是串行过程,如果同时呈现的字符数太多,那么会出现如下问题:首先,搜索目标的时间会增加,这样 SOA 就要设置得更大以保证足够的识别时间,从而增加了刺激时间;其次,P300 潜伏期的任务间差异也会随之增大,从而会降低分类正确率。因此,选择最优的目标集大小是优化系统性能的一种方案,其本质是优化刺激编码设计。

5.7.2　视觉设计的改进

Nyhus 等[28]指出,独特的感知信息有助于目标识别,因此仔细设计每个字符的外观,增加它们各自的独特特征,对视觉搜索任务是有益的。例如,可以使用不同风格(外形、颜色等)来显示不同字符,使被试易于捕捉目标字符的特征,从而使搜索更为高效。

5.8　本章小结

研究表明,在视线固定的条件下,经典 P300 speller 的性能下降严重,因此无法适用于那些失去眼部肌肉控制能力而视力正常的患者。在 Treder 等的研究基础上,本章提出了一种实用的不依赖视线移动的 BCI 拼写范式。概括来讲,此范式主要采用了两个策略来提高视线固定条件下的系统性能:①使用小视角范围来显示刺激,这样可以利用中央视野空间锐度高的优势,同时可以减少注意转移;②采用视觉搜索任务代替简单的外观变化刺激,实验证明这种主动任务可以有效诱发 P300 成分。

实验结果表明,本章提出的范式达到了较高的识别正确率和拼写速度,其性能超过了在视线固定条件下经典 P300 speller 和 hex-o-speller 系统的水平。虽然范式所采用的视觉搜索任务对目标刺激的反应时间较长,在刺激中需要设置较大的 SOA 值,然而并没有严重影响通信速率。分类识别正确率是保证拼写系统实际可用的一个前提条件,否则错误拼出的字符将会累积而难以消除。本章提出的范式可以在相对较短的时间内达到较高的分类识别正确率,这是其实用性的保证。

本章比较了 FP 和 RP 两种刺激模式,对于视觉搜索任务而言,它们具有不同大小的搜索目标集,因此具有不同的任务难度。实验结果显示它们的性能接近。从 P300 潜伏期的分析中可以看出,FP 模式由于目标集较小,反应较快,其通信速率有望通过设置更小的 SOA 而进一步提高。

基于 oddball 视觉搜索的 BCI 范式提供了一个灵活的框架。通过改变刺激编码,可以实现不同的搜索目标集。待选目标项的外观和功能也是可以根据应用需要设置的。对于视线移动无障碍的人,本范式也是一种可选方案,其在使用中不必有视线固定的约束。

参 考 文 献

[1] Tonet O,Marinelli M,Citi L,et al. Defining brain-machine interface applications by matching interface performance with device requirements[J]. Journal of Neuroscience Methods,2008,167(1):91-104.

[2] Betke M,Gips J,Fleming P. The camera mouse:Visual tracking of body features to provide computer access for people with severe disabilities[J]. IEEE Transactions on Neural Systems and Rehabilitation,2002,10(1):1.

[3] Kübler A, Birbaumer N. Brain-computer interfaces and communication in paralysis:

Extinction of goal directed thinking in completely paralysed patients? [J]. Clinical Neuro-physiology,2008,119(11):2658-2666.

[4] Wolpaw J R, Birbaumer N, McFarland D J, et al. Brain-computer interfaces for communication and control[J]. Clinical Neurophysiology,2002,113(6):767-791.

[5] Posner M I. Orienting of attention[J]. The Quarterly Journal of Experimental Psychology, 1980,32(1):3-25.

[6] Brunner P,Joshi S,Briskin S,et al. Does the "P300" speller depend on eye gaze? [J]. Journal of Neural Engineering,2010,7(5):56013.

[7] Treder M S,Blankertz B. (C)overt attention and visual speller design in an ERP based brain-computer interface[J]. Behavioral & Brain Functions,2010,6(1):28.

[8] Kaper M,Meinicke P,Grossekathoefer U,et al. BCI competition 2003-data set IIb:Support vector machines for the P300 speller paradigm[J]. IEEE Transactions on Biomedical Engineering,2004,51(6):1073-1076.

[9] Krusienski D J,Sellers E W,McFarland D J,et al. Toward enhanced P300 speller performance [J]. Journal of Neuroscience Methods,2008,167(1):15-21.

[10] Rodieck R W. The First Steps in Seeing [M]. Massachusetts: Sinauer Associates Sunderland,1998.

[11] Levi D M,Klein S A,Aitsebaomo A P. Vernier acuity,crowding and cortical magnification [J]. Vision Research,1985,25(7):963-977.

[12] Treisman A,Sato S. Conjunction search revisited[J]. Journal of Experimental Psychology: Human Perception and Performance,1990,16(3):459-478.

[13] Wolfe J M. Guided Search 4.0:Current Progress with A Model of Visual Search[M]. New York:Oxford Press,2007.

[14] Wolfe J M. Visual Search[M]. London:University College London Press,1998.

[15] Luck S J, Hillyard S A. Electrophysiological correlates of feature analysis during visual search[J]. Psychophysiology,1994,31(3):291-308.

[16] Furdea A,Halder S,Krusienski D J,et al. An auditory oddball(P300)spelling system for brain-computer interfaces[J]. Psychophysiology,2009,46(3):617-625.

[17] Zhang D,Maye A,Gao X,et al. An independent brain-computer interface using covert non-spatial visual selective attention[J]. Journal of Neural Engineering,2010,7(1):16010.

[18] Folstein J R,van Petten C. Influence of cognitive control and mismatch on the N_2 component of the ERP:A review[J]. Psychophysiology,2008,45(1):152-170.

[19] Holguín S R,Doallo S,Vizoso C,et al. N_2pc and attentional capture by colour and orientation-singletons in pure and mixed visual search tasks[J]. International Journal of Psychophysiology, 2009,73(3):279-286.

[20] Hunziker H W. Im Auge des Lesers: Foveale und periphere Wahrnehmung-vom Buchstabieren zur Lesefreude[M]. Zürich:Transmedia(Stäubli),2006.

[21] Duncan C C, Barry R J,Connolly J F, et al. Event-related potentials in clinical research: Guidelines for eliciting,recording,and quantifying mismatch negativity,P300,and N400[J].

Clinical Neurophysiology,2009,120(11):1883-1908.

[22] Kutas M,McCarthy G,Donchin E. Augmenting mental chronometry:The P300 as a measure of stimulus evaluation time[J]. Science,1977,197(4305):792-795.

[23] Brouwer A M,van Erp J. A tactile P300 BCI and the optimal number of tactors:Effects of target probability and discriminability[C]//Proceedings of the 4th International Brain-Computer Interface Workshop and Training Course,Graz,2008.

[24] Wolfe J M,Bennett S C. Preattentive object files:Shapeless bundles of basic features[J]. Vision Research,1997,37(1):25-43.

[25] Soria R,Srebro R. Event-related potential scalp fields during parallel and serial visual searches[J]. Cognitive Brain Research,1996,4(3):201-210.

[26] Schneider W X. Space-based visual attention models and object selection:Constraints, problems,and possible solutions[J]. Psychological Research,1993,56(1):35-43.

[27] Sellers E W,Donchin E. A P300-based brain-computer interface:Initial tests by ALS patients[J]. Clinical Neurophysiology,2006,117(3):538-548.

[28] Nyhus E,Curran T. Semantic and perceptual effects on recognition memory:Evidence from ERP[J]. Brain Research,2009,1283:102-114.

第6章　视觉 P300 诱发电位控制多关节机械臂范式

6.1　引　　言

早期的 BCI 主要关注大脑与虚拟环境之间的信息通信,如字符拼写、虚拟光标控制等[1],研究的主要目的是建立成熟的 BCI 范式。到了 2000 年以后,越来越多的研究团队开始利用 BCI 控制助残轮椅、机械手臂等真实的外部设备[2],推动 BCI 从实验室向具体生活领域拓展。虽然考察系统的正确率、ITR 等性能指标依然是评价一个 BCI 系统的重要方式,但是目前人们更加关注 BCI 系统能在多大程度上实现对人体功能替代性设备的高效控制。例如,能否帮助运动障碍患者有效控制助残轮椅的行驶,或者控制机械假肢抓取物体等。对真实设备的控制性能将成为验证一个 BCI 系统有效性的重要评价指标。

从本章开始,将陆续讨论面向外部设备控制的 BCI 方案,其中使用的 BCI 范式要么是在前面进行了详细讨论的一般性范式,要么是作者提出的新型范式。外部设备选定为机械臂、轮椅、倒立摆等。这些设备都是人体功能替代性设备,实现对它们的有效 BCI 控制,在残疾人康复与辅助运动、正常人运动功能增强等方面具有实际的应用前景。

本章主要研究以上肢机器人为被控对象的 BCI 协调控制范式。利用视觉 P300 诱发电位能够进行多目标选择的特性,设计并实现了对多关节机械臂末端运动的控制。在控制中采取了协同控制的思想,BCI 负责人脑控制意图的表达,计算机负责底层控制,实现控制意图。

多关节机械臂是工业生产中常用的设备,具有自由度高、操作灵活、应用范围广等特点,因此成为 BCI 领域的热门控制对象。世界上已有多个研究小组建立了脑控机械臂实验平台,其中既有使用侵入式 ECoG 信号作为源信号的范式,也有使用非侵入的 EEG 信号作为源信号的范式。侵入式脑控机械臂范式在第 1 章中有很多的介绍。非侵入式脑控机械臂范式大多以神经肌肉系统有损伤的残障人士为被试,通过训练可以使残障人士恢复部分运动能力,提高他们的自理能力,具有良好的社会意义和应用前景。

现有文献中报道的脑控机械臂系统多选择 MI 电位作为系统的源信号。MI 信号的优点是实时性好,被试进行 MI 任务时,信号特征在 200ms 左右即可出现。此外,MI 范式能够使实验者以第一视角完成控制。其缺点是可供选择的 MI 任务较少,目前多为左、右手 MI 两类,只能对机械臂进行简单的动作控制。如果机械臂拥有多个自由度,那么通过此类 BCI 系统控制机械臂完成一个基本动作(如抓取—放置物品),需要对多个自由度依次进行控制,整个流程将十分复杂且耗时,甚至可能出现因为超调,需要对单个自由度进行多次操作的情况,系统整体效率非常低。

本章尝试 MI 之外的另一种控制策略,选择视觉 P300 作为源信号。这一选择可以带来如下优势:

(1) 可以实现多类选择,根据 oddball 实验范式原理,只要目标刺激出现的概率小于 0.3 就可以诱发出 P300 信号,理论上,刺激数(选项数)无上限。

(2) 信号的稳定性好,在被试间的差异较小,使用相同的刺激材料可以在不同被试身上诱发得到类似的 P300 信号。

(3) P300 信号属诱发信号,被试需要的训练较少,被试可快速掌握 BCI 系统的使用技巧。

(4) P300 信号为锁时(time-locked)信号,易于进行特征提取和分类分析,算法相对简单,计算量较少,有利于实现 BCI 在线控制系统。

本章以三菱集团生产的 Move Master Ⅱ 型机械臂 RM-501 为控制对象,设计并实现了基于视觉 P300 信号的脑机协调控制范式。该范式中,通过转换方程将机械臂的 5 个自由度映射为机械臂末端点(末端抓手)的 3 个空间自由度,分别控制末端点的水平旋转、垂直旋转和半径伸缩,从而降低控制指令的数量和复杂度。在控制机械臂末端到达指定位置之后,由大脑发出机械臂末端抓手开关命令,实现对物体的抓取和放置。机械臂的末端位置运动指令(运动规划)由被试大脑给出,末端运动所需的各关节运动增量由机械臂控制器依据转换公式计算得到,并由各控制电机执行,整个控制过程由大脑和控制器共同协调完成。

6.2　RM-501 机械臂及其控制系统

图 6.1(a)和(b)分别为 RM-501 机械臂的实物图和仿真图。该型号机械臂包括 5 个关节旋转自由度和 1 个末端开关自由度。图中,①、②、③、④分别代表机械臂的腰、肩、肘、腕 4 个关节,⑤代表末端抓手。腰、肩、肘、腕 4 个关节为多值自由度,末端抓手为二值自由度。

机械臂各关节自由度的活动范围见表 6.1,各主要部件尺寸见表 6.2。机械臂自身重量为 27kg,最大抓取重量为 1.2kg(包括末端抓手重量)。机械臂使用直流伺服电机作为驱动,末端最大合成速度为 400mm/s,末端位置精度为 ±0.5mm。

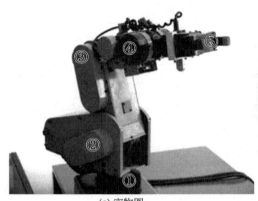
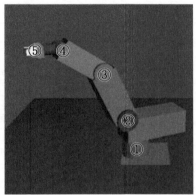

(a) 实物图　　　　　　　　　　(b) OpenGL 三维仿真图

图 6.1　RM-501 机械臂实物图和仿真图

表 6.1　机械臂各关节自由度的活动范围

关节	自由度性质	活动范围/(°)
腰	旋转	300
肩	旋转	130
肘	旋转	90
腕	俯仰	±90
腕	旋转	±180

表 6.2　机械臂各部位尺寸

部件	尺寸/mm
上臂	220
前臂	160
手掌	65

使用计算机控制机械臂时,控制指令通过并行接口按照 TCP/IP 协议发送给机械臂控制器,控制器将控制指令分解后控制各伺服电机的工作。控制系统是机械臂的关键部分,在 RM-501 机械臂系统中,完成对机械臂直接控制的部件称为驱动单元,它的结构如图 6.2 所示。驱动单元可通过两种接口与计算机进行数据传输,分别是标准并行接口和标准串行接口 RS-232C。机械臂使用并行接口与计算机通信时,只允许外部计算机向驱动单元写控制命令,而无法从驱动单元中读取机械手臂的相关状态数据。

机械臂使用 RS-232C 与计算机通信时,可以采用双工模式工作,既可以向驱

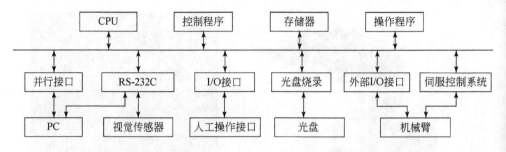

图 6.2　机械臂控制单元结构图

动单元写控制命令,也可以从驱动单元中读取数据。机械臂各关节的位置信息可以通过一条数据线传递给驱动单元。

　　机械臂的控制模式有四种,分别是测试模式、计算机模式、编辑模式、光盘模式。在本章设计并实现的脑机协调控制机械臂范式中,使用计算机模式,即通过计算机控制机械臂。

　　RM-501 机械臂自由度多、控制命令简单,可在 DOS 环境下通过命令行方式进行控制。基于该机械臂可以实现多类 BCI 控制范式,如物体搬运和连续动作控制。在本章实现的脑机协调控制范式中,原始脑电信号经 BCI 信号处理系统进行特征提取和分类,翻译成运动控制命令,这些控制命令经过驱动单元解析后,转换为机械臂各关节伺服电机的运动指令,控制机械臂各关节完成具体运动。机械臂 P300 诱发电位控制系统流程如图 6.3 所示,其中平行四边形表示信号形式,双边矩形表示信号流经的物理实体。EEG 信号携带的控制意图由各伺服电机执行后,机械臂各关节的状态可以通过视觉通道反馈给被试,整个系统成为带反馈功能的控制系统;当被试的控制指令不正确或控制意图未被正确解码时,被试可以通过后续指令对机械臂的状态进行调整,直至达到预期位置。

图 6.3　机械臂 P300 诱发电位控制系统流程图

6.3　机械臂控制 P300 范式设计与实现

　　RM-501 机械臂有腰、肩、肘、腕 4 个关节 5 个自由度,直接对各关节进行控制时,要完成一个完整的物体抓取和放置动作,平均每个自由度需要进行两次操作,再加上末端抓手的关闭和打开(对应动作为抓取物体和放置物体),至少需要大脑发出 12 种控制指令。显然,这样的操作对被试而言过于复杂,同时对机械臂而言完全未发挥其自身控制器的功能。

　　本章根据协同控制的思想,大脑负责机械臂末端位置和开合控制,控制器负责各关节运动的具体控制。大脑针对机械臂的末端发出控制指令(运动指令),指令包括空间位置的变化和末端抓手的开合两类。其中,空间位置的变化根据机械臂的物理结构及其活动范围(具体数据请参考表 6.1),采用球坐标系表达机械臂末端的空间位置。在对机械臂末端进行控制时,大脑与机械臂的分工如下:大脑根据机械臂的当前状态与预期状态之间的差值,给出末端抓手的三维运动指令;机械臂控制器根据末端指令,将末端运动指令分解为每个关节的运动增量,控制各伺服电机完成相应增量运动从而实现大脑对机械臂的运动控制。被试通过视觉反馈得到机械臂的运动结果,对比机械臂的预期位置后由大脑给出下一条运动指令,至此形成一个完整的闭环控制系统。机械臂 P300 诱发电位控制系统结构如图 6.4 所示,实验范式设计包括机械臂控制转换方式设计和大脑控制指令集设计两部分,分别对应自动控制和大脑控制两部分。

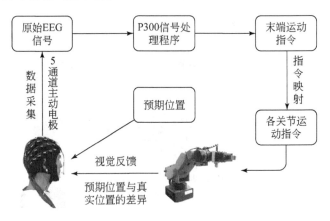

图 6.4　机械臂 P300 诱发电位控制系统结构

6.3.1　机械臂控制转换方式设计

　　控制器控制机械臂各伺服电机完成各关节的具体运动,而大脑给出的指令是机械臂末端的空间位置变化增量。这样就需要建立末端运动增量和各关节控制指令间的关系,这一关系可以表示为一种映射。使用球坐标系(图 6.5)表达机械臂末端的空间位置,定义肩关节中心为球坐标系的原点,机械臂末端点 P 由一个三维向量 (r, θ, φ) 表示,其中 r 表示末端点到坐标系原点的距离,范围是 $(0, +\infty)$;θ 表示末端点与原点所在直线 OP 与 Z 轴正方向间的夹角,范围为 $(-180°, +180°)$;φ 表示 OP 在 XOY 平面上的投影与 X 轴正方向间的夹角,范围为 $(-180°, +180°)$。机械臂末端在水平方向的运动(即图中角度 φ 的变化)由腰关节的旋转增量唯一决定。

除末端抓手的开合外，机械臂有 4 个关节 5 个自由度可以进行空间旋转，因此在将机械臂末端的位置变化用这 4 个关节的增量来表示时，会发生自由度冗余现象。为保证指令映射的唯一性，将机械臂肩关节的增量表达为机械臂末端俯仰角 θ 的函数。P 点到坐标原点的距离 r 与各关节自由度的关系较复杂。下面结合图 6.6 对这组映射关系进行分析。

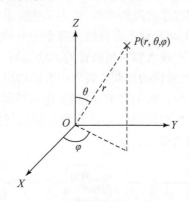

图 6.5　以肩关节为坐标原点的球坐标系

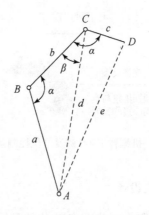

图 6.6　半径 r 与各关节增量的映射关系

点 A、B、C、D 分别对应机械臂的肩、肘、腕关节的中心和机械臂末端点，a、b、c 分别为机械臂的上臂、前臂和手掌长度，其中 a 为 220mm，b 为 160mm，c 为 65mm。e 为机械臂末端点到肩关节的距离，即图 6.5 中的 OP 长度 r。由于存在自由度冗余，为使机械臂末端点半径映射为各关节角度时有唯一解，限定肘关节与腕关节的角度一致，用 α 表示

在 $\triangle ABC$ 中有如下余弦关系：

$$a^2+b^2-d^2-2ab\cos\alpha=0 \tag{6.1}$$

$$b^2+d^2-a^2-2bd\cos\beta=0 \tag{6.2}$$

和如下正弦关系:

$$\frac{\sin\alpha}{d}=\frac{\sin\beta}{a} \tag{6.3}$$

在 $\triangle ACD$ 中有如下余弦关系:

$$c^2+d^2-e^2-2cd\cos(\alpha-\beta)=0 \tag{6.4}$$

联立式(6.1)~式(6.4),化简后得到角度 α 与长度 e 的关系为

$$e^2=4ac\cos^2\alpha-2b(a+c)\cos\alpha+a^2+b^2+c^2-2ac \tag{6.5}$$

解之可得

$$\alpha=\arccos\frac{ab+bc\pm\sqrt{a^2b^2+b^2c^2-2ab^2c-4a^3c-4ab^2c-4ac^3+4ace^2+8a^2c^2}}{4ac}$$

$$\tag{6.6}$$

式(6.6)即为机械臂肘关节及腕关节角度与机械臂末端点到坐标原点长度变化的定量关系,其中 a、b、c 均为常量,当给定 e 的具体值之后便可计算得到角度 α 的值。

上述映射可以将由球坐标表示的机械臂末端点坐标映射为机械臂各关节自由度的角度,其中球坐标系的角度变量 φ 映射为机械臂的腰关节增量(水平旋转),球坐标系中的角度 θ 映射为机械臂的肩关节增量(垂直面内的俯仰),球坐标系中的长度变量 r 则由肘关节和腕关节的角度变化共同完成,这两个角度始终保持一致。至此完成了机械臂末端位置增量到机械臂各关节运动增量的映射。

6.3.2　BCI 控制指令集设计

为了能够使机械臂快速到达指定位置,规定各关节处于活动范围中间值时为初始状态。根据球坐标系的参量,机械臂末端点的位置控制指令包括水平旋转、垂直俯仰和半径伸缩三类。脑机协调控制 P300 范式的优势是可快速进行多选一操作,因此本章针对空间位置的三类变化设计了三类运动指令,依据多次实验结果可知,每类指令包含 6 条具体指令时对机械臂末端位置的控制精度及系统的响应速度折中效果最好。18 条具体指令为水平顺/逆时针方向 100°、50°和 25°旋转,垂直俯/仰 30°、20°和 10°旋转,半径伸/缩 150mm、100mm 和 50mm。应用这 18 条指令,就可以方便地实现对机械臂末端位置的精确控制,而不用考虑具体关节伺服电机的变化增量。

除机械臂末端点的位置控制指令外,指令集还包括如下 4 个指令用以完成完整的物体抓取和放置操作:抓手打开(grasper open,GO)、抓手关闭(grasper close,GC)、回初始位置(home,HO)和重置机械臂(reset,RS)。其中,GO 与 GC 指令控制机械臂末端抓手的开合,HO 指令可使机械臂快速回到初始状态,RS 指令可在机械臂关节达到限位位置进入保护状态时使机械臂回到初始状态。RS 指令可以对机械臂进行底层操作,无论机械臂处于何种状态都能使其通过重置驱动恢

复到初始状态。HO 指令为高级指令,只有在机械臂处于正常工作状态时才有效,机械臂在移动和抓取物品的过程中各关节自由度的变化会被依次记录。当机械臂需要回到初始位置放下所取物品时,HO 指令能够自动计算出机械臂当前状态与初始状态间的差值,通过修正差值迅速回到初始位置,并打开抓手,放下所取物品。

综上所述,控制指令集共包含 22 个指令,本章设计了两种视觉呈现方式,如图 6.7 所示。

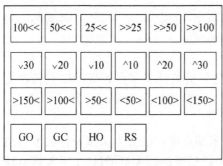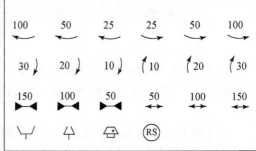

图 6.7　机械臂 22 个末端控制指令集的两种视觉呈现方式

使用上述指令集可以简单方便地实现机械臂的控制。需要指出的是,由于对机械臂末端的运动进行了离散化处理,这组指令集不能控制机械臂到达其机械结构允许的所有位置,只能到达状态集合的部分离散点,对于日常应用来说,22 个指令已足够完成大部分操作。此外,为了降低指令映射的复杂性,提高机械臂各关节的响应速度,在将机械臂末端工作半径 r 映射为肘关节和腕关节旋转角度时,其俯仰倾角 θ 会发生变化,因此在对机械臂进行控制时,应优先进行半径控制,然后进行俯仰角控制。

在脑机协调 P300 控制范式中,指令数量会给系统 ITR 带来一定的影响,因此指令数量本应参考 ITR 的值,但由于指令数量与识别正确率及单次判断的时间之间存在复杂的非线性耦合关系,难以解耦,因此在本章范式中,指令数量是基于经验和实验结果进行优化的。如果指令数量过多,那么进行一次选择(即发出一次控制命令)的时间会较长,影响控制的实时性;如果指令数量过少,那么对机械臂的控制就会比较粗糙,机械臂能够到达的空间位置就较少,机械臂控制的空间精确性就较差。对于脑机协调 P300 控制范式而言,刺激持续时长、刺激间隔等参数对系统性能的影响非常显著。6.5 节将具体讨论连续两个刺激起始时刻的时间间隔 SOA 和上一刺激撤销到下一刺激开始的时间间隔 ISI 对系统分类识别正确率和系统 ITR 的影响。

6.4 信号处理算法及参数选择

6.4.1 被试与信号采集

共有 6 名健康被试(5 男、1 女,24~26 岁)参加了本实验。所有被试视力或矫正视力正常,其中有 3 名被试参加过 BCI 实验,对实验目的及操作流程较熟悉,另外 3 名被试在实验前也被详细告知了实验目的、操作流程及注意事项。所有被试参加实验时身体状况良好,实验环境温度控制在 25℃左右,光强为 200lux,噪声在 50dB 以下。

前面已经指出本实验采用视觉呈现的方式对被试进行目标和非目标刺激,当目标刺激出现时,被试的顶叶和枕叶会出现幅值明显的 P300 信号,其他脑区虽然也会出现同步 P300 信号,但是幅值不及顶叶和枕叶。考虑到 P300 信号的特异性和泛脑表达(即不同通道间信号的相关性很强)现象,以及系统对 EEG 信号处理的实时性要求,EEG 信号采集集中在顶叶和枕叶的 5 个位置进行,并分别以右耳乳突和 Fpz 电极为参考电极(REF)和接地电极(GND),5 通道数据电极分别为 Cz、Pz、Oz、P3 和 P4,具体分布见图 6.8。

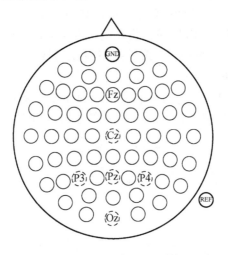

图 6.8 P300 信号采集电极配置

为了提高 EEG 信号的信噪比,采集信号时保证头皮与电极之间的阻抗小于 10kΩ。P300 信号为锁时信号,其特征集中在低频段,因此在采集 EEG 信号时,可以使用较低的采样率,本实验中采样率设置为 250Hz。

6.4.2 P300 信号特征提取与分类算法

脑电信号经过电极进入放大器后,首先要对其进行伪迹消除。被试在实验中由于视觉疲劳带来的眼动及因久坐引发的身体晃动,会使各个导联通路出现明显的干扰性电压脉冲波动,即伪迹。使用 Semlitsch 等[3]提出的平均伪迹逆行分析方法,定义平均伪迹为眼电超过设定阈值的电位脉冲的平均曲线,从原始脑电信号中减去加权后的平均伪迹即可得到校正后的脑电信号。

受输入交流电的影响,信号中存在 50Hz 干扰,采用 50Hz 陷波器对脑电信号进行滤波处理。在脑电采集过程中,使用较高的带宽进行采集,带宽范围为 0.1~128Hz,以便为后期滤波处理预留空间。注意到 P300 是时间锁定的,所以离线分析时采用零相位滤波器,避免滤波影响 P300 潜伏期的准确定位和分类器的在线分类正确率。滤波带宽对 P300 有显著影响,低通滤波截止频率过低,会改变波峰值,尤其是 ERP 早期成分。一般高通截止频率要低于采样时的高通截止频率,否则将导致波形的失真。

为了提高信噪比,使 ERP 波形更加光滑,除了增加叠加次数外,还采用了数据平滑化方法(对离线数据降采样后采用滑动平均的方法使 ERP 波形更加平滑),这种方法经实验证实非常有效,且计算方便。

预处理后,对各导联的脑电信号进行特征提取。由于 P300 是脑电信号在时域内的幅值特征,并且 P300 潜伏期一般在刺激发生后的 250~800ms 内,因此设定截取信号的时间窗为 0~800ms。采样频率为 250Hz,这样,一个窗口内有 200 个采样点。在对该窗口内的 ERP 波形进行平滑处理后,将每一导联的所有采样点连接起来,构成一个特征向量,将目标刺激信号与非目标刺激信号分别赋予类标签,构成训练集。图 6.9 是刺激后 800ms 时间窗内 P3 和 P4 导联的信号平均曲线图。

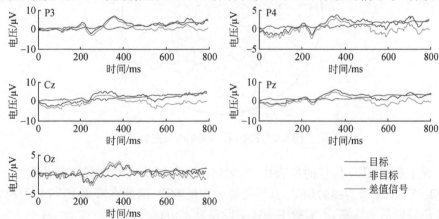

图 6.9 诱发 P300 信号与自发 EEG 信号对比(见彩图)

图中蓝色曲线表示目标刺激诱发的 P300 电位,红色曲线表示非目标刺激诱发的电位,绿色曲线是蓝色曲线减去红色曲线(目标刺激减去非目标刺激)的结果。从图中可以看出,P300 的时域特征明显,有利于分类器的设计。

6.4.3　特征分类算法

训练集样本只有两类:目标刺激样本集与非目标刺激样本集。对于两分类问题,线性分类器是最好的选择。目前用于 P300 特征的分类器主要是 SWLDA、贝叶斯判别方法、Logistic 回归方法和 SVM 等算法,本章采用 SWLDA 算法。

在 SWLDA 算法中,模型初始时所有自变量系数均设为 0,设最大显著性水平为 90%,最小显著性水平为 85%。对于每一个自变量 x_k,若其显著性水平 p_k 小于 10%,则将 x_k 加入模型中。当所有变量都加入模型后,再检查每个变量的显著性水平是否大于 85%,将显著性水平小于 85% 的变量从模型中去掉。如此反复,直到模型中不再增加变量,也不再减少变量。这样可选出贡献较大的自变量,剔除贡献较小的自变量。

6.5　实验结果分析与讨论

6.5.1　P300 刺激呈现参数优化

多关节机械臂的 BCI 控制具有实时性要求,而 P300 信号有时间锁定特性,BCI 系统需要一定的时间才能解码被试要传递的信息,因此会对实时性带来负面影响。为了降低这一影响,在保证命令输出正确率的前提下,优化时间参数,减少每个命令的输出时间。

刺激呈现持续时间和刺激间隔时间对于诱发显著 P300 特征和单个目标选择时间具有重要影响。在本章设计的机械臂控制实验范式中,指令数为 22 个,分成 5 行 5 列,按照传统的行列编码,所有目标随机排成一个 5×5 的矩阵,则每一组刺激序列包含 10 个序列,同一命令选项在这组序列中出现两次,这样每一个刺激序列有 5 个命令选项同时闪烁。设重复次数为 n,刺激持续时间为 T_s,刺激间隔为 ISI,不计拼写两个字符的间隔时间,则拼写一个字符的时间为

$$T_c = T_{pre} + 10n(T_s + \text{ISI}) + T_{pos} \tag{6.7}$$

式中,10 代表序列长度。当 n 设置为 3、T_{pre} 和 T_{pos} 均设置为 550ms 时,T_c 是 T_s 和 ISI 的线性函数,即

$$T_c = 30(T_s + \text{ISI}) + 1100 \tag{6.8}$$

ISI 参数的时间单位为 ms。T_{pre} 和 T_s 不能设置得太短,在这段时间内程序要提取每个刺激序列后 800ms 内各通道的脑电信号并叠加平均,其后分类器要对特

征进行分类。如果时间设置得太短,计算机没有足够的时间处理信号,那么会导致分类失败。

为了提高机械臂的可操作性,将输出一个命令的时间控制在 5s 以内,即

$$T_c = 30(T_s + \text{ISI}) + 1100 < 5000 \tag{6.9}$$

则

$$T_s + \text{ISI} < 130 \tag{6.10}$$

不同 ISI 取值下,诱发的 P300 特征存在显著差异,如图 6.10 所示。其中,图 6.10(a)是 ISI＝100ms 时的 ERP 波形图,图 6.10(b)是 ISI＝40ms 时的 5 通道 ERP 波形图。两图中方框圈定的信号段有明显差异,即 ISI＝100ms 中没有早期 ERP 成分,而 ISI＝40ms 时在 P4、Cz 和 Pz 通道 0～100ms 区间内有明显的早期 ERP 成分,但其 P300 成分明显弱于 ISI＝100ms 时的情况。为了提高目标选择性能,本章比较了 ISI 分别等于 40ms、60ms、80ms、100ms 这四种情况下的目标刺激与非目标刺激的分类识别正确率,用以确定最优的 ISI 取值。

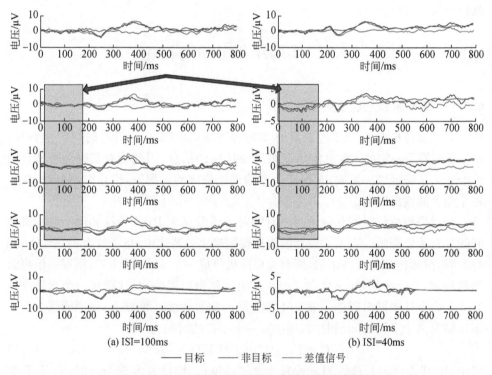

(a) ISI=100ms
(b) ISI=40ms

—— 目标　　—— 非目标　　—— 差值信号

图 6.10　不同 ISI 条件下 ERP 波形对比(见彩图)

图中,第 1 行为 P3 通道;第 2 行为 P4 通道;第 3 行为 Cz 通道;第 4 行为 Pz 通道;第 5 行为 Oz 通道

由图 6.11 可以看出,当 T_s＝100ms 时,在 ISI＝100ms 和 ISI＝40ms 下的识别正确率比 T_s 取其他值时的识别正确率要高,这与现有 P300 诱发机制理论相吻

合。但在 ISI=60ms 和 ISI=80ms 时识别正确率较低,其可能的原因是:当刺激持续时间较长时,被试等待下一个刺激的时间就长一些,会造成被试注意力下降,导致刺激发生时,反应不够迅速,产生的 P300 电位幅值较小;当 ISI 设为 40ms 时,刺激间隔非常短,被试注意力必须非常集中才能注意到全部 6 次闪烁。故此时的识别正确率又变高。这与已经报道的研究结论不一致,目前比较一致的共识是:随着刺激频率的下降,P300 电位幅值会提升,分类识别正确率随之提高。本实验得到不同结果的可能原因是:当 ISI=40ms 时,同一命令选项的闪烁刺激间隔缩短,被试在注视闪烁时,产生了 TVEP,从而补偿了 ISI 时间过短造成的被试不应期效应。

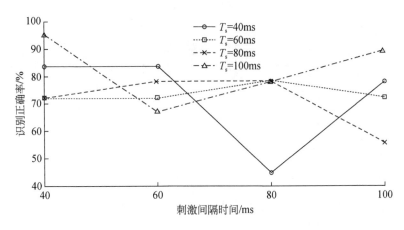

图 6.11　不同 T_s 条件下识别正确率随刺激间隔时间变化的折线图

6.5.2　P300 刺激重复次数优化

P300 刺激重复次数直接影响 BCI 系统指令输出的速度。刺激序列重复次数因被试不同而不同,国外大多数研究机构都将刺激重复次数设置为 6~10 次,根据作者的经验,对于健康的、经过适当训练的被试,刺激重复次数一般可设置为 3~6 次,相当于同一目标闪烁 6~12 次。重复次数越多,P300 叠加得到的特征越显著,分类识别正确率越高。然而,重复次数的增加意味着每一个目标选择的时间随之增加;若刺激序列太少,除非被试经过特别训练,否则识别正确率不能保证。因此,要在刺激重复次数和识别正确率之间寻找一个折中,就必须选择合适的时间参数。

为了选择最优的 P300 刺激重复次数,本章比较不同重复次数下被试完成机械臂控制任务的时间,如图 6.12 所示。从图中可以看出,刺激重复次数越多,目标识别正确率越高。然而,任务完成时间并没有随着识别正确率的上升而减少。由图中虚线可以看出,在最小和最大重复次数之间存在一个最优的重复次数,使被试机械臂控制任务完成时间最短。根据这一特性,可确定不同被试的最优重复次数,如表 6.3 所示。

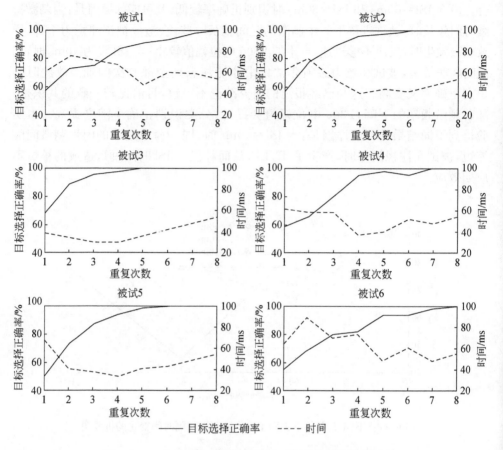

图 6.12　6 名被试在不同重复次数下完成控制任务的时间

表 6.3　不同被试的最优 P300 刺激重复次数

被试	1	2	3	4	5	6
被试最优重复次数	3	2	2	3	3	2

　　为了验证此 BCI 协调控制系统的控制性能,被试需要控制机械臂末端从初始位置移动到指定目标点。根据本章机械臂的控制策略,整个任务最少需要选择 3 个指令,每个任务最短完成时间如表 6.4 所示。实验中,每名被试需要完成 3 次机械臂控制任务,并统计平均消耗的指令数和时间。同时计算 BCI 系统的控制时间、指令数、理论最短控制时间与最少指令数之间的比率,作为本章设计的 BCI 控制系统的性能指标,如表 6.4 所示。

表 6.4　不同被试任务表现对比

被试	实际指令数	最少指令数	比率	实际完成时间/s	最短完成时间/s	比率
1	7		2.3	7.7		2.3
2	4		1.3	4.4		1.3
3	5	3	1.7	5.5	3.3	1.7
4	5		1.7	5.5		1.7
5	6		2	6.6		2
6	4		1.3	4.4		1.3
平均	5.3		1.76	5.7		1.76

由表 6.4 可以看出,6 名被试平均需要 5.3 个指令完成所设计的机械臂控制任务,与最少指令数的平均比率为 1.76。平均完成时间为 5.7s,与最短完成时间的平均比率为 1.76。上述结果说明本章设计的 BCI 系统可以有效实现对关节机械臂的控制任务。

6.6　本章小结

本章以 5 自由度机械臂为控制对象,以机械臂末端的位置控制为控制目标,设计了以 RC 方式闪烁的 22 个 P300 指令,分别对应机械臂末端的旋转、俯仰、伸缩和抓握动作,能够在多个位置中迅速选定预期目标位置,此目标位置经过计算机解码后,转换为机械臂 5 个自由度的步进量,通过机械臂的控制系统和执行机构,将机械臂末端运动到预期位置。

本章还对刺激持续时间、刺激间隔时间和刺激重复次数等参数对最终控制效果的影响进行了研究,发现这些参数对被试而言具有特异性,不同被试的最优参数有所不同;每名被试的控制效果会随着刺激间隔时间的延长呈现先降后升的现象,究其原因,推测主要是由认知负荷降低导致注意力不集中造成的,这提示人们在实际应用时,为了保证系统的高效,可适当提高被试的认知负荷,充分挖掘出被试的潜能。

当被抓取物体与机械臂处于相对固定的位置时,如任务设置为控制机械臂取放固定位置的水杯或食物时,此范式能够在较短时间内完成,效率较高。但当物体位置随机时,如控制机械臂拾取地面的食物或垃圾时,此范式容易失效。

参 考 文 献

[1] Salvaris M, Sepulveda F. Visual modifications on the P300 speller BCI paradigm[J]. Journal of Neural Engineering, 2009, 6(4):46011.

[2] Kübler A, Birbaumer N. Brain-computer interfaces and communication in paralysis: Extinction of goal directed thinking in completely paralysed patients? [J]. Clinical Neurophysiology, 2008, 119(11):2658-2666.

[3] Semlitsch H V, Anderer P, Schuster P, et al. A solution for reliable and valid reduction of ocular artifacts, applied to the P300 ERP[J]. Psychophysiology, 1986, 23(6):695-703.

第7章　基于视觉通道脑机接口的多移动目标选择

7.1　引　言

在 BCI 技术的实际应用中,用户面对的是变化的世界,传统静态 BCI 范式应对动态场景时,范式界面提供的环境信息比较有限,需要用户在 BCI 选择界面与实际场景之间进行切换来完成与外界的信息交互或外部设备控制,其流畅性和操作友好性受到很大限制,影响用户体验;另外,当 BCI 技术需要以第一视角从实际环境中选择目标时,这些目标可能是移动的,如监控视频中的可疑人物、车辆,战场上的敌方士兵、武器装备等。当 BCI 操作者自身移动时,即使是静止目标也会存在相对运动。例如,从汽车等移动平台视角来看,道路上的人或物是相对运动的。对于这些移动目标的选择,静态 BCI 系统的体验和效果不佳。因此,将 BCI 技术与动态应用场景相结合,因此将 BCI 技术与动态应用场景相结合的多移动目标选择技术,具有相当广阔的应用前景。无论将其应用于控制真实设备,如脑控机械臂或智能轮椅系统,还是将其应用于选择环境中的移动目标,移动目标选择技术都可以使用户在关注 BCI 范式的同时掌握外部设备和环境状态,及时获得丰富的全局信息。

为了探索基于 BCI 的多移动目标选择技术,本章以视频中的行人作为待选目标,尝试将 BCI 范式嵌入动态场景,使用户通过 BCI 连贯地选择感兴趣目标。基于 BCI 的多移动目标选择整体过程如图 7.1 所示。以视频作为系统输入,通过 BCI 选择其中的移动目标。虚线框表示其所框定的目标检测算法和目标跟踪算法两部分并非必需过程。因此,基于 BCI 的移动目标选择首先考虑的是确定适合嵌入动态场景的 BCI 技术类型,其次考虑是否需要以及采用何种移动目标检测和跟踪处理算法,最后考虑 BCI 范式如何与动态场景相结合。

图 7.1　基于 BCI 的多移动目标选择整体过程

7.2　BCI 类型选择

本节按照自发式与诱发式 BCI 的分类方式,分析两类 BCI 应用于移动目标选择的可行性。

两类 BCI 系统各有优缺点。自发式 BCI 的优点是源信号的产生不依赖外界刺激,具有较高的自主性,用户可以按照个人意愿自主调节,对系统的控制比较自由,更加符合人类的生活习惯。以 MI 范式为例,该范式的响应速度快,常用于对外部设备的实时连续控制,如脑控汽车、无人机等。但是,MI 范式并不适合用于移动目标的选择,原因如下:首先,MI 范式需要用户进行较长时间的训练,个体差异大,对使用者的要求较高,系统适应性较差;其次,在目标移动速度较快或运动状态随机的场景中,利用 MI 范式选择目标的效率不高,假设用光标或窗口跟随目标,仅用 MI 范式难以实现对光标或窗口方向和速度的同时控制,因此在目标坐标不断变化的情况下难以迅速地定位和跟踪目标。

诱发式 BCI 需要外界刺激诱发脑电模式,因此通过诱发式 BCI 选择移动目标时,需要外界刺激的参与。多移动目标选择的理想方式是所见即所得,即用户只需通过视觉通道关注感兴趣的移动目标,BCI 系统就能将这一目标选择的结果传递给计算机,这种理想方式恰恰为诱发式 BCI 提供了一个非常好的结合点。如果将各目标进行编号,并且时刻知道各个目标的位置,那么用户只要选择出感兴趣目标的编号就可以完成对目标的选择,这样,移动目标的选择就转化为对编号的选择,利用诱发式 BCI 就可以完成。目标编号可以以固定的形式在场景之外单独显示,但使用者需要同时关注动态目标与静态编号,容易造成注意力分散,更自然的做法是将目标编号与刺激物叠加在目标之上,随目标移动,用户关注目标的同时就能直接完成目标选择。

总体来看,诱发式 BCI 更容易实现对移动目标的直接选择。本章分别尝试了 SSVEP 和 P300 两种范式,经过改造应用于多移动目标的选择,并通过实验验证两种方法的可行性。

利用诱发式 BCI 技术进行多移动目标的选择,首先需要通过目标检测与跟踪算法确定目标位置,可靠的目标跟踪结果是 BCI 系统正确选择移动目标的前提。本章以视频中的行人作为实验中的待选移动目标,行人行走过程中的相互遮挡及复杂背景的干扰,容易导致目标检测的漏检、虚检等问题;跟踪算法的 ID 漂移现象也会影响移动目标选择的正确性,因此选择合适的检测跟踪算法非常重要。本章采用的目标识别算法是使用判别训练的部件模型目标检测算法[1],目标跟踪采用的是基于广义最小团问题的全局多目标跟踪算法[2]。实验中所采用的视频来自瑞士洛桑联邦理工学院的计算机视觉实验室,拍摄于实验室室内环境[3]。图 7.2 是行人目标识别与跟踪算法结果示例。

(a)　　　　　　　　　　　　　　(b)

图 7.2　目标识别与跟踪算法结果示例
(a)中的方框表示算法识别为行人；(b)中的曲线表示识别出来的行人在一段时间内的运动轨迹

　　因为目标检测与跟踪算法不在本书的讨论范围内，所以本章不对其进行讨论，仅直接给出相关结果。

7.3　基于 SSVEP 的移动目标选择范式

　　SSVEP 的优点在于其无须训练、个体适应性较强、信噪比高、操作简单、传输信道较宽；缺点是刺激时间长（因为信号分析需要一定长度的数据，且大脑产生稳定信号也需要一定的时间，所以闪烁刺激时间不宜太短）、容易造成视觉疲劳。本节讨论基于 SSVEP 的移动目标选择范式，从频率、模式、刺激时间等多方面对范式设计进行分析，并通过实验确定系统的最优参数及验证系统的可行性。

7.3.1　SSVEP 实验范式设计

　　范式设计的整体思路是通过目标检测和跟踪算法得到每一时刻视频中各目标的坐标信息，再将刺激物叠加显示在目标上，被试通过直接注视目标区域内的刺激物，激发 SSVEP 信号，通过后续信号分析完成目标的选择。

　　实验视频中有 6 位实验人员在室内行走，由于环境限制，目标之间的遮挡情况时有发生，可能会对 SSVEP 刺激叠加造成干扰，影响实验结果。视频尺寸为 1080×864 像素，在显示器上呈现给被试，显示器分辨率为 1680×1080 像素，刷新频率为 60Hz，尺寸为 21in，距离被试双眼 70cm 左右。

　　实验过程中，将每个目标的编号叠加在目标坐标处，一方面帮助被试定位目标,避免混淆,另一方面可以作为实验过程中目标选择的提示。如图 7.3 所示,编号叠加在黄色圆形区域的中心,没有发生 SSVEP 视觉刺激时,编号区域颜色为黄色,视觉刺激开始之前,希望被选定的目标编号区域变为红色,以提示被试。SSVEP 视觉刺激出现后,各目标的编号仍然显示在刺激中心,帮助被试跟踪目标人物。

图 7.3　SSVEP 移动目标选择范式界面及刺激提示(见彩图)

与静止目标选择不同,移动目标选择系统中,存在背景干扰、目标相互遮挡等情况,视觉刺激的频率、模式及刺激时间等都会对系统的性能造成影响,因此设计视觉刺激时需要对以下因素加以分析。

(1) 刺激频率。针对特定的对象,选择最佳的刺激频率。SSVEP 范式将刺激物叠加在各个目标上,这些刺激物以不同频率闪烁,每个闪烁频率对应一个目标,用户注视闪烁刺激诱发相关频率的 SSVEP 成分,进而选择出相应的目标。视频中有 6 个行人目标,因此需要设置 6 个闪烁频率。刺激频率选择的关键在于以下方面:

① 选取响应较强的频段。目前公认适合作为 SSVEP 视觉刺激频率的频段为 6～50Hz,并且研究表明 SSVEP 响应在 8～15Hz 频段最强,也可以根据具体情况适当调整。

② SSVEP 成分是在刺激频率或其倍频处出现能量增强,因此选择频率时要保证各频率的基频、倍频没有重合,避免不同刺激诱发相同频段的响应信号。

③ 不同频率间隔尽量大,增大 SSVEP 响应信号之间的频域可分性。

综合以上三点考虑,本实验将闪烁频段设置为 8～15Hz,各闪烁频率分别设置为 8.18Hz、8.97Hz、9.98Hz、11.23Hz、12.85Hz 及 14.99Hz,经文献[4]验证,这组频率设置在静态 BCI 系统中是高效可行的。但是在动态 BCI 系统中,背景干扰大,该组频率的有效性需要经过实验验证。另外,由于被试的多样性,对于同一组频率,不同被试的响应程度不同,在具体实验中需要针对被试的反应进行适当的频率调整。

(2) 刺激模式。SSVEP 刺激模式有三种,分别是光源刺激、图形刺激和模式翻转刺激。本实验需要将刺激叠加在目标上,适合采用图形刺激和模式翻转刺激。在动态系统中,移动刺激可能给被试带来不适,相对而言模式翻转刺激中的条纹、棋盘格容易使被试感到晕眩,因此实验中采用了简单图形刺激。

图形刺激形式是控制简单图形以刺激频率从背景中出现和消失。考虑到视频的背景色和目标的颜色,实验中将图形刺激颜色设置为白色。在复杂动态场景中,图形消失时被试容易受到背景影响,因此将图形刺激改为黑、白两色交替,叠加在目标上,尽量减少背景干扰,并且将黑色图形的透明度设置为 40%,一方面减轻被试的视觉疲劳度,另一方面减少遮挡,有利于被试观察情况,把握全局信息。为了减少目标遮挡造成的刺激重叠,这里采用圆形的刺激形式。另外,SSVEP 对视觉刺激的尺寸要求较高,刺激物太小不易诱发明显的 SSVEP,太大则极易相互重叠,影响实验效果,综合考虑刺激物和行人目标的尺寸,实验中将圆形刺激的半径设为 60 像素,如图 7.4 所示。

图 7.4　SSVEP 移动目标选择范式界面
刺激为黑、白两色交替闪烁,黑色透明度设为 40%,圆形半径为 60 像素

(3) 刺激持续时间。刺激持续时间也是影响 SSVEP 范式设计的一个重要因素。在目标选择过程中,闪烁时间的增加通常可以提高识别正确率,但同时会降低 ITR 和造成被试疲劳;相反,若闪烁时间太短则不足以诱发显著的信号,降低目标选择正确率。由于被试之间存在个体差异,对 SSVEP 的响应程度和速度不同,将单次目标选择时间设置为固定值会导致目标选择正确率或 ITR 降低,因此 SSVEP 系统的闪烁时间通过实验中被试的具体表现有针对性地设置。

7.3.2　实验设计

1. 评价系统的性能指标

衡量一个 BCI 系统性能的评价指标有许多种,如系统的可靠性、通用性及便携性、用户交互界面的友好性、ITR、异步控制能力及成本等。

本实验的研究重点是确认 BCI 方法实现移动目标选择的可行性,因此对系统的评估应该以系统目标选择正确率为首要衡量标准,目标选择正确率直接反映了系统指令输出的正确性,是系统可用及拓展到其他应用领域的前提。但是,追求目标选择正确率不代表忽视目标选择的时间因素,被试完成单次目标选择的时间也是系统设计需要关注的性能指标。单次目标选择时间短意味着系统的反应速度快、控制周期短、机动性更强,可以更好地应对多变的动态环境。因此,评价系统可行性的同时需要兼顾正确率与单次目标选择时间。

ITR 是综合考虑了可选择目标数、目标选择正确率和单次选择时间这 3 个基本性能的综合性指标,因此 ITR 成为许多研究者设计、改进或评估 BCI 系统性能最常用的评价标准之一。

综合对以上评价指标的分析,在 SSVEP 实验中,系统参数的优化是在保证可用性的前提下追求更短的刺激时间,因此选择 ITR 和正确率两个性能指标作为确定时间参数的衡量标准。具体做法是分别计算刺激呈现期间不同时间窗口的识别正确率和 ITR,确定 ITR 最大值对应的时间窗,同时关注该时刻的目标选择正确率。

2. 实验过程

8 名被试参与了 SSVEP 实验(5 男,3 女),所有被试均无生理、心理疾病,且视力正常。其中 3 人曾经参加过 SSVEP 实验,另外 5 人为第一次参加 SSVEP 实验。所有被试均为自愿参与。在实验前,实验者将实验内容和实验流程向被试说明。每名被试需要完成 5 轮实验,每轮实验中被试需要完成 12 次目标选择任务(每个目标选择两次),即每名被试共需要进行 60 次目标选择,时长大约 30min。为了避免被试疲劳,每轮实验之间被试休息 3min。

由于被试的个体差异,激发显著响应需要的刺激时间会有差异。在实验过程中,考虑到系统的实用性及被试的疲劳程度,将最长闪烁时间设置为 5s,通过离线信号处理计算不同刺激时长每名被试的目标选择正确率和 ITR。首先分析 ITR 达到最大值时所用的时间,进一步分析该时间对应的目标选择正确率,若此时的正确率达到 80%,则将该时间作为这名被试的最优选择时间;反之,若此时的正确率低于 80%,则将正确率达到 80% 的最短时间作为该被试的最优单次刺激时间。

一轮完整的实验流程如下。被试需要进行 12 次选择,选择任务中的目标以随机顺序生成,目标人物的编号区域在刺激出现之前由黄色变为红色并持续 2s,帮助被试确定需要注意的目标,之后闪烁刺激出现并持续 5s,被试在此期间注视需要选择的目标,闪烁结束后将 BCI 系统选定的目标编号区域由黄色变为绿色作为结果反馈给被试。图 7.5 为单轮实验的流程示意图。

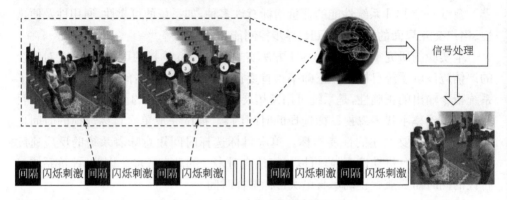

图 7.5　SSVEP 单轮实验流程图

7.3.3　信号处理

1. 数据采集

SSVEP 信号在初级视觉皮层区域(枕叶)的响应最强烈,因此 SSVEP 信号采集电极布设在枕后区域。在本实验中,参照扩展 64 通道的国际 10-20 电极布设标准,将 SSVEP 数据采集电极设置为 Oz、O1、O2、POz、PO7、PO8、Pz,参考电极为 TP10,接地电极为 Fpz,如图 7.6 所示。EEG 信号的采样频率为 200Hz,采集到的信号通过 50Hz 的陷波滤波器进行预处理。

2. 信号处理方法选择

SSVEP 成分是由持续视觉刺激诱发的节律性 EEG 信号,具有明显的频域特征。目前分析 SSVEP 频率成分的方法有很多,常用的有功率谱密度分析(power spectrum density analysis,PSDA)、小波变换(wavelet transform,WT)及典型相关分析(canonical correlation analysis,CCA)等。

PSDA 方法主要用于研究信号的频域特征,是自相关函数的傅里叶变换。该方法的优点是计算速度快,能够直观反映源信号的频域特征,在信号分析领域的应用广泛。WT 方法继承了短时傅里叶变换思想,不同的是它的窗口长度能够随频率而变化,通过变换可以突出信号在不同尺度上的特征,做到在低频处频率细分,在高频处时间细分,克服了傅里叶变换的局限性,是信号时频分析的一种常用

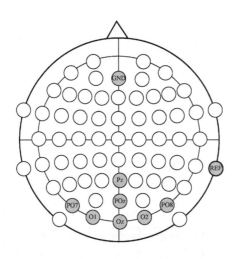

图 7.6　SSVEP 信号采集电极分布

方法。

　　CCA 方法是一种研究两组变量相关关系的统计分析方法,与主成分分析(principal component analysis,PCA)算法类似,利用两组变量中具有代表性的两个综合变量之间的相关关系来代表两组变量之间的整体相关性。利用 CCA 方法分析 SSVEP 频率成分的思路是以刺激频率构建频率相关的标准参考信号,利用 CCA 方法分析采集到的信号与标准信号之间的相似度。与 PSDA、WT 等方法相比,CCA 方法对 SSVEP 信号分类的原理简单、计算速度快,充分利用了多通道数据进行分析,可靠性更高,识别分类性能更好,目前已经成为 SSVEP 系统中最常用的识别分类算法,因此本实验中采用 CCA 方法作为信号处理算法。

　　CCA 方法的具体原理如下。设考察样本集 $X = \{x_1, x_2, \cdots, x_m\}$ 和 $Y = \{y_1, y_2, \cdots, y_n\}$,通过研究两个样本集内样本线性组合间的最大相关性来考察 X 和 Y 之间的相关关系,即

$$u = \omega_{11} x_1 + \omega_{12} x_2 + \cdots + \omega_{1m} x_m = \omega_1^T X \tag{7.1}$$

$$v = \omega_{21} y_1 + \omega_{22} y_2 + \cdots + \omega_{2n} y_n = \omega_2^T Y \tag{7.2}$$

式中,u 为样本集 X 内 m 个样本的线性组合;ω_1 为组合系数;v 为样本集 Y 内 n 个样本的线性组合;ω_2 为线性组合系数。具有最大相关性的 u 和 v 称为典型变量。CCA 方法的目标就是寻找使 u 和 v 相关性最大的 ω_1 和 ω_2,以及相应的相关性系数 ρ。CCA 方法的分析过程就是求解 ρ 的极大值过程。ρ 的计算公式为

$$\rho = \frac{C(u, v)}{\sqrt{V(u)V(v)}} \tag{7.3}$$

式中,C 为协方差;V 为方差。假设 u 和 v 的均值为 0,则式(7.3)转换为

$$\rho = \frac{E(uv)}{\sqrt{E(u^2)E(v^2)}} = \frac{E(\omega_1^{\mathrm{T}} x y^{\mathrm{T}} \omega_2)}{\sqrt{E(\omega_1^{\mathrm{T}} x x^{\mathrm{T}} \omega_1) E(\omega_2^{\mathrm{T}} y y^{\mathrm{T}} \omega_2)}} = \frac{\omega_1^{\mathrm{T}} C_{12} \omega_2}{\sqrt{\omega_1^{\mathrm{T}} C_{11} \omega_1 \omega_2^{\mathrm{T}} C_{22} \omega_2}} \quad (7.4)$$

式中,C_{11} 和 C_{22} 为类内协方差矩阵;C_{12} 为类间协方差矩阵。求 ρ 的极大值,对 ω_1 和 ω_2 求偏导可得

$$C_{12} \omega_2 = \rho \lambda_1 C_{11} \omega_1$$
$$C_{21} \omega_1 = \rho \lambda_2 C_{22} \omega_2 \quad (7.5)$$

式中

$$\lambda_1 = \lambda_2^{-1} = \sqrt{\frac{\omega_2^{\mathrm{T}} C_{22} \omega_2}{\omega_1^{\mathrm{T}} C_{11} \omega_1}}$$

经过化简得到

$$C_{11}^{-1} C_{12} C_{22}^{-1} C_{21} \omega_1 = A \omega_1 = \rho^2 \omega_1$$
$$C_{22}^{-1} C_{21} C_{11}^{-1} C_{12} \omega_2 = B \omega_2 = \rho^2 \omega_2 \quad (7.6)$$

因此线性组合系数 ω_1 和 ω_2 分别为矩阵 A、B 的特征向量,相关系数 ρ 为特征值的平方根。

3. SSVEP 信号处理过程

首先将采集到的 EEG 信号进行 $6 \sim 35 \mathrm{Hz}$ 带通滤波。滤波的作用是保留相应信号频段,排除高低频段噪声影响,提高信噪比。经过滤波的多通道 EEG 信号再通过 CCA 方法进行识别分类。前面已经提到,利用 CCA 方法分析 SSVEP 频率成分需要标准的参考信号,由于 SSVEP 成分在刺激频率的基频和倍频处能量更强,因此参考信号可以由基频为刺激频率的正余弦信号及多次谐波成分拟合而成:

$$Y_f(t) = \begin{bmatrix} \sin(2\pi ft) \\ \cos(2\pi ft) \\ \sin(4\pi ft) \\ \cos(4\pi ft) \\ \vdots \\ \sin(2\pi Nft) \\ \cos(2\pi Nft) \end{bmatrix}^{\mathrm{T}} \quad (7.7)$$

式中,$Y_f(t)$ 表示刺激频率为 f 的 SSVEP 拟合信号;N 表示谐波次数。参考信号与采集到的 EEG 信号长度相同。

针对每个刺激频率都需要构造参考信号,通过 CCA 方法将多通道 SSVEP 信号分别与 6 个频率的拟合参考信号进行相关分析,得到与各个频率的相关系数,其中最大的相关系数所对应的频率就是诱发频率,对应地,可以确定被试本次目标选择所关注的目标。另外,CCA 输出的权重系数则代表各通道对信号分析的贡献,因此 CCA 方法相当于一个空间滤波器。

7.3.4　实验结果分析与讨论

ITR 的计算公式为

$$\text{ITR}=\frac{B \cdot 60}{T} \tag{7.8}$$

$$B=\log_2 N+P\log_2 P+(1-P)\log_2 \frac{1-P}{1-N}$$

$$T=t_\text{s}+t_\text{d}$$

式中，B 为位率，表示单次目标选择传输的信息量；N 为目标总数；P 为目标选择正确率；T 为完成一次目标选择的时间，等于刺激闪烁时间 t_s 和闪烁间隔时间 t_d 之和。在本实验中，$N=6$，$t_\text{d}=2\text{s}$。

每名被试共进行 60 次目标选择任务，单次任务闪烁时间为 5s。为了确定每名被试的最优刺激时间，以 0.2s 为单位，分析 0.2~5s 各个时长的目标选择正确率和 ITR，对 ITR 达到最大值的时间及其所对应的目标选择正确率进行分析。所有被试的实验结果如图 7.7 所示，图中对每名被试 ITR 最大值所对应的时间及该时刻的目标选择正确率用虚线进行了标注。

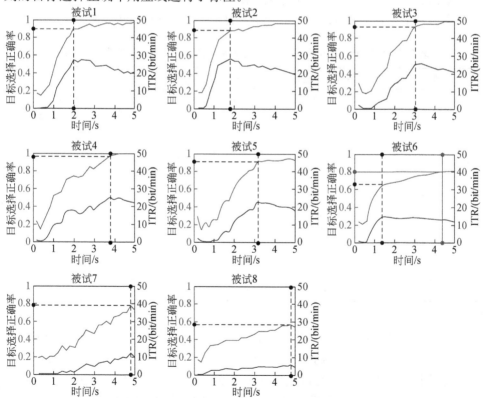

图 7.7　SSVEP 目标选择正确率和 ITR 的时间变化曲线

上方曲线表示目标选择正确率；下方曲线表示 ITR

由图 7.7 可以看到,8 名被试中有 6 名被试的 ITR 达到最大值时刺激时间均在 4s 以内,对应的目标选择正确率达到 80% 以上,个别被试稳定后正确率可达 90% 以上,其中被试 4 在刺激时间达到 4s 之后可以达到 100% 的选择正确率。

被试 6 的 ITR 在 1.4s 时达到最大,但此时的正确率为 65%,没有达到系统实用性的标准。但是随着闪烁的继续,该被试的正确率以平缓的趋势增长,在闪烁时间达到 4.4s 时,正确率达到 80%,因此将该被试的最优刺激时间确定为 4.4s。

被试 7 在 ITR 最大时正确率达到 78.33%,但是在闪烁时间到达最大值 5s 时,这名被试的正确率仍然没有达到 80%,并且相对于 ITR 最大时的正确率并没有提升,因此仍然将该被试的最优刺激时间确定为 ITR 达到最大值所需的时间。

被试 8 在 5s 之内的正确率始终较低,最高达到 56.67%,说明被试可能不适应移动目标选择 SSVEP 范式。至于其原因,后续会进行分析说明。鉴于该被试在 ITR 达到最大值时已经达到了 5s 内的最高正确率,该被试的最优刺激时间仍设置为 ITR 达到最大值所需的时间。

根据对图 7.7 的分析,将 ITR 达到最大值所需的时间作为最优单次目标选择时间。表 7.1 记录了所有被试的最优单次目标选择时间以及相应的正确率。

表 7.1   SSVEP 实验中所有被试的最优单次目标选择时间及相应的正确率

被试	最优单次目标选择时间/s	目标选择正确率/%	ITR/(bit/min)
1	2.0	88.3	27.36
2	1.8	88.3	28.33
3	3.0	93.3	24.92
4	3.8	98.3	25.09
5	3.2	91.6	22.82
6	4.4	80.0	13.11
7	4.8	78.3	11.72
8	4.8	56.7	5.22
均值	3.48	84.4	19.82
标准差	1.18	13.0	8.58

由表 7.1 可以看到,本节设计的 SSVEP 动态目标范式选择平均正确率达到 84.4%,平均单次目标选择时间为 3.48s,说明将 SSVEP 范式嵌入动态移动目标选择过程中总体是可行的,可以应用到更多场景中。但是在本实验中,被试的实验结果差异性较大,被试 8 在设定的最大闪烁时间内能够达到的最高正确率仅为 56.7%。为了分析其原因,首先研究刺激时间增长后,该被试的目标选择正确率能

否升高。将单次目标选择时间设置为 10s,重新进行一组实验,分析该被试在 10s 内的实验结果,被试 8 在 10s 内目标选择正确率曲线如图 7.8 所示。

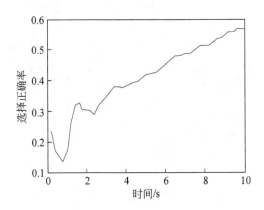

图 7.8　被试 8 在 10s 内目标选择正确率曲线

被试 8 在闪烁时间为 10s 的情况下仍然没有达到理想的正确率,说明并不是因为闪烁时间限制导致正确率较低。对系统整体进行分析,造成部分被试实验结果不理想的主要原因如下:

(1)被试本身的差异性。8 名被试中,有 5 名被试可以在较短时间内达到稳定且较高的目标选择正确率,2 名被试的目标选择正确率在稍长的时间内可以逐步提升至理想值,1 名被试没有完成可靠的目标选择任务,说明不同被试对于 SSVEP 的响应情况存在差异性。首先,被试对 SSVEP 的响应程度、速度不同;其次,被试的生理、精神状态也会对实验造成影响;在实验设计的 SSVEP 范式中,刺激不断移动,被试的抗干扰能力和对动态场景的适应性都有所不同。另外,在实验中发现,被试 5 对 12Hz 以上的刺激响应不强烈,明显低于其他频率,因此将该被试的实验频率设置为 6Hz、7.2Hz、8.18Hz、8.97Hz、9.98Hz 和 11.23Hz。调整之后该被试的最优单次目标选择时间为 3.2s,目标选择正确率达到 91.6%,这就从闪烁频率的角度说明了被试的差异性。

(2)SSVEP 成分是依靠特定频率的刺激诱发的,动态 SSVEP 范式叠加在视频上,动态背景可能会对其产生干扰,造成被试对目标频率的响应不显著。另外,目标移动造成刺激相互遮挡的情况时有发生,也会对被试注视目标造成干扰。图 7.9 是实验过程中刺激相互叠加的示例,画面中 3 号目标和 4 号目标相互重叠,如果此时被试注视的是两个目标中的一个,就有可能被邻近的另一刺激干扰。除目标重叠之外,视觉刺激在视野中的位置也是一个重要的影响因素。通常,视觉刺激在视野中央时,SSVEP 信号最强,离中央越远,响应越弱。这是由中央视野和外周视野视杆细胞与视锥细胞的分布密度不同造成的。

图 7.9 SSVEP 范式中的刺激叠加现象

7.4 基于 P300 的移动目标选择范式

P300-BCI 的优点在于适应性强,具有较稳定的分类性能,适用人群广泛,并且系统响应速度快,训练简单,被试的疲劳程度较低。其缺点在于,相对于 SSVEP-BCI 系统,ITR 较低,需要对被试进行训练,使用过程中需要被试主动参与,被试的心理状态、注意力等都可能影响结果。本节介绍基于 P300 的动态 BCI 范式,并通过离线、在线实验对系统的可行性进行分析。

7.4.1 P300 动态范式设计

P300 移动目标选择实验场景与 SSVEP 实验相同,仍然采用来自洛桑联邦理工学院计算机视觉实验室拍摄的视频。P300 信号是一种特殊的认知相关诱发电位,可以被视觉、听觉及触觉等不同形式的刺激诱发。由于实验中待选目标为视频中的行人,采用视觉刺激诱发 P300 信号最直接,而且被试容易集中注意力,因此本实验采用视觉刺激诱发 P300 成分。

不同于 SSVEP,P300 信号是通过小概率事件诱发的,因此 P300 移动目标选择范式是通过叠加在目标上刺激物的瞬态变化诱发的,根据 ERP 的锁时特性,确定被试所关注的目标。

(1) 确定范式形式。P300 的视觉诱发不需要特定的形状,因此可以利用目标的编号作为刺激物。通过目标检测与跟踪确定每一时刻各个目标的坐标,将目标编号叠加显示在行人身上。如图 7.10 所示,正常情况下,目标编号的颜色为蓝色,视觉刺激之前,其中一个目标编号会变为黄色,提示被试接下来需要选择的目标。诱发 P300 信号的随机闪烁则是通过目标编号变为红色来实现。

(a)　　　　　　　　　　　　　　(b)

图 7.10　P300 移动目标选择范式界面(见彩图)

(2) 闪烁时序机制。常用的 P300 范式有 RC、单元素实验范式(single character paradigm,SC)、棋盘格范式(checkerboard paradigm,CB)等。RC 是最经典的 P300 范式,常用于字符拼写等目标排列固定的系统中,各行列按照随机顺序闪烁,分别计算出行列坐标后即可确定目标。RC 提高了 P300 目标选择的效率,适用于目标较多的情况。CB 的原理与 RC 相同,但是克服了 RC 中邻近目标闪烁造成的相互间的影响,以及某一目标的行和列连续闪烁等问题,适用于目标位置固定的情形。SC 每次只有一个目标闪烁,当目标较多时,SC 的效率较低。针对移动目标选择问题,RC 和 SC 更加灵活,分别适合目标数目多和少的情况。

对于本实验,鉴于目标个数较少,采用 SC 可以诱发更显著的 P300 信号。所以实验中目标按照随机序列依次闪烁,被试关注于希望选择的目标,当该目标的编号闪烁时,就会诱发 P300 成分。单次闪烁诱发的 P300 信号识别正确率一般较低,因此一般 P300-BCI 采用多轮平均的方式提高识别正确率。由于 EEG 信号噪声具有随机性,而 P300 电位是正电位,因此多次叠加后噪声水平会显著降低,P300 成分则会突显出来。

7.4.2　实验设计

1. 实验被试

8 名被试参与了 P300 实验(5 男,3 女),所有被试均无生理、心理疾病,且视力正常。其中 6 人曾经参加过 P300 实验,另外 2 人为第一次参加 P300 实验。所有被试均为自愿参与实验,并且在实验进行之前,被详细告知实验内容和实验流程。

2. 实验过程

P300 实验中采用的实验场景与 SSVEP 实验相同。P300 范式的 SOA 设置为 300ms,包括刺激由蓝色变为红色的 SD 150ms,以及颜色变换之间的 ISI 150ms。

P300 范式中,所有刺激需要循环数次并进行叠加以获得显著的 P300 成分,所有目标编码均闪烁一遍定义为一个 trial,一个目标的最终得分就是该目标所有 trial 得分的均值。trail 数是 P300-BCI 系统中对目标选择正确率、ITR 等影响较大的参数,trail 数多可以提高系统的正确率,但同时会降低系统的通信速率,太少则得不到可靠的识别结果。本实验中,目标数为 6,SOA 为 300ms,trail 数设置为 3,单次目标选择时间为 5.4s。

实验中每名被试需要完成 8 轮实验,包括 4 轮离线实验和 4 轮在线实验。每轮实验中被试需要完成 12 次目标选择任务,每名被试共完成 48 次离线实验及 48 次在线目标选择。为了减轻被试负担,每轮实验间隔 3min,被试在此期间休息。每轮实验中,12 次目标选择任务按照随机顺序排列,每次目标选择之前,需要将待选目标编号转变为黄色,并持续 2s,帮助被试确定需要关注的目标。目标选择过程中,被试注视需要选择的目标,并在心中默数该目标闪烁的次数。图 7.11 显示的是单轮实验的实验流程。

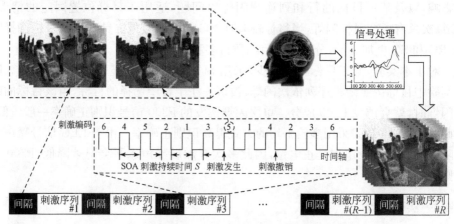

图 7.11　P300 单轮实验流程图

离线实验的目的是确定被试最优 EEG 采集通道,通过有监督训练,得到分类器,因此不需要向被试输出目标选择结果。在线实验是为了验证 P300 移动目标选择范式的可行性,在每次目标选择结束后选择结果编号变为绿色,反馈结果给被试。

SSVEP 实验中对常用于评价 BCI 系统性能的指标进行了分析,确定以系统目标选择正确率和 ITR 作为评价指标来确定每名被试的最优单次目标选择时间,而在 P300 实验中,由于循环次数和 SOA 是固定的,因此以目标选择正确率作为移动目标选择的首要评价指标来分析该方法的可行性。

7.4.3　信号处理

1. 数据采集

P300 成分作为一种重要的内源 ERP 成分,与被试对事件的认知加工有紧密的联系。在动态 P300 系统中,由于刺激叠加在移动目标上,复杂背景可能影响被试对刺激事件的响应,因此被试的 P300 响应不一定局限于局部感知区域;另外,由于被试的差异性,不同被试 P300 信号的响应区域及强度均有差异,固定的数据采集通道设置会导致系统的通用性降低,不能保证适合所有的使用者。因此,本章采用通道筛选方法为每名被试选择最佳的 EEG 采集通道。

目前已经有多名研究者对通道选择方法进行了探索,本章采用 Jumpwise 回归算法从 16 个通道中选择 6 个通道用于 P300 信号识别分析。该方法的计算速度快,实用性已经被证实[5]。Jumpwise 回归算法选择 EEG 通道的大致过程如下。

取每名被试的离线训练数据,第一次迭代从一个通道开始,每次迭代加入或删除一个通道,通过 F 检验来决定通道的保留或剔除,最终得到 6 个数据通道用于 P300 成分分析。

图 7.12 为 P300 实验电极分布示意图,参照扩展 64 通道的国际 10-20 布设标准,将 P300 数据采集电极设置为 F3、Fz、F4、FC1、FC2、C3、Cz、C4、CP5、CP1、CP2、CP6、P3、Pz、P4 及 POz,参考电极为 TP10(REF),接地电极为 Fpz(GND)。EEG 信号的采样频率为 200Hz,采集到的信号通过 50Hz 的陷波滤波器进行预处理,消除交流电噪声。

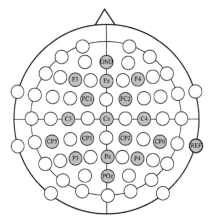

图 7.12　本实验中 P300 实验电极分布示意图

2. 信号处理方法

本节 P300-BCI 系统中,目标选择就是对目标和非目标信号进行分类。视觉通道 P300 成分是在事件发生后 200～500ms 内产生的正电位,因此 P300 信号的分类器一般是基于时域特征的。

目前 P300 常用的分类识别方法有 SVM、贝叶斯分类器、LDA 等。SVM 是一种非线性分类方法,特定信号经过训练可以达到很高的分类正确率,但算法适应性差,不能灵活适应被试的不同状态,并且计算速度慢,训练要求高。贝叶斯分类器首先对 EEG 信号进行特征提取,然后利用基于特征框架的贝叶斯回归学习算法,得到目标和非目标两类的概率,根据概率确定分类决策。贝叶斯方法具有复杂度低、正确率高、适应性强等优点,它越来越多地应用于 P300 系统中,但是其对信号特征提取的要求较高。LDA 是将高维数据投影到低维矢量空间,以降低数据维度。经过投影的信号具有更小的类内距离和更大的类间距离,可分性提高。基于 LDA 的改进算法保留了 LDA 方法的优点,并从各个方面提升了分类性能,在 P300 目标分类中广泛使用,其中最常用的改进 LDA 方法为 SWLDA 方法。SWLDA 方法的基本原理是逐步引入自变量,根据自变量对分类结果影响的显著性判断该自变量是添加还是删除,经过逐步回归分析,最终保留影响显著的分量。SWLDA 方法在 P300 信号处理方面具有很多优势,如算法简单、计算速度快、实时性好、训练简单、对不同被试及被试的不同状态适应性强,分类性能稳定,并且能达到较高的正确率。本节中采用 SWLDA 方法作为目标信号识别方法。

3. P300 信号识别与分类

(1) 信号预处理。P300 响应一般出现在刺激发生后的 200～500ms,因此从带有标签的离线实验数据中截取每次闪烁发生后 100～600ms 的数据进行分析。由于 P300 成分是一种低频信号,因此对信号进行 1～15Hz 带通滤波,去掉信号中的高频成分。滤波之后的信号减去刺激开始前一段时间信号的均值,以消除信号漂移。利用 SWLDA 方法计算分类器之前,将信号段降采样处理,由 200Hz 降采样至 20Hz,以降低特征提取和计算复杂度。

(2) SWLDA 分类器每次迭代时通过最小二乘回归方法预测当前特征类别,并利用 t 检验计算每个特征的显著性 p 值,p 值越小表示该特征越显著。当 $p < p_{enter}$ 时,将该特征添加到特征集合;当 $p > p_{remove}$ 时,将该特征从集合中移除。p 值大表示该特征统计上不显著。在本实验中,p_{enter} 和 p_{remove} 分别设置为 0.1 和 0.15。一直迭代到没有特征添加和移除,或者达到设定的最大迭代次数。

SWLDA 最终得到的是一组稀疏的权值系数,代表信号中对分类贡献大的点。该系数也是分类面的权系数,分类时将信号与之相乘,结果越大表示该信号为目标的可能性越大。

(3) 通过离线训练得到的 SWLDA 分类器是在降维数据上获得的,实验中首先将分类器展开到与在线信号相同的维度,再与信号相乘。分类器可以滤掉目标信号与非目标信号中差异较小的点,保留下来的信号与非零权值系数相乘,最大结果对应的目标识别为选择目标。

由于单次刺激诱发的 P300 信号的识别正确率一般较低,因此实验中将刺激流程重复数次,对分类权值取平均作为该目标的最终得分:

$$\text{score}_j = \frac{1}{k} \sum_{i=1}^{k} X_{ij} \omega \tag{7.9}$$

式中,ω 为 SWLDA 分类器;X_{ij} 为 EEG 信号;j 为目标编号;k 为所有目标闪烁重复次数。计算出各目标得分后,选择的目标编号为

$$\hat{T}_{\text{P300}} = \arg(\max_{j=1,\cdots,6}(\text{score}_j)) \tag{7.10}$$

7.4.4　实验结果分析与讨论

1. 离线实验结果

每名被试进行了 4 组离线实验。离线实验的目的是为每名被试选择最优数据通道及训练 SWLDA 分类器,所有被试的最优 EEG 通道选择结果如图 7.13 所示,图中的圆点表示各被试所选择的通道。

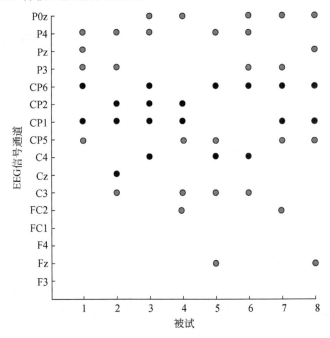

图 7.13　EEG 通道选择结果

结合表 7.2 中各被试的在线实验结果可以看出，EEG 最优通道在空间上的集中度可以反映被试的注意力集中程度和受背景等干扰的程度，目标选择正确率较高的被试，其最优通道在空间上比较集中；反之，对于正确率较低的被试，其最优通道在空间上也较为分散。

图 7.14 给出了所有被试在刺激后 100～600ms 内不同通道信号波形。

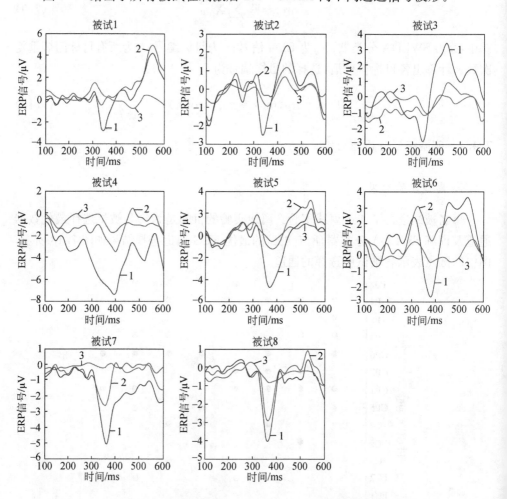

图 7.14　各被试在刺激 100～600ms 内不同通道信号波形
1. 最优通道目标信号；2. 非最优通道目标信号；3. 所有通道的非目标信号

观察被试 1～被试 3 的信号波形可以看到，刺激后，非最优通道的 P300 信号并不显著，最优通道可以观察到比较清晰的 P300 成分；被试 4～被试 8 的最优通道与非最优通道在刺激事件发生后都产生了不同程度的 P300 波形，但是相比之下，最优通道的 P300 信号更显著。总体来说，以上结果体现了 P300 通道选择的有效性。

2. 在线实验结果

8 名被试进行了 4 组在线实验, 主要目的是分析移动目标选择的正确率, 同时计算各被试的 ITR, 以便与 SSVEP 方法进行对比, 各被试结果在表 7.2 中给出。

表 7.2　P300 在线实验结果

被试	目标选择正确率/%	ITR/(bit/min)
1	95.83	14.28
2	93.75	13.42
3	87.50	11.17
4	83.33	9.88
5	83.33	9.87
6	81.25	9.28
7	81.25	9.28
8	79.17	8.70
均值	85.67	10.73
标准差	6.14	2.06

8 名被试在 P300 实验中的目标选择正确率都比较理想, 平均目标选择正确率达到 85.67%, 最低目标选择正确率达到 79.17%, 说明基于 P300 的移动目标选择是切实可行的, 并且适应性强。所有被试的表现都能满足实际应用的需求, 说明 P300 方法在适应性方面是优于 SSVEP 方法的。

将 P300 和 SSVEP 的实验结果从正确率、ITR、单次目标选择时间方面进行比较, 得到表 7.3。由表 7.3 可以看出, 与动态 SSVEP 实验结果相比, P300 范式的平均正确率更高、适应性更强、被试响应差异小(标准差小), 所以从用户的角度来看, P300 范式具有更强的通用性。

表 7.3　P300 与 SSVEP 实验结果对比

BCI 类型	正确率/%		ITR/(bit/min)		单次目标选择时间/s	
	平均值	标准差	平均值	标准差	平均值	最大值
P300	85.67	6.14	10.73	2.06	5.4	5.4
SSVEP	84.37	13.00	19.82	8.58	3.48	4.8

在动态环境中, P300 范式适应性更强的原因主要在于 P300 是一种认知电位, 与动态 SSVEP 相比, 视觉刺激诱发的 P300 成分的抗干扰能力更强。P300 成分反映了被试对事件的认知加工。如图 7.15 所示, 2 号、3 号、5 号目标发生了重叠, 如果此

时被试关注的是 2 号目标,那么当编号 2 闪烁时,被试仍然能够注意到,并能够成功诱发 P300 信号,意味着被试在认知层面对这次闪烁进行了处理,因此该刺激事件仍然是有效的。而 SSVEP 闪烁刺激重叠时,被试的响应信号会受到直接干扰。

图 7.15　P300 范式中 3 个目标刺激产生重叠现象的示意图(见彩图)

7.5　本章小结

利用视觉通道 BCI 进行移动目标选择的整体思路是:通过目标检测与跟踪算法确定场景中移动目标每一时刻的位置,将视觉刺激叠加在移动目标上,被试通过注视待选目标诱发 ERP 信号。本章选用行人作为移动目标,分别建立了 SSVEP 范式和 P300 范式。

在 SSVEP 范式中,大多数被试的目标选择正确率和响应时间都可以达到系统可用的要求,平均正确率达到 84.37%,平均单次目标选择时间为 3.48s,但对被试的适应性差异较大。与传统静态 SSVEP 范式相比,移动刺激对被试交互界面的限制减少,使被试能够以第一视角观察环境,在选择环境目标的同时掌握变化的全局信息,因此使系统灵活性、机动性更强。

P300 范式移动目标选择的正确率达到 85.67%,与 SSVEP 范式相比,抗干扰能力强、适应性好。与传统静态方法相比,被试能够以第一视角观测环境,因此能够将更多的注意力放在整体环境信息的获取上。

结合不同的目标识别算法,SSVEP 范式和 P300 范式可以拓展到其他动态环境和应用场合中去。

参 考 文 献

［1］ Felzenszwalb P, Girshick R, McAllester D, et al. Object detection with discrim-inatively trained part based models［J］. IEEE Transactions on Pattern Analysis & Machine Intelligence, 2010, 32(9): 1627-1645.

［2］ Zamir A R, Dehghan A, Shah M. GMCP-Tracker: Global multi-object tracking using generalized minimum clique graphs［C］//European Conference on Computer Vision, Florence, 2012.

［3］ Computer Vision Laboratory, Ecole Polytechnique Fédérale de Lausanne. Multi-cameras pedestrians video［EB］. http://cvlab. epfl. ch/data/pom/［2016-12-11］.

［4］ Yin E, Zhou Z, Jiang J, et al. A dynamically optimized SSVEP brain-computer interface(BCI) speller［J］. IEEE Transactions on Biomedical Engineering, 2015, 62(6): 1447-1456.

［5］ Colwell K A, Ryan D B, Throckmorton C, et al. Channel selection methods for the P300 speller［J］. Journal of Neuroscience Methods, 2014, (232): 6-15.

第 8 章　机械臂控制的运动想象脑机接口范式

8.1　引　　言

大脑控制四肢进行运动时,控制指令通过动作电位的形式由脑运动感觉皮层向下级神经肌肉组织发出,这些动作电位从大脑皮层经小脑、丘脑、延髓、脊髓向下传导至相关肌肉组织对应的脊神经运动神经元,再经这些运动神经元传递至肌肉的肌膜,肌膜两侧发生短暂的电位变化引起肌肉的兴奋,表现为肌肉的收缩,从而完成随意运动。

当人脑发出运动控制信号时,由于大脑皮层神经元放电,会引起头皮表面 EEG 信号发生变化,特别是可以改变大脑感觉运动区 EEG 信号[感觉运动节律(sensorimotor rhythms,SMRs),8~30Hz]能量[1-3]变化。当人体从安静状态开始执行运动任务时,EEG 信号中的 α 节律和 β 节律成分会减少,SMRs 对应频率的功率谱密度(Power spectrum density,PSD)随之降低,称为 ERD 现象。当停止执行运动任务之后,α 节律和 β 节律的强度会逐渐恢复到运动前的水平,SMRs 对应频率的 PSD 会重新上升,称为 ERS 现象[4]。这里所指的"事件"和 ERP 中的事件有所不同,ERD/ERS 特征中的"事件"是指被试自主执行运动想象,而 ERP 中的"事件"专指某个感觉通道输入的外界刺激。

人体不同肌肉系统在运动感觉皮层区域有基本独立的功能映射区,如左手、右手、双脚、舌头等的功能映射区在皮层的不同位置(虽然不同功能映射区存在一定程度的重合现象,但可以不严格地认为它们在空间上是基本分开的)。手部运动引发的 ERD/ERS 现象在手部功能映射区就会更加显著,双脚、舌头等也有类似的现象[3]。这样,通过观测皮层 ERD/ERS 现象的空间分布,就能够推断究竟是什么肌肉系统正在执行运动任务。

其实,ERD/ERS 现象不一定必须由真实运动引发,当人想象自己进行某一运动时,也能够在相应功能区产生与真实运动类似的 ERD/ERS 现象,只是在程度上相对弱些。如果将人脑的认知意图和一些想象的肌肉运动产生关联,那么通过分析 ERD/ERS 的空间分布,在计算机端就能反推想象的是哪种运动,进而完成 BCI 信息传递。这一 BCI 范式称为 MI-BCI 范式。MI 诱发的 ERD/ERS 现象已被广泛用作 BCI 的源信号。ERD/ERS 具有对侧特性,即肢体一侧运动或者想象运动时,对侧脑区 ERD/ERS 现象比同侧脑区更明显,但这一对侧性主要是针对人体的四肢运动而言的,人体躯干部分的运动对侧性并不明显。

ERD/ERS 是一类自发性脑电特征,它的产生不依赖于类似 P300 或者 SSVEP 电位所需的外界刺激,因此具有较好的自主性和实时性。MI-BCI 对运动功能受限的人群更加具有应用价值,他们可以通过 MI 来代替真实的运动,实现外部设备控制,恢复部分运动能力并提高生活自理能力。同时研究也表明,大脑运动皮层损伤患者(如中风患者),通过不断地重复 MI 任务可以促进大脑可塑性的变化,构建新的运动功能回路,部分恢复所丧失的运动功能[5,6]。

第 6 章采用视觉 P300 范式实现了多关节机械臂控制。采用了协同控制的思想,BCI 完成的是对机械臂末端位置的控制,机械臂的自带控制器完成各个驱动电机增量运动的控制,两者结合实现机械臂的移动与抓取控制。第 6 章中的范式对固定位置目标进行抓取,控制效率较高,但如果目标位置不固定,那么控制效率会很低。本章以多关节机械臂为控制对象,研究一种基于 MI 信号时间编码指令的脑机协调精确控制范式,实现对机械臂每个自由度的单独连续控制,可使机械臂末端到达物理允许的任意位置。

本章使用的 MI 任务为左/右手异步 MI,即想象左手运动、右手运动和静息(不想象任何运动)三种。针对不同关节时,三种任务分别对应三种不同的运动状态。按照串行控制的方式在时间上对每个关节先后进行控制,以实现机械臂末端到达任意指定的位置。机械臂关节选择、具体运动方向选择和返回操作主界面等指令也是通过 MI 范式实现的。容易理解的是,本章的方法是牺牲时间换取自由度的扩展,控制实时性比第 6 章中的范式有显著下降。

8.2　范式设计、实现及控制策略

与第 6 章相同,被控对象为三菱集团的 RM-501 机械臂。实验范式总体框架如图 8.1 所示。采用了二级菜单的方式,第一级菜单选择关节,第二级菜单选择当前关节的具体运动。

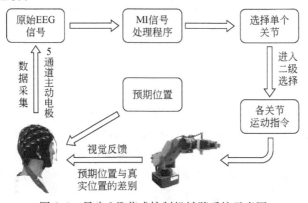

图 8.1　异步 MI 范式控制机械臂系统示意图

人性化交互界面是实现高效 BCI 协调控制系统的重要保障,为此本章设计并优化了两类操作界面,分别如图 8.2 和图 8.3 所示。图 8.2 是线形操作界面,该界面的优点是简洁直观,容易上手,缺点是操作效率稍低。图 8.2(a)是关节选择界面,为一级菜单界面。深灰色箭头指示当前选中了"肩"关节。图 8.2(b)是当前关节的动作选择界面,为二级菜单界面。图中示意"肩"关节可供选择的两种旋转动作。图 8.2(c)是示意完成"肩"关节动作选择后退回一级菜单,即关节选择菜单的示意图。图 8.3 是圆形操作界面。该界面略显复杂,但是由于采用了圆形设计,其操作效率比线形界面更高,从当前关节到任意其他关节的最大步长和平均步长分别是 3 步和 2 步,优于线形操作界面的 4 步和 2.5 步。根据多次实验结果和被试的反馈信息,后期实验均选择了圆形操作界面。图 8.3(a)是一级菜单,选择关节。深灰色箭头指示选中的关节。图 8.3(b)示意选中了"腰"关节后,出现了可供选择的两种动作,可视为二级菜单。图 8.3(c)示意选中了"腰"关节的深灰色箭头代表的动作(右转)。图 8.3(d)示意完成了"腰"关节的动作选择,退回了一级菜单,重新开始关节的选择。

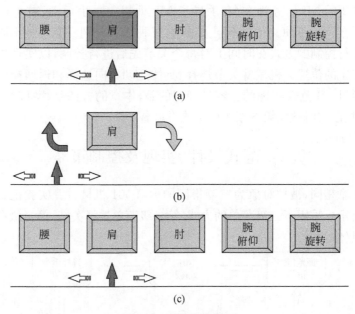

图 8.2　线形操作界面

以操作腰关节右转为例,圆形操作控制策略如下。

第一步,程序启动,进入图 8.3(a)所示界面,腰、肩、肘、腕(俯仰)、腕(旋转)及空 6 个关节或指令平均分布于圆环外侧,将圆环分为 6 个选择区,每个区域占有60°圆弧;初始时,选择箭头位于空操作下方,可根据被试所执行的 MI 任务进行顺时针(想象右手)或逆时针(想象左手)旋转。

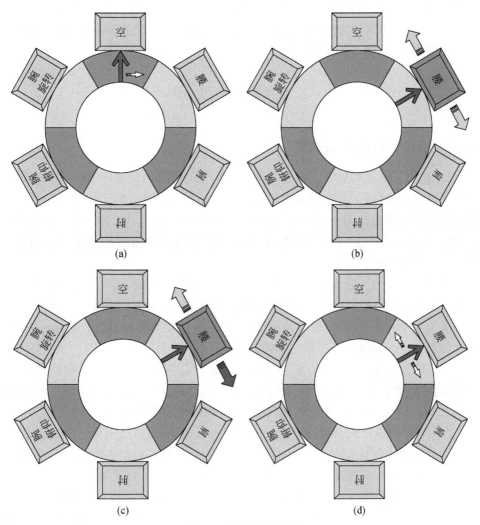

图 8.3 圆形操作界面

第二步,被试想象右手运动,驱动选择箭头顺时针旋转至腰关节对应圆环区域;根据实验设置,若箭头单方向旋转,则能够在 1s 内通过 60°圆弧区域;当被试操作箭头使其在某一区域内的驻留时间达到 2s 时,认为被试试图选择该区域对应的关节或操作(此实验中,被试操作箭头在腰关节对应选择区驻留 2s),如图 8.3(c)所示。

第三步,被选中的腰关节按钮变亮,并在按钮两侧出现指示箭头,分别代表腰关节左转(逆时针旋转)和右转(顺时针旋转),如图 8.3(c)所示。在此阶段,被试想象左/右手运动对应被选中关节单向运动,此过程是持续的。

第四步,当被试确认已经将选中关节操作到预定位置后,不再执行 MI 任务,被试进入静息状态,1s 后被选中关节的指示箭头消失,被选中关节按钮恢复正常颜色,被试此时可通过想象某侧手掌运动控制选择箭头继续在圆环中旋转,进行下一个关节操作,如图 8.3(d)所示。

8.3　数　据　处　理

8.3.1　信号预处理与特征提取

MI 信号容易受到外界因素的影响,导致信噪比下降,如眼电伪迹、肌电伪迹、心电伪迹、电极接触不良和交流电串扰等。在预处理环节采用了空域滤波的方法来提高通道信噪比。因为 C3 和 C4 两个电极对应大脑左、右手的运动感觉功能区,被试在执行 MI 任务时,这两个通道的 α 波幅值变化非常明显,因此空域滤波的重点在这两个通道。

空域滤波的方法分为两类:一类是根据电极位置划分的,另一类是根据机器学习的方法划分的,两类空域滤波方法可以同时使用。依据电极位置划分,可以分为耳部乳突参考方法、全部电极平均参考法、小拉普拉斯法和大拉普拉斯法。图 8.4是这四种方法的示意图。下面分别简要介绍这四种方法。

(1) 耳部乳突参考方法。该方法以耳部乳突位置电极作为参考电极,将该电极的电位视为背景噪声,每个电极与参考电极信号相减后即得到了滤波后的信号。如图 8.4(a)所示,虚线圆表示被滤波电极,实线圆表示参考电极。

(2) 全部电极平均参考法。这种方法要将所有 64 通道的电极信号进行平均,将平均信号视为背景噪声,每个电极与参考电极信号相减后即得到滤波后的信号。如图 8.4(b)所示,虚线圆表示对所有电极取平均。

(3) 小拉普拉斯法。该方法是用被滤波通道信号减去紧邻 4 个通道的平均信号,以消除背景噪声。如图 8.4(c)所示,虚线圆表示被滤波电极,实线圆表示参考电极。

(4) 大拉普拉斯法。该方法与小拉普拉斯法的区别在于选取的 4 个参考电极与被滤波通道电极相隔一个电极,这是较为常用的方法,如图 8.4(d)所示。

根据作者经验,在实际中使用耳部乳突作为参考电极。在此基础上,再使用大拉普拉斯法对 C3 和 C4 通道进行滤波。全部电极平均参考法需要的电极数量太多,而且全部电极信号的平均不能有效地表示被滤波电极局部的背景噪声,小拉普拉斯法取的 4 个电极距离被滤波电极太近,往往使得一致性趋势信号被消除,所以采用大拉普拉斯法是最好的选择,实际使用效果可以验证此处的分析。原始 EEG信号在 C3 和 C4 通道进行大拉普拉斯法空域滤波后,利用 Yule-Walker 自回归方法计算这两个通道的 PSD。此处 Yule-Walker 自回归模型的阶数设置为 16。随后,以

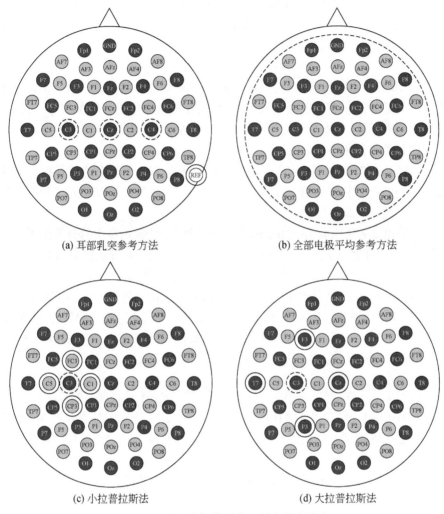

(a) 耳部乳突参考方法　　　　　　　　　(b) 全部电极平均参考方法

(c) 小拉普拉斯法　　　　　　　　　　(d) 大拉普拉斯法

图 8.4　基于电极位置的四种空域滤波法

1Hz 为步长,提取 C3 和 C4 这两个通道信号中 8～32Hz 带宽内的 PSD 值作为表征 α 节律和 β 节律的特征向量(50 维,2×25)。

8.3.2　最小距离分析方法

为了更好地控制机械手臂,本章采用异步 MI 范式,即需要区分左手、右手和空闲三种状态。为实现异步 MI 数据分类,可以采用共空间模式(common spatial pattern,CSP)和 LDA(见第 6 章)。本章使用一种更为简单的分类算法,在数据质量较高的情况下,这类方法的分类效果可以满足实际应用需求。

这里选用最小距离分析(minimum distance analysis,MDA)方法实现分类。

MDA 方法首先通过离线数据训练得到不同类别样本的特征中心,计算未知样本与这些中心的马氏距离。未知样本与某个特征中心的距离最小,则判定样本属于该类别。马氏距离的计算公式为

$$d_c(x) = (x - \mu_c)^{\mathrm{T}} \cdot \Sigma_c^{-1}(x - \mu_c) \tag{8.1}$$

式中,x 为未知样本特征向量;μ_c 为 c 类样本的特征中心向量;Σ_c^{-1} 为 c 类样本的协方差矩阵的逆。这里有个前提假设,即 c 类训练样本服从正态分布 $N(\mu_c, \Sigma_c)$。这里的 c 为类别,具体到本章的应用背景,对应着左手 MI、右手 MI 或者空闲三种状态。具体分类方法如下。

(1) 将 C3 和 C4 通道中的原始 EEG 信号按照 8.3.1 节中的特征提取方法得到某一时刻的信号特征向量 x,计算它的马氏距离,并按照 MDA 方法判断其归属类别。

(2) 采用 dwell time 和 refractory period 机制对第(1)步中的分类结果进行优化,降低检测结果的错误检测率(false positive rate,FPR),并保证合理的正确检测率(true positive rate,TPR)。dwell time 是被试连续执行左手 MI 或右手 MI 的时间,而 refractory period 是产生一个有效判别后的系统暂停时间。当方法连续检测到某一类 MI 的时间超过 dwell time 后才能产生最终的左/右手 MI 分类结果,否则判定为处于空闲状态。dwell time 的阈值选择可以采用 ROC(receiver operating characteristic)曲线进行优化。TPR 和 FPR 的计算公式为

$$\mathrm{TPR} = \frac{n_{\mathrm{TP}}}{n_{\mathrm{TP}} + n_{\mathrm{FN}}}, \quad \mathrm{FPR} = \frac{n_{\mathrm{FP}}}{n_{\mathrm{FP}} + n_{\mathrm{TN}}} \tag{8.2}$$

式中,n_{TP} 为正确检测左/右手 MI 样本的个数;n_{FP} 是将空闲状态错分为 MI 样本的个数;n_{TN} 是正确识别空闲状态样本的个数;n_{FN} 是将 MI 错分为空闲样本的个数。

8.4 实验结果分析与讨论

选用 4 个被试的离线数据对 MDA 方法性能进行评估。图 8.5 是 4 个被试 C3 和 C4 通道的 PSD 曲线及马氏距离分布图。从图中可以看出,在 α 频段存在明显的 ERD/ERS 现象,在 β 频段也能发现一定的 ERD/ERS 特征。从马氏距离分布图中可以看出,每一类样本中,样本到所在类的类中心距离明显小于到其他类的类中心距离,因此马氏距离可以作为区分不同类别 MI 样本的有效度量指标。

利用设计的 MDA 方法和已有数据模拟在线 MI 数据,对左/右手 MI 异步检测进行仿真,检验方法的在线分类性能。利用 TPR 和 FPR 作为分类器性能的评价指标。上述 4 名被试实验数据分析结果如表 8.1 所示。表中数据是每个被试根据 ROC 曲线选取的最优 dwell time 阈值,以及相应的左/右手 MI 的 TPR 与 FPR。为了保证在实际控制中产生较少的错误指令,实验中一般采取约束 FPR 的做法(设

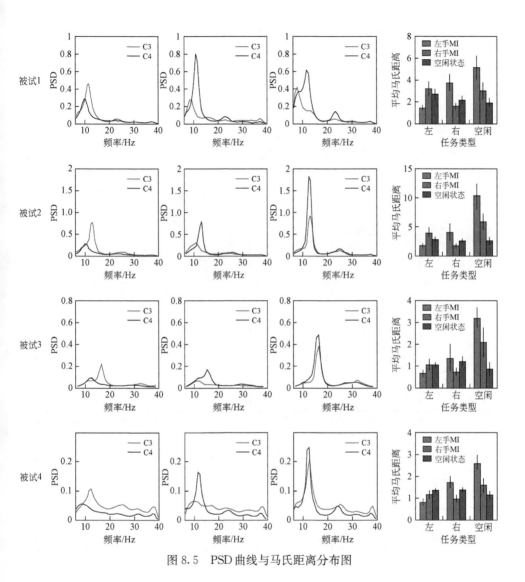

图 8.5　PSD 曲线与马氏距离分布图

置 FPR 阈值,如约束 FPR 低于 5%),TPR 取 FPR 满足约束条件下的最大值。图 8.6 为每名被试 FRP 阈值选择的 ROC 曲线分析。为了便于结果呈现,图中呈现了 FPR 在 0~0.2 内的 ROC 曲线。当 FPR>0.2 时,TPR 值基本为 1。

表 8.1　MDA 方法在线异步检测性能　　　　　　　(单位:%)

被试	左手 MI		右手 MI	
	TPR	FPR	TPR	FPR
1	92.3	4.8	89.3	4.9

续表

被试	左手 MI		右手 MI	
	TPR	FPR	TPR	FPR
2	87.4	4.6	91.1	4.2
3	79.3	4.8	76.4	3.6
4	78.7	4.2	79.7	4.1
平均	84.4	4.6	84.1	4.2

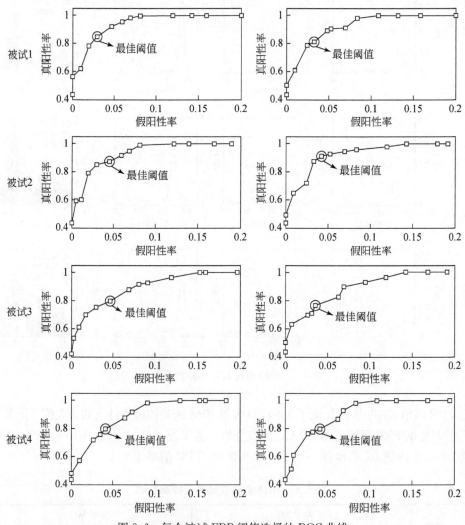

图 8.6　每个被试 FRP 阈值选择的 ROC 曲线

8.5　本章小结

　　本章针对多关节机械臂的 BCI 协调控制问题开展研究,利用左/右手异步 MI 范式,设计了对机械臂各自由度分时段进行连续控制的方案。首先通过控制箭头选择,选定预进行操作的具体关节或自由度,之后通过连续的 MI,操作该自由度增量或减量,从而实现机械臂末端连续移动至被试的预期位置。

　　本章范式的优点是可以对单关节或单自由度进行连续控制,适用于控制精度要求高的场合;缺点是时间代价大,实时性有待提高。如果试图将机械臂末端移动到某一位置,那么一般需要操作两个以上关节,这大大增加了时间成本,因此本章方案不适用于对实时性要求高的场景。

参 考 文 献

[1] Pfurtscheller G, Silva F. Event-related EEG/MEG synchronization and desynchronization: Basic principles[J]. Clinical Neurophysiology, 1999, 110(11): 1842-1857.

[2] Hétu S, Grégoire M, Saimpont A, et al. The neural network of motor imagery: An ALE meta-analysis[J]. Neuroscience & Biobehavioral Reviews, 2013, 37(5): 930-949.

[3] Bowering K J, O'Connell N E, Tabor A, et al. The effects of graded motor imagery and its components on chronic pain: A systematic review and meta-analysis[J]. The Journal of Pain, 2013, 14(1): 3-13.

[4] Tyson A, Spencer K, Christian K, et al. Decoding motor imagery from the posterior parietal cortex of a tetraplegic human[J]. Science, 2015, 348(6237): 906-910.

[5] Gray C M, Maldonado P E, Wilson M, et al. Tetrodes markedly improve the reliability and yield of multiple single-unit isolation from multi-unit recordings in cat striate cortex[J]. Journal of Neuroscience Methods, 1995, 63: 43-54.

[6] Pfurtscheller N G. Event-related dynamics of cortical rhythms: Frequency specific features and functional correlates[J]. International Journal of Psychophysiology, 2001, 43: 41-58.

第9章 基于运动想象脑机接口的虚拟倒立摆控制

9.1 引　言

目前大部分 BCI 系统中的控制对象都是静稳定的,即不进行控制时系统处于稳定状态,如机械臂、轮椅等,没有控制信号时,系统只是停在目前的位置或者保持之前的运动状态。这样,错误指令造成的影响有限,并且可以通过后续指令进行纠正,甚至消除。对于这些被控对象,虽然有控制的实时性要求,但是实时性对系统的安全性和功能没有决定性作用。即使 BCI 系统的 ITR 和分类识别正确率不高,这些 BCI 系统仍可完成对被控对象的控制。

本章和第 10 章采用倒立摆(inverted pendulum on a cart, IPC)这一静不稳定系统作为被控对象,分别采用单独的 MI-BCI 控制技术和协同控制技术,对脑机控制系统的实时性问题进行探索。本章设计了一种新的 BCI 控制范式,通过感觉运动节律(sensorimotor rhythm, SMR)来实时控制一个车载 IPC。基于运动想象的脑控 IPC 系统框图如图 9.1 所示。IPC 是一个典型的非线性、静不稳定系统,如果控制指令延迟较大或指令错误,那么会导致 IPC 在很短的时间内(时间的长短取决于摆杆的长度、摆杆顶端小球的质量和小车的质量)失稳,因此对控制的准确性和实时性的要求较高。

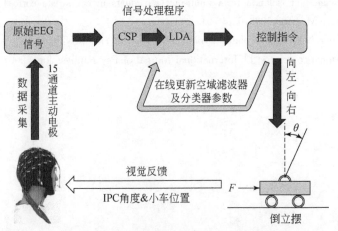

图 9.1　基于运动想象的脑控 IPC 系统框图

针对 IPC 的这一特殊控制对象,本章设计了三类离线训练程序分别用于训练被试的不同操作技能,并且将部分离线训练得到的脑电数据用于训练在线分类器。通过对信号非平稳性的分析,本章改进信号处理过程中的空域滤波器及分类器结构与参数,建立一套具有自适应能力的信号处理算法,实验结果证明该改进算法具有很大的优势。

9.2　IPC 系统模型

IPC 由三部分组成:①可水平左右移动的小车,质量为 M;②可在垂直面内进行顺/逆时针旋转的轻质摆杆,长度为 l;③固定在摆杆顶端的小球,质量为 m,如图 9.2所示。IPC 系统仅能在摆杆运动构成的平面内运动。

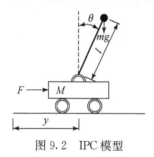

图 9.2　IPC 模型

IPC 是一个单输入控制系统。设小车与地面之间的滚动摩擦系数为零,输入信号为作用在小车上的力 F,F 改变小车的运动状态(位置、速度、加速度等),从而使摆杆与垂直方向的夹角 θ 保持在一定的范围内,即维持 IPC 的动态平衡。H、V分别为轻质杆对小球的作用力在水平和垂直方向上的分力。y 为小车质心到原点的水平距离。下面对其进行动力学分析。

根据牛顿运动定律分别建立 IPC 系统水平和垂直方向的动力学方程。小车在水平方向的动力学方程为

$$M\frac{\mathrm{d}^2 y}{\mathrm{d}t^2}=F-H \tag{9.1}$$

小球在水平方向的动力学方程为

$$H=m\frac{\mathrm{d}^2}{\mathrm{d}t^2}(y+l\sin\theta)=m\ddot{y}+ml\ddot{\theta}\cos\theta-ml(\dot{\theta})^2\sin\theta \tag{9.2}$$

小球在垂直方向的动力学方程为

$$mg-V=m\frac{\mathrm{d}^2}{\mathrm{d}t^2}(l\cos\theta)=ml[-\ddot{\theta}\sin\theta-(\dot{\theta})^2\cos\theta] \tag{9.3}$$

小球随轻质摆杆转动的力矩方程为

$$I\ddot{\theta}=Vl\sin\theta-Hl\cos\theta \tag{9.4}$$

式中，I 为转动惯量。

当 θ 在很小的范围内变化时，有 $\sin\theta \approx \theta$，$\cos\theta \approx 1$。综合式(9.1)~式(9.4)可得

$$\ddot{\theta} = \frac{m(m+M)gl}{(M+m)I + Mml^2}\theta - \frac{ml}{(M+m)+Mml^2}F \tag{9.5}$$

$$\ddot{y} = \frac{m^2gl^2}{(M+m)I + Mml^2}\theta + \frac{I+ml^2}{(M+m)+Mml^2}F \tag{9.6}$$

选择输入状态向量为

$$X = \begin{bmatrix} x_1 & x_2 & x_3 & x_4 \end{bmatrix}^{\mathrm{T}} = \begin{bmatrix} y & \dot{y} & \theta & \dot{\theta} \end{bmatrix}^{\mathrm{T}} \tag{9.7}$$

输出状态向量为

$$Y = \begin{bmatrix} y\theta \end{bmatrix} \tag{9.8}$$

对小车的控制输入为 F，可以求得系统的状态方程为

$$\begin{bmatrix} \dot{x}_1 \\ \dot{x}_2 \\ \dot{x}_3 \\ \dot{x}_4 \end{bmatrix} = \begin{bmatrix} 0 & 1 & 0 & 0 \\ 0 & 0 & \dfrac{-mg}{M} & 0 \\ 0 & 0 & 0 & 0 \\ 0 & 0 & \dfrac{(M+m)g}{Ml} & 0 \end{bmatrix} \begin{bmatrix} x_1 \\ x_2 \\ x_3 \\ x_4 \end{bmatrix} + \begin{bmatrix} 0 \\ \dfrac{1}{M} \\ 0 \\ \dfrac{-1}{Ml} \end{bmatrix} F \tag{9.9}$$

系统输出方程为

$$Y = \begin{bmatrix} 1 & 0 & 0 & 0 \\ 0 & 0 & 1 & 0 \end{bmatrix} X \tag{9.10}$$

由式(9.9)和式(9.8)可以求得系统的状态空间方程为

$$\dot{X} = AX + BF, \quad Y = CX + DF \tag{9.11}$$

式中

$$A = \begin{bmatrix} 0 & 1 & 0 & 0 \\ 0 & 0 & \dfrac{-mg}{M} & 0 \\ 0 & 0 & 0 & 0 \\ 0 & 0 & \dfrac{(M+m)g}{Ml} & 0 \end{bmatrix}, \quad B = \begin{bmatrix} 0 \\ \dfrac{1}{M} \\ 0 \\ \dfrac{-1}{Ml} \end{bmatrix}, \quad C = \begin{bmatrix} 1 & 0 & 0 & 0 \\ 0 & 0 & 1 & 0 \end{bmatrix}, \quad D = \begin{bmatrix} 0 & 0 \\ 0 & 0 \end{bmatrix}$$

至此，建立了 IPC 的控制模型。

9.3　基于 MI-BCI 的 IPC 控制范式设计与实现

9.3.1　EEG 特征选择

目前有多类脑电信号特征可用作 BCI 系统的源信号，这些特征信号大致可分

为外源信号和内源信号两大类。外源是指这些信号的产生需要特定的外部刺激,如 P300、SSVEP 等。内源信号只需要被试执行特定的精神任务(mental task)即可产生,如执行 MI 任务,不需要特殊的外部刺激。

基于外源信号的 BCI 系统的优点是被试仅需进行少量训练,甚至不需要训练,就能够产生可被识别的 EEG 特征信号,并且信号的信噪比一般较高。这类系统的缺点是特征信号的产生需要特定的外部刺激,在实验过程中这些刺激会占用被试某类或多类感觉反馈通道,如视觉系统、听觉系统,这会在较大程度上影响被试对被控对象状态的判断,尤其是在 BCI 控制类范式中,这些负面影响会更明显。此外,利用外源性 EEG 响应产生控制命令的时延较大,这个时延与被试的反应时间相叠加,不利于实时控制。如果控制的实时性要求较高,那么一般不会选择外源信号作为 BCI 系统的源信号。

内源信号由于不需要施行外部刺激,因此在实验过程中,被试可以通过视听觉反馈得到更多有关被控对象的状态信息,能够对被控对象的行为进行预判,并能更灵活地调整自己的精神状态以产生合适的特征信号。MI 生成的 SMR 信号的实时性要好于外源信号。SMR-BCI 系统的缺点是被试需要经过较多训练才能够产生特征明显且持续性较好的特征信号。

IPC 对控制信号的实时性要求较高。在自动控制领域,控制周期一般为十几至几十毫秒,因此本章选择 SMR 信号作为系统源信号。根据 BCI 的定义,被试在控制 IPC 时不能有明显的肢体运动,因此本章提到的 SMR 信号均指被试执行 MI 任务时的脑电信号。为便于调节 IPC 的各参数(如小车质量 M、摆杆长度 l 等),本章选择以虚拟 IPC 作为控制对象,进行范式设计及实现。

9.3.2 实验准备

6 名健康被试(5 男,1 女)参加了本章实验,被试均为右利手,年龄为 $24 \sim 28$ 岁,视力或矫正视力正常。所有被试无家族遗传精神病史,且未服用任何精神类药物。

实验时,被试端坐在一个舒适的靠背椅上,双手置于靠背椅扶手上或悬垂于体侧,以被试感觉舒适无障碍易于进行 MI 为准。实验提示和虚拟 IPC 呈现在被试正前方 70cm 处的 22in LCD 显示器上,被试观测实验提示及虚拟 IPC 的视角在 $10°$ 范围内。

实验中被试执行的任务是想象左手运动或右手运动,不涉及高级认知功能,因此特征信号主要出现在感觉运动皮层。数据采集电极主要配置在中央前回区域和中央后回区域,15 通道主动电极的具体位置为 FC1、FC2、FC5、FC6、Cz、C1、C2、C3、C4、CP1、CP2、CP5、CP6、P3 和 P4。接地电极和参考电极分别置于 Fpz 和右耳乳突。如图 9.3 所示,15 通道 EEG 电极由虚线圆圈标出,接地电极(GND)和参考电极(REF)由实线圆圈标出。

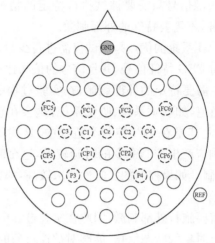

图9.3　信号采集中数据电极、参考电极、接地电极的空间分布图

9.3.3　离线训练设计

　　本章针对控制 IPC 的实际需求,设计了三种离线训练程序,即字符提示(character-prompt,CP)训练、持续控制能力(continuous control ability,CCA)训练和反向控制能力(reverse control ability,RCA)训练。CP 用于训练被试掌握如何执行左/右手 MI 任务,CCA 用于训练被试掌握如何长时间执行单一 MI 任务,RCA 用于训练被试快速准确切换 MI 任务,即由想象某侧手运动快速转换为想象对侧手运动。除训练被试外,CP 和 CCA 还用于训练处理 EEG 信号的空域滤波器和分类器。实验流程如图 9.4 所示。

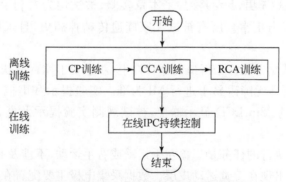

图9.4　MI-BCI 系统控制 IPC 的实验流程

1. CP 训练

CP 训练的主要目的是使被试熟悉如何执行相应的 MI 任务。训练时，被试面前的计算机屏幕上会出现五类字符，分别为开始、左、右、暂停和结束。左和右用于提示被试执行相应的 MI 任务，其余三类字符用于告知被试实验进程。如图 9.5(a)所示，开始提示被试实验开始，随后左和右成对出现，但出现的顺序随机，暂停提示被试每执行完一对 MI 任务后进行短暂休息，结束表示当前 trial 结束。开始、暂停和结束三类提示的持续时间为 3s，左和右的持续时间为 6s，相邻两个提示字符中间有 2s 的间隔。1 个 CP 训练 session 包括 6 个 trial，每个 trial 由 10 对 MI 任务构成。一次完整的 CP 训练约耗时 27min。图 9.5(b)为 CP 训练不同任务阶段的时间片段分布情况示意图。

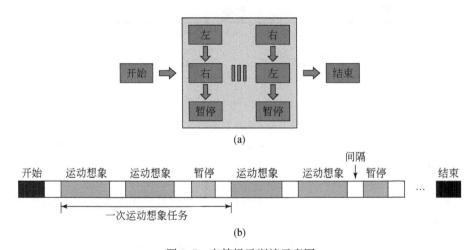

图 9.5　字符提示训练示意图

CP 为无反馈训练，在进行该训练之前空域滤波器与分类器的参数均为零，训练进行过程中不向被试提供反馈，被试只需集中注意力按照屏幕提示执行相应任务。

2. CCA 训练

CCA 训练的主要目的是使被试掌握长时间执行单一 MI 任务的能力，具体说就是被试需要在一段较长的时间内（几百到几千毫秒）持续输出特征明显且稳定的 SMR 信号，转换成对小车的控制指令后可以推动小车在这段时间内持续朝某单一方向运动。持续控制能力主要用于 IPC 倾角较大时的反馈控制。

训练开始时，屏幕中央出现一辆模拟小车，屏幕左右两端分别为一堵目标墙（标有 L、R）。训练开始后，小车上方出现 3s 指示箭头，如图 9.6(a)所示，用于提示被试接下来应该控制小车前进的方向。指示箭头消失后的 10s 时间内，被试持续想象对应单侧手的运动。CCA 训练为有反馈训练，被试执行 MI 过程中的 EEG 信号被翻译成小车运动指令，控制小车在屏幕上向左或向右运动。运动指令的单一性越好，小车前进的距离就越远，10s 后小车的位置反映当前 trial 中被试的持续控制能力，若小车到达了某侧目标墙则表明这个 trial 的分类识别正确率为 100%。CCA 训练中使用的空域滤波器及分类器由 CP 的数据训练得到。

　　每个持续控制能力训练 session 包括 20 个 trial，两个 trial 之间的间隔为 10s，整个 session 持续时间约为 8min。图 9.6(b)是 CCA 训练中两个相邻 trial 的时间片段示意图。

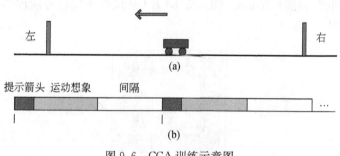

图 9.6　CCA 训练示意图

3. RCA 训练

　　除了 CCA 训练外，RCA 训练是实现脑控 IPC 的另一项重要技能。RCA 训练是指被试迅速切换小车运动方向的能力，通过快速切换 MI 任务来实现，即由想象左手运动切换为想象右手运动，或反之。反向控制主要用于两种情况：①倒立摆在小角度范围内振荡时的控制；②被试预判倒立摆即将向相反方向倾斜时，提前改变控制指令，尽量消除小车及 IPC 的运动惯性。

　　训练界面与 CCA 训练类似，如图 9.7(a)所示，不同之处在于被试在该训练中的任务是控制小车尽量多次穿越屏幕中央的网格区，网格区的长度为小车长度的 2 倍。实验开始时会有 3s 字符提示，之后的 20s 内被试可以通过想象左右手运动控制小车执行穿越网格区任务。并非任何条件下的反向运动都被认为是一次成功的反向控制，只有当小车车身全部越过网格区再反向运动才被认为是一次有效的反向控制。这样定义反向控制可以消除错误分类的影响。

　　一个完整的 RCA 训练 session 包括 20 个 trial，相邻两个 trial 之间的间隔为 10s，整个 session 持续时间约为 10min。图 9.7(b)是 RCA 训练中一个完整的 trail 时间片段示意图。

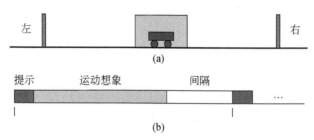

图 9.7 RCA 训练示意图

由于没有外部视听觉刺激,被试在执行 MI 任务时不容易疲劳。每个被试在最初几次实验中需要完整执行三类离线训练,每类训练执行一个完整的 session。在被试熟练掌握相关技巧后,可以适当降低离线训练的强度,但是不能取消离线训练而直接进入在线操作阶段,这是因为离线训练既可以使被试快速进入 MI 状态,又可以提供用于训练空域滤波器和分类器的最新数据。被试个体之间的差异使空域滤波器和分类器的参数有所不同,并且由于 EEG 信号本身的非平稳性,同一被试的参数也会随时间发生缓慢变化,这一问题将在 9.4 节进行详细阐述。

9.3.4 在线控制实验设计

经过离线训练后,实验进入在线控制阶段。在线控制的任务是被试通过想象左/右手运动驱动小车向左或向右运动,以此带动 IPC 左右运动,消除倾角,使 IPC 在一定角度范围内处于动态平衡。被试维持 IPC 动态平衡的时间长度反映被试对 IPC 的控制能力,平衡时间越长说明被试的控制能力越强。

在线控制范式的视觉反馈与 IPC 模型相比进行了适当的简化,小车简化为一个可沿滑杆水平运动的滑块,小球以质点形式置于摆杆顶端。虽然视觉反馈的画面简单,但是物理模型与真实 IPC 保持一致,即滑块质量与小车质量(M)相同,滑块与导轨间的滑动摩擦系数为零,摆杆为长度为 l 的轻质杆,IPC 末端点为与小球等质量(m)的质点。

被试想象左/右手运动时产生的 EEG 信号最终被翻译为大小相同、方向相反的力(即图 9.2 中的 F)作用在小车上,力的持续时间与两个控制命令的时间间隔等长。小车在 IPC 系统中为一个储能元件,当作用力的方向改变时小车的运动方向并不会马上随之改变,而是先由反向作用力抵消掉其动能之后再反向,因此被试在控制 IPC 时不但要观察 IPC 的角度,还要注意小车的运动速度,对系统的整个状态做出准确判断后才能给出最优控制命令。对于相同的 IPC 倾角和相同的小车位置,由于小车的速度和 IPC 的角速度不同,为使 IPC 回到平衡状态,完全可能出现方向相反的控制指令。根据牛顿第二定律,控制指令也可看作对小车加速度的直接控制,从这个角度看有利于脑控真实 IPC 系统的实现。图 9.8 给出了在线控制虚拟 IPC 的过程截选示意图。

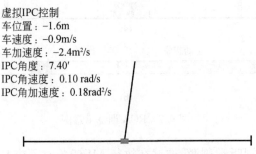

虚拟IPC控制
车位置：−1.6m
车速度：−0.9m/s
车加速度：−2.4m²/s
IPC角度：7.40′
IPC角速度：0.10 rad/s
IPC角加速度：0.18rad²/s

图 9.8　在线控制虚拟 IPC 过程截选示意图

被试可以实时观测到小车及 IPC 的状态。在屏幕左上方实时给出了小车和 IPC 的 6 个运动学参数，
分别为车位置、车速度、车加速度、IPC 角度、IPC 角速度和 IPC 角加速度

9.4　信号处理算法及改进

9.4.1　EEG 信号的非平稳性

EEG 信号的产生机理目前仍有争论，获得较多认可的一种理论认为 EEG 信号是由排列一致的神经元群突触后电位耦合而成的，经各类组织（硬膜、蛛网膜、头皮等）容积效应后在头皮上呈现出的电位微弱变化。能够引起 EEG 信号变化的因素有很多，主要分为被试个体因素和环境因素两大类，其中，被试个体因素包括精神任务、情绪、注意力集中程度、疲劳程度等，环境因素包括周围声音噪声、电磁噪声、光线强度变化等。诸多因素可对 EEG 信号产生影响，从而导致 EEG 信号具有非平稳特性，即相同实验任务条件下得到的 EEG 信号的特征会发生缓慢变化，从而对信号处理算法提出挑战。

图 9.9 给出了同一被试 CP 和 CCA 训练采集的 EEG 信号的 PSD 曲线。图中第一行为被试想象左手运动时 C3 和 C4 通道数据的 PSD 曲线，第二行为被试想象右手运动时 C3 和 C4 通道数据 PSD 曲线。从图中可以看出，即使被试执行相同的任务（两个训练中均执行左/右手 MI 任务），EEG 信号的特征还是发生了明显变化，这反映了 EEG 数据的非平稳特性。

EEG 数据的非平稳性导致使用某一训练集数据得到的空域滤波器及分类器对于其他数据集来说往往不是最优的。9.4.2 节和 9.4.3 节将详细介绍所使用的空域滤波器和分类器算法，并针对 EEG 数据的非平稳性对这两类数据的处理算法进行适应性改进。

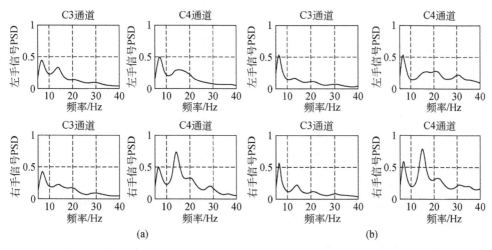

图 9.9　同一被试在 CP 和 CCA 训练过程中采集的 EEG 信号的 PSD 曲线

9.4.2　空域滤波算法及其适应性优化

1. MI 任务下 EEG 数据的非平稳特性

可用于 BCI 系统的特征提取算法有许多种,如快速傅里叶变换(FFT)、连续小波变换(continuous wavelet transform,CWT)、PCA、独立成分分析(independent component analysis,ICA)、CSP、自回归模型(auto-regressive model,ARM)、隐马尔可夫模型(hidden Markov model,HMM)等。本章采用 CSP 算法作为空域滤波器,该算法简单有效,可进行多种改进,是处理运动相关 EEG 信号的较理想算法。在进行空域滤波前,需要对原始 EEG 信号进行带通滤波,本章选择 0.1~70Hz 带通滤波器,充分保留 EEG 信号的低频成分,尤其是与 SMR 强相关的 α 节律(8~12Hz)和 β 节律(14~25Hz)成分。

图 9.10 给出了同一被试在同一次实验过程中的 EEG 信号经 CSP 算法滤波后的特征分布图,其中图 9.10(a)为 CP 数据经 CSP 滤波后的空间分布情况,图 9.10(b)为 CCA 数据经 CSP 滤波后的空间分布情况。所使用的 CSP 算法参数是在 CP 数据集上训练得到的,因此 CP 数据特征分布要比 CCA 数据特征分布具有更好的可分性,再次验证了 EEG 信号的非平稳特性。

由图 9.10 可以看出,即使同一被试在相邻时间内执行相同的 MI 任务,其 EEG 信号经同一空域滤波器滤波后,特征分布也会发生较明显的变化,这主要由 EEG 信号的非平稳性所致,因此对空域滤波器进行适应性改进是保证 BCI 系统长时间持续维持较高性能的必要条件之一。

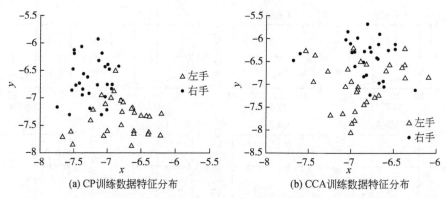

(a) CP训练数据特征分布　　　　　　　　(b) CCA训练数据特征分布

图 9.10　同一被试在同一次实验过程中的 EEG 信号经 CSP 算法滤波后的特征分布图

2. CSP 算法的适应性优化

前面已经提到,CSP 算法效率降低的主要原因是 EEG 信号的非平稳性,即 EEG 信号特征会随着实验的进行(或时间的推移)而发生漂移。为了提高 CSP 算法的鲁棒性,将分类后的数据加入 CSP 算法的训练集,用更新后的训练集重新训练 CSP 算法,具体步骤如下:

第一步,使用 CP 数据训练 CSP 空域滤波器和分类器,得到空域滤波器和分类器各参数的初始值。

第二步,使用当前 CSP 滤波器和分类器对新的 EEG 数据进行特征提取和分类,并对该次处理的数据片进行标记。

第三步,将新得到的有标记的数据片加入 CSP 空域滤波器和分类器的训练数据集,用新的数据集重新训练 CSP 滤波器和分类器。

第四步,重复第二步和第三步直至实验结束。

改进 CSP 空域滤波器后的脑控 IPC 系统数据处理流程如图 9.11 所示。

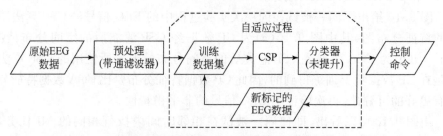

图 9.11　改进 CSP 空域滤波器后的脑控 IPC 系统数据处理流程

图 9.12 给出了 CSP 算法与改进后的适应性 CSP 算法对同一组 CCA 数据空域滤波的结果对比。图 9.12(a)为 CSP 算法的滤波结果,图 9.12(b)为适应性 CSP

算法的滤波结果。从图中可以看出,经 CSP 算法滤波后 EEG 数据特征的分布混叠严重,不利于后续分类处理,而改进后的适应性 CSP 算法可以将 EEG 数据特征映射到具有更大类间距的两个区域,从而有效提高了数据的可分性。

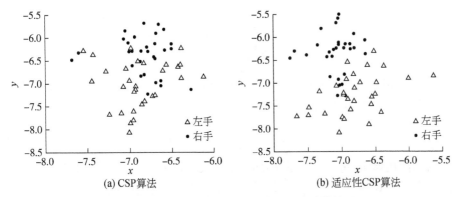

图 9.12　CSP 算法与适应性 CSP 算法的滤波结果对比

9.4.3　分类算法及其适应性优化

在 BCI 系统中,EEG 信号分类的算法有多类线性和非线性方法。在离线数据的理论研究中,线性和非线性方法均得到了大量应用,在线性系统中一般多采用线性分类器(如 LDA、SVM 等),主要是因为线性分类器的结构简单、分类迅速、泛化能力强。本章建立的脑控 IPC 系统中采用 LDA 作为基本分类器,并针对 EEG 信号的非平稳特性进行了适应性改进。

自适应 LDA 算法利用新输入的数据重新估计分类器参数[1],以适应当前的数据特征,提高分类正确率。由式(9.19)、式(9.22)和式(9.23)可知,分类器参数取决于协方差矩阵 Σ 和均值矢量 μ_1、μ_2,因此本章将新得到的数据加入训练数据集后,重新对均值矢量和协方差矩阵进行估计,使改进后的算法对 EEG 数据具备一定的适应能力。适应性分类算法流程如下:

第一步,使用训练集数据训练 CSP 空域滤波器和 LDA 分类器,得到各参数的初始值;

第二步,使用适应性 CSP 滤波器和当前分类器对新产生的数据进行特征提取和分类,并对该次处理的数据片进行标记;

第三步,将新得到的有标记的数据片加入训练数据集,用新的数据集更新 LDA 分类器的均值矢量和协方差矩阵,得到新的分类器参数;

第四步,重复第二步和第三步直至实验结束。

下面分别给出对均值矢量和协方差矩阵的适应性估计方法。

1) 均值矢量估计

对于已知 N 个样本的集合 $\{x(i)\}$,其均值 μ 定义为

$$\mu = \frac{1}{N} \sum_{i=1}^{N} x(i) \tag{9.12}$$

在时变情况下，可以利用滑动窗口方法对均值进行实时估计，t 时刻均值估计为

$$\mu(t) = \frac{1}{\sum\limits_{i=0}^{n-1} w_i} \sum_{i=0}^{n-1} w_i \cdot x(t-i) \tag{9.13}$$

式中，n 表示滑动窗口的宽度，w_i 表示窗口权重系数。当 $w_i = 1$ 时，即可得到矩形窗口，相应 t 时刻的实时均值估计为

$$\mu(t) = \frac{1}{n} \sum_{i=0}^{n-1} x(t-i) \tag{9.14}$$

为了简化模型，将 $t-1$ 时刻的均值估计代替过去 $n-1$ 个采样数据，得到 $\mu(t)$ 的递推求解公式为

$$\mu(t) = (1 - \text{UC}) \cdot \mu(t-1) + \text{UC} \cdot x(t) \tag{9.15}$$

式中，$x(t)$ 为 t 时刻的输入样本；UC 为更新系数，对于窗口长度 τ，满足 $\tau = 1/(\text{UC} \cdot F_s)$，$F_s$ 为采样频率。当 F_s 一定时，UC 取值越接近 0，窗口越长，$\mu(t)$ 估计值受当前时刻输入样本的影响越小，而受上一时刻的均值估计值影响越大；UC 取值越大，窗口越短，$\mu(t)$ 估计值受当前时刻输入样本的影响越大，而受上一时刻的均值估计值影响越小。因此，对 UC 的选取需要根据不同被试的实际情况，在更新速率和系统鲁棒性之间进行折中处理。

2) 协方差矩阵估计

对于 N 个样本的集合 $\{x(i)\}$，其协方差矩阵 Σ 定义为

$$\Sigma = \frac{1}{N} \sum_{i=1}^{N} \left[x(i) - \mu \right]^{\text{T}} \cdot \left[x(i) - \mu \right] \tag{9.16}$$

在时变情况下，对 t 时刻协方差 $\Sigma(t)$ 的估计为

$$\Sigma(t) = (1 - \text{UC}) \cdot \Sigma(t-1) + \text{UC} \cdot [1, x(t)]^{\text{T}} \cdot [1, x(t)] \tag{9.17}$$

式中，$x(t)$ 为 t 时刻的输入样本；UC 为更新系数。分类器参数的求解过程直接利用了协方差矩阵的逆矩阵。为了简化计算，通过适当变换对 $\Sigma(t)^{-1}$ 进行估计，递推公式为

$$\Sigma(t)^{-1} = \frac{1}{1 - \text{UC}} \cdot \left[\Sigma(t-1)^{-1} - \frac{1}{\frac{1 - \text{UC}}{\text{UC}} + x(t)^{\text{T}} \cdot v(t)} v(t) \cdot v(t)^{\text{T}} \right] \tag{9.18}$$

式中，$v(t) = \Sigma(t-1)^{-1} \cdot x(t)$。通过式（9.15）和式（9.18），对均值矢量和协方差矩阵进行在线自适应估计，即可完成对分类器参数的重新估计，递推方程为

$$c_t = F\{D[x(t)]\} = F[b(t-1) + w(t-1)^{\text{T}} \cdot x(t)] \tag{9.19}$$

$$\mu_{c_t}(t) = (1 - \mathrm{UC}) \cdot \mu_{c_t}(t-1) + \mathrm{UC} \cdot x(t) \tag{9.20}$$

$$\Sigma(t)^{-1} = \frac{1}{1 - \mathrm{UC}} \cdot \left[\Sigma(t-1)^{-1} - \frac{1}{\frac{1-\mathrm{UC}}{\mathrm{UC}} + x(t)^{\mathrm{T}} \cdot v(t)} v(t) \cdot v(t)^{\mathrm{T}} \right] \tag{9.21}$$

$$w(t) = \Sigma(t)^{-1} \cdot \left[\mu_2(t) - \mu_1(t) \right] \tag{9.22}$$

$$b(t) = -w(t)^{\mathrm{T}} \cdot \frac{1}{2} \cdot \left[\mu_1(t) + \mu_2(t) \right] \tag{9.23}$$

式中,c_t表示类别标记,$c_t \in \{1,2\}$;$F[D(x)]$表示样本 x 类别判断函数,当 $D(x) > 0$ 时函数值为2,当 $D(x) \leqslant 0$ 时函数值为1。递推方程的初始值 $\mu(0)$ 和 $\Sigma(0)^{-1}$ 可由实验开始时的部分样本训练得到。

　　结合前面进行的 CSP 空域滤波器改进,在对 LDA 算法进行适应性改进后,系统信号处理流程更新为如图 9.13 所示,其中 CSP 空域滤波算法和 LDA 算法都会根据最新得到的 EEG 数据分类情况进行适应性调整。

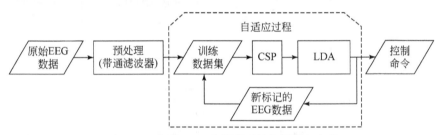

图 9.13　改进 LDA 分类器后的信号处理流程

　　改进后的信号处理算法能够适应 EEG 信号的非平稳变化,有效提高系统的分类正确率,提升系统性能。图 9.14 为 CSP 空域滤波算法和 LDA 算法进行自适应改造后带来分类性能提升的原理示意图。图中深色实线和虚线椭圆是数据集 1 的特征分布范围,浅色实线和虚线椭圆是数据集 2 的特征分布范围。在此图中数据集 1 代表最初数据,数据集 2 代表新产生的数据。首先,根据数据集 1 确定出了分类界面,在图中以深色直线示意,这一深色直线对于数据集 1 可以获得不错的分类性能,但是在获得数据集 2 后,如果依然使用深色直线代表的分类界面,将产生显著的错误分类概率。而使用自适应算法后,结合新老数据,更新分类界面(在图中以浅色直线表示),对于新的数据集 2,相对于深色分类界面将有更好的分类性能。

　　通过改进 CSP 空域滤波算法和 LDA 分类算法,BCI 系统具备了一定抵御 EEG 信号非平稳变化的能力,但是仍然不能彻底解决 EEG 信号的非平稳性问题。在已实现的 BCI 系统中,使用改进后的数据处理算法,可以使系统的分类正确率维持在 90% 左右,如图 9.15 所示。与此对应,如果使用 CSP 空域滤波算法和 LDA 算法,系统分类性能会随着实验的进行不断降低,最终不能胜任 IPC 动态平衡控制的任务。

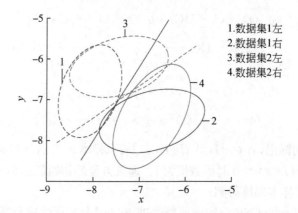

图 9.14　自适应改进 CSP 空域滤波算法和 LDA 算法带来分类性能提升的原理示意图

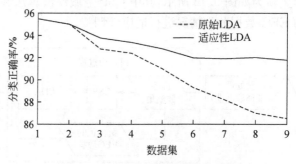

图 9.15　改进前后分类器性能比较

　　需要指出的是,要使分类正确率维持在较高水平,由 CSP 空域滤波算法和 LDA 算法组成的信号处理模块需要有较高的初始分类正确率,也就是说在最初训练空域滤波器和分类器时,要使用特征较明显、可分性好且具有典型意义的训练数据。对于状态变化迅速的被试,其信号的非平稳性过于剧烈,这种情况下使用任何算法都不能持续得到理想的分类结果。因此,要使 MI-BCI 系统性能良好且稳定,除需要选择合适的数据处理算法外,被试的训练也是必不可少的。

9.5　实验结果分析与讨论

9.5.1　实验结果分析

　　表 9.1 为 6 名被试 3 次实验结果的平均值,两次实验间隔 3 天进行,每名被试实验持续时间为 9 天。表中训练正确率是指分类器分类正确率。CCA 训练精确度值是使用 CP 数据训练得到的分类器对 CCA 数据获得的分类正确率,正确率的明显下降反映了 EEG 信号的非平稳性。由于 RCA 训练方法无法对被试的期望控

制信号进行判断,因此无法给出分类正确率,RCA 训练方法主要用于训练被试而非测试算法。

表 9.1 分类正确率及控制时间

被试	CP 训练 正确率/%	CCA 训练 正确率/%	最长控制 时间 1/s	平均控制 时间 1/s	最长控制 时间 2/s	平均控制 时间 2/s
1	93.5	89.8	58.0	29.4	72.0	38.0
2	95.0	92.4	60.0	40.1	99.0	52.5
3	92.2	90.1	62.0	35.0	79.0	46.6
4	95.5	89.5	49.0	38.8	64.0	42.3
5	89.7	78.2	20.0	9.6	25.0	10.8
6	88.4	79.1	35.0	20.9	50.0	28.2
均值	92.4	86.5	47.3	30.0	64.8	36.4

被试进行 IPC 在线控制实验时,采用了两种信号处理方式,其中一种采用原始 CSP 算法和 LDA 算法进行空域滤波和分类,另一种则采用改进的具有自适应能力的 CSP 算法和 LDA 算法进行空域滤波和分类,这两种在线实验的结果分别为表中的最长控制时间 1、平均控制时间 1 和最长控制时间 2、平均控制时间 2,其中最长控制时间表示被试控制 IPC 保持稳定的最长时间,平均控制时间表示被试控制 IPC 保持稳定的平均时间。对于在线控制,无法给出分类正确率,只能通过被试对 IPC 的控制时间、IPC 的倾角方差等统计量对实验效果进行评估。在线控制实验中,实验开始时会给 IPC 一个小扰动,如果不给小车运动指令,IPC 约在 6s 内失稳,倾角超过 45°。

被试进行 IPC 在线控制实验时,计算机屏幕左上方会实时给出小车和 IPC 的 6 个运动学参数,包括车位置、车速度、车加速度、IPC 角度、IPC 角速度、IPC 角加速度,其中车位置和 IPC 角加速度信息可由被试通过视觉反馈直接获得,被试 3 完成某次在线控制时车位置和 IPC 角度的变化曲线如图 9.16 所示,图中实线为车位置曲线,虚线为 IPC 角度曲线。

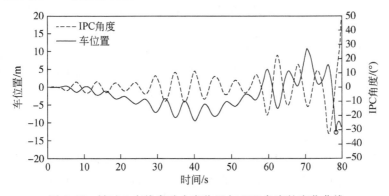

图 9.16 被试 3 在线实验中车位置与 IPC 角度的变化曲线

从图 9.16 中可以看出,两条控制结果曲线具有明显的周期性,其对应频谱如图 9.17 所示,在 9Hz 左右有明显的峰值。

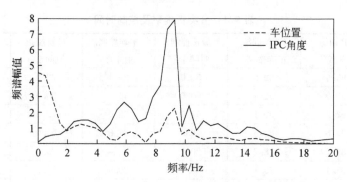

图 9.17　被试 3 在线实验中车位置与倒立摆角度时间变化曲线的 PSD 曲线

9.5.2　几点讨论

1. 分类正确率

从表 9.1 中可以看出,CCA 训练正确率相对于 CP 训练正确率平均下降了 5.9%,首要原因是 EEG 信号的非平稳性对分类正确率的影响;此外,被试虽然执行相同的 MI 任务,但是任务的提示和反馈方式不同,这可能是造成分类正确率下降的又一原因,CP 给出字符提示后,不反馈分类的结果,被试不需要关注结果,而 CCA 会实时反馈 EEG 信号的分类结果,结果是否符合被试的预期会在一定程度上影响被试的实验信心,并且会分散被试的注意力。

被试 2、被试 3 分类正确率下降幅度分别为 2.6%、2.1%,说明两名被试的 EEG 信号相对较平稳,特征变化小,他们在后续在线实验中的表现好于其他被试也说明了这一点。被试 4 的 CP 分类正确率为 6 名被试中最好的,但是其分类正确率下降幅度为 6.0%,其在线实验的表现反而不如被试 2、被试 3。被试 5、被试 6 的分类正确率下降幅度最大,分别为 11.5% 和 9.3%,这两名被试的在线控制表现是所有被试中最差的,尤其是被试 5。以上结果充分说明,EEG 信号的平稳性在很大程度上决定了被试在 BCI 系统中的长期表现,EEG 信号的平稳性好,被试的长期表现就理想,EEG 信号的平稳性差,被试的长期表现就较差。

2. 控制平衡时间

最长控制时间带有一定的不确定性,因此这里重点分析平均控制时间。表 9.1 给出的平均控制时间为 3 次实验(每次实验 20 个 trial)共计 60 个 trial 的平均结果。采用改进后算法的平均控制时间比使用原始算法的平均控制时间平均提高 6.4s,

其中被试 2、被试 3 提高最多,分别为 12.4s、11.6s;被试 5 提高最少,为 1.2s,仅为被试 2、被试 3 的 10% 左右;被试 4 提高了 3.5s,仅优于被试 5,但由于其使用原始信号处理算法时已能达到较理想的控制效果,因此在使用改进算法时其控制结果在所有被试中位列第 3 位。

被试 2、被试 3 的分类正确率下降最少,使用改进的信号处理算法后他们的控制时间提升最多,平均控制时间位列所有被试的前 2 位。被试 5、被试 6 的分类正确率下降最多,使用改进的信号处理算法后其平均控制时间提升最少,平均控制时间位列所有被试的末两位。基于以上分析可以推断,分类正确率的下降幅度与控制时间的提升幅度具有强相关关系,大致为负相关。

被试 1、被试 4 的结果说明初始条件下表现较好的被试,他们的分类正确率下降幅度和平均控制时间的提升幅度都不会太大,这类被试的最终表现介于前两类被试之间。

从以上分析可以看出,提高被试在脑控 IPC 范式中的表现,需要着重关注以下两方面:一是被试的初始分类正确率,二是被试的信号平稳性。初始分类正确率越高、信号平稳性越好,维持 IPC 平衡的时间就越长。提升初始分类正确率和信号的平稳性不只需要改进信号处理算法,提高算法的自适应能力,更重要的是训练被试,使其熟悉任务环境及任务内容,探索多种任务完成方式,产生特征明显且相对平稳的 EEG 信号。

3. 控制结果曲线及其频谱

从图 9.16 中可以看出,在前 58s,IPC 处于相对稳定状态,倾角在 10° 范围内,小车一直处于初始位置的左侧,并且持续左右振荡。58s 之后,IPC 角度开始发散,为保持 IPC 平衡,小车开始大范围运动。在 78s 时(图中圆圈处)出现的误操作导致 IPC 迅速失稳。这次误操作有两个可能的原因:其一是被试主观上出现判断失误,其二是信号分类器此时出现误判导致被试的控制意图没有被执行。IPC 在 78s 时正以较大的角速度向右侧倾斜,但是倾角并不大,如果此时小车继续向左运动一段距离,将能有效降低 IPC 角速度,并且 IPC 角度会缓慢增加而不会失稳。从图中小车的位置曲线可以看出,小车在此时有两次急速反向操作,使 IPC 角速度和角度都迅速增大,并导致 IPC 迅速失稳。

从图 9.17 中可以看出,IPC 角度变化及车位置变化都具有周期性,IPC 角度变化在 9Hz 处有明显的峰值,据被试实验后反映,其在控制过程中有明显的节奏感,能够对 IPC 的倾斜进行预判,提前改变车的运动方向。由于车常常向 IPC 倾斜的方向运动,因此车的位置曲线也在 9Hz 处出现一个峰值。此外,车在实验前 58s 均位于初始位置左侧,使车的位置曲线频谱在低频(<2Hz)处也具有很高的值。

9.6 本章小结

本章以 IPC 为控制对象,研究 BCI 控制系统中的实时控制问题,将 BCI 的控制对象从单纯的静稳定系统扩大到简单的静不稳定系统。

脑控 IPC 系统是典型的"人在回路"系统(human-in-the-loop system),人脑是系统的模糊控制器和执行器,不但根据系统状态做出控制决策,并且执行特定精神任务以产生正确的控制指令;视觉系统担任传感器,将系统的状态实时反馈给大脑。

IPC 系统对控制指令的实时性要求较高,并且需要被试能够时刻获得 IPC 系统的状态信息,对 IPC 的运动趋势做出正确判断,因此本章选择了 SMR 作为 BCI 系统的源信号[2],具体使用了基于左/右手的 MI-EEG 信号。左/右手 MI 主要涉及运动输出和感觉输入两大初级功能,并不涉及记忆、情绪等高级认知功能,其 EEG 信号的变化主要发生在大脑皮层的躯体运动区和躯体感觉区,因此本章重点在躯体感觉运动区域配置了 15 通道主动电极用来采集 EEG 信号。

用脑电信号来控制 IPC 是一项具有挑战性的研究,为此本章设计了 3 个离线训练程序,即 CP 训练、CCA 训练和 RCA 训练,分别用来训练被试掌握左/右手 MI、持续进行单侧手 MI 和快速转换至对侧手 MI 这三项技巧。掌握这三项技巧是被试使用脑电信号来控制 IPC 平衡的基础。对于大部分被试,平均需要 3 次离线训练就能掌握所需技巧。

针对 EEG 信号的非平稳性问题,对 CSP 空域滤波算法和 LDA 分类算法进行了适应性改进,将被试的在线控制时间平均延长了 21.3%。

参 考 文 献

[1] Shenoy P,Krauledat M,Blankertz B,et al. Towards adaptive classification for BCI[J]. Journal of Neural Engineering,2006,3:13-23.

[2] Millán J,Renkens F,Mouriño J,et al. Noninvasive brain-actuated control of a mobile robot by human EEG[J]. IEEE Transactions on Biomedical Engineering,2004,51(6):1026-1033.

第 10 章　真实倒立摆脑机协同控制系统

10.1　引　言

利用 BCI 实现人脑对机器的控制,其好处是能够将人脑智能作为一个环节引入控制回路中。但是人脑在计算能力、控制实时性上存在明显的缺陷,所以最终系统中,往往需要形成人脑和计算机两个控制中心。这时脑机协同控制就成为一个必须要解决的问题。本章以真实 IPC 系统平衡控制为目标,讨论脑机协同控制中的若干关键性问题。这些对于更好地进行 BCI 研究具有基础性的作用。

10.1.1　BCI 系统控制回路的非对称性

BCI 控制系统是一个闭合回路。大脑在整个控制系统中处于控制器的地位,反馈通路在这里主要是生物信息反馈,如视觉、听觉等。大脑到被控对象的信息通路由 BCI 担当,ITR 相对较低,被控对象到大脑的信息传输由人类视觉、听觉等感觉通道来担当,ITR 相对较高。从 ITR 角度来看,这个系统的控制通路和反馈通路呈现出一种不对称状态,这种不对称性影响了整个系统回路的 ITR,制约了脑机交互系统的整体性能。脑机控制通路中的非对称性如图 10.1 所示。

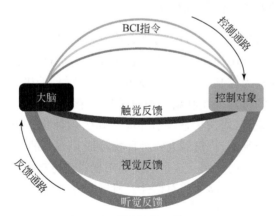

图 10.1　脑机控制通路中的非对称性

显然,核心问题在于 BCI 的 ITR 相对较低,成为整个系统的信息瓶颈。因此,解决脑机控制通路中的非对称性可以从如下两个方面着手:

（1）从改善 BCI 的输出能力和通信效率入手，提升控制通路的控制效率。

（2）增加被控对象的信息输入源，实现更有效率的指令解析。

10.1.2　提升 BCI 系统通信效率的基本方法

对于诱发式 BCI，主要是改善其指令输出速度。很多相关研究的注意力集中在刺激编码的优化和混合 BCI 范式上。有研究者通过将 SSVEP 和 P300 相融合来建立一个字符拼写范式，实现一个闪烁周期输出一个指令的速度，显著提升了 BCI 的通信效率[1]，这对改善 BCI 控制范式的非对称性具有一定意义。

对于自发式 BCI，主要是设法增加输出指令的数目。目前，部分研究机构通过设计如 JAD、多类 CSP、BSS 等信号处理算法来实现多分类。也有研究者通过增加 MI 思维任务或者利用序列 MI 来获得多分类，如第 12 章提出的序列 MI 范式，实际上是把原有的输出通道在时序上进行组合产生新的模式，有效地拓展了输出通路，但同时会降低系统控制的实时性。增加 MI 任务和多分类算法等做法是在与输出通路平行的空间里展开的，是一种真正意义上的、不牺牲实时性的输出通路拓展。这种方式的关键问题是，如何找到一种能够实现脑精细时空模式输出的模型，而不是对脑电信号的简单粗分类。事实上，无论是大脑还是受控对象，都属于惯性系统，其很多行为都是连续变化的，且变化速度不高。在进行 BCI 控制时并没有充分利用好这些信息。如果能够很好地利用输出的上下文等信息，就可能建立一个更为精细的预测模型实现更加复杂的指令输出，在没有显著牺牲实时性的条件下，拓展了输出通路。

10.1.3　增加被控对象的信息输入源

另一种思路是：以控制对象为中心来看待这个回路的非对称性，在 BCI 之外增加新的信号输入源。利用现代传感、人工智能等技术来获得更多的信号输入，然后将这些信号结合起来为控制对象所用。Millan 等[2]设计的机器人控制系统就是一个例子。他们设计的机器人控制系统通过传感器感知所处的环境，定义了六种状态。从机器人角度来看，输入状态包括环境感知的六种状态和 BCI 的三种输入指令。通过设计一个控制器，将机器人六种环境特征和 BCI 的三种指令两两结合，实现了对机器人五种动作的控制。这个系统利用现代传感技术来增加系统控制通路上的信息传输量，缓解了回路的非对称性。机器人控制命令定义如表 10.1 所示。

表 10.1　Millan 等[2]设计的机器人控制指令定义表

机器人指令	机器人环境状态					
	墙左侧	墙右侧	前方障碍	左侧障碍	右侧障碍	开阔地
BCI 指令 1	朝前	朝前	×	朝前	朝前	朝前

机器人指令	机器人环境状态					
	墙左侧	墙右侧	前方障碍	左侧障碍	右侧障碍	开阔地
BCI 指令 2	左转	沿左墙	左转	×	左转	左转
BCI 指令 3	沿左墙	右转	右转	右转	×	右转

注:"×"是指不产生指令。

近年来,BCI 领域开始引入协同控制技术。引入这一技术的初衷之一也是改善脑机控制回路中的信息非对称性问题。其基本思想是:将控制任务分成两类,其中一类交由 BCI 系统完成,另一类交由计算机完成。交由 BCI 完成的控制任务是那些更适合人脑智能完成的任务,而交给计算机的控制任务则是更加要求实时性、精确性或者目前计算机技术(控制技术、人工智能)已经可以高效率完成的控制任务。这样,对于被控对象,就存在两个控制中心:人脑和计算机。这两个控制中心必须协同工作,才能保证整个系统的协调一致和高效运行,这就是协同控制一词表达的意思。

本章借鉴协同控制思想,在真实 IPC 平衡控制任务中引入 BCI 和计算机两个控制中心,探索 BCI 指令和经典 IPC 控制器指令的结合方式,生成更加复杂高效的控制命令集合,提升 BCI 系统的整体控制性能。

10.2　脑机共享自主性与脑机协同

10.2.1　脑机协同 BCI 控制系统的基本原理

目前,BCI 所能达到的控制水平还非常有限。使用 BCI 来输出过于复杂的控制信号不仅对于 BCI 本身来说是一种极大的负担,使用者本身的认知负荷也太大,这样的结构并不科学合理。在当前的 BCI 控制系统基础之上,把一些可用的、成熟的控制技术、人工智能等引入 BCI 控制系统中是构建实用化 BCI 的一种合理选择。在协同控制系统中,一方面,BCI 的输出指令与感知得到的环境信息(如障碍检测等)及设备自身状态(位置、速度等)相融合,可以更好地估计被试的控制意图;另一方面,通过引入人工智能和传统控制系统,受控对象具有一定程度的智能,可以完成一些基本任务而不需要人来过多干预。综合这两方面就可以在很大程度上减轻使用者的认知负荷,有利于让人的智能充分、恰当地发挥,从整体上提高系统的效率。

在这样的系统中,人的智能与机器智能相结合实现了两种智能的优势互补,从而显著提升了 BCI 控制系统的性能。由于人面对的不再是机器,而是具有一定自主性的被控对象,人与计算机对信息权和控制权共同享有,因此存在共享自主性和协同控制问题。

人与计算机对信息权和控制权共同享有具有两种可能的方案：①人和计算机全时程对被控对象的控制权共享，这时需要解决的问题是两者之间的共享权限如何分配、如何协同；②分时、分条件共享，这时需要解决的问题是这一暂时取得控制权的条件如何设定，怎么实现两种控制权之间的切换，以及在两者之间怎么协调等。如何在上述两种可选方案之间进行选择，以及具体共享策略的确定是共享控制中要着重研究的问题。设备可以提供的感知功能（即传感器等）往往是固定和有限的，一种合理巧妙的共享及协同策略往往能够达到一种很好的控制效果。

Christian 等[3]研发的控制机器人抓取目标物体的 BCI 系统是用人工智能进行辅助 BCI 控制的典型例子。在这个系统中，人与计算机的自主性是分时共享的。当 BCI 输出了一个控制指令后，对象的控制权就完全交给了计算机，由计算机控制机械臂完成目标的抓取动作。在这个脑机协同控制系统中，共享问题并不复杂，但是系统的整体性能和功能十分有限。又如，在 Millan 等[2]设计的机器人控制系统中，把机器人所处的六种状态和 BCI 的三种控制命令都当作机器人的输入信息，综合这些信息进行决策。这种方式就是一种两者全时共享的机制，两种智能始终参与到对机器的控制中，依据实际情况来调整两者共享的程度。例如，当机器人沿着墙往前移动但离出口还有一定距离时，如果此时得到了 BCI 往左的命令，那么机器人并不接受 BCI 的控制命令（因为这是一种危险动作，所以人的控制权被剥夺），只有当到达路口时才再次把控制权交给人，进行转向。

通过这些例子和分析可以看到，脑机控制回路中的非对称性问题可以通过适当引入人工智能、自动控制等技术来进行一定程度的弥补，而这样的系统中总是存在自主共享和协同控制的问题。控制任务复杂多样，因此依据具体的任务来设计合理的脑机共享机制和协同策略就是一个重要的研究内容，对于实现脑机系统协同是一个关键性技术。

10.2.2　人类原子运动理论

相关研究表明，人体各种复杂和连续的动作是神经系统通过实时产生和组合一系列简单和离散的原子运动而实现的，这一机理使人体的运动功能具有良好的控制稳定性、灵活性及对复杂环境的适应能力。目前，这种理论已经得到了越来越多的证据支撑。随着相关研究工作的不断深入，人类这种独特的运动控制机理也逐渐受到机器人控制领域研究者的关注，并以此为启发设计了仿照人类原子运动机理的机器人控制系统[4]。在这样的系统中，机器人的动作不再是各个自由度动作的简单组合，而是把一些基本的动作描述成原子，通过对各种原子的规划来达到更加灵活地控制。

研究人类原子运动理论对脑机协同控制系统的关键意义如下：

（1）通过对具有高度复杂性的人体自主运动进行原子分析和模型构建,并研究与之对应的脑电信号模式,可以在平行空间中建立一个精确脑电运动模型,并对人的动作意图进行同步检测,可能实现对脑电信号的深度解析。

（2）原子运动的机理对指导控制对象的运动规划具有重要意义。面向一个具体的控制对象,可以对它进行原子运动分析。控制它的运动时,不再是全程底层动作的控制(如控制机械臂的每个关节运动,实现物体的抓取),而是一系列原子运动的选择和排序(如将机械臂对物体的抓取分解排序为事先设定待选的肩、肘、手腕、手指的简单运动的组合),这一方面提高了对 BCI 输出带宽的利用率,同时使控制动作更加灵活自如,对于实现脑机协同控制是一个新的思路。

脑机协同 BCI 控制技术是构建能够面向用户的实用化 BCI 的基本要求。本节从剖析脑机协同控制技术入手,讨论协同控制理论中涉及的一系列关键问题,并用实例说明这些问题的原理及当前的研究思路。

总体来说,实现可靠、高效、脑机协调的 BCI 控制技术,一方面是从 BCI 核心技术出发,优化算法和范式,对脑电信号模式进行深度解析,提高 BCI 本身的控制能力;另一方面是面向任务,将一切可用的技术融合起来(如融合同源/非同源脑电信号模式构建混合 BCI;融合 BCI 技术与非 BCI 技术等),实现各种技术优势互补,从而实现脑控水平的提升。

10.3　基于脑机协同控制的 IPC 控制策略

10.3.1　控制方案确定

本章选择真实 IPC 作为控制对象,实现一个脑机协同 BCI 控制系统。IPC 是一个连续、不稳定、实时性要求高的控制系统,是一种控制领域常用的控制对象,常常用来测试一个控制策略或者一种方法是否有效。真实 IPC 的动态特性与虚拟 IPC 相比有很大的改变。本章引入已经成熟的 IPC 自动控制技术,结合 BCI 控制系统,设计合理的共享控制方案以提升 BCI 系统的性能,研究面向高速复杂任务的脑机协同控制技术。

要实现 IPC 的 BCI 控制,采用脑机协同控制技术是一种合理的选择。结合考虑脑机协同控制中的几个关键问题,本章采用 MI-BCI 范式,设计了如下两套技术方案实现对 IPC 的平衡控制:

（1）以 MI 为基础,在不牺牲系统实时性的前提下着重提高系统的输出带宽。构建一个输出量在一定范围内连续可调的 BCI,实现一种线性输入-输出控制器,综合提升 BCI 的实时通信效率,并使用真实 IPC 实验平台对实验方案进行验证和测试。

　　IPC 作为一种静不稳定系统,对控制的实时性和精准性具有极高的要求。这也对 BCI 的实时通信效率提出了很高的要求,这种要求不仅在于通信速度,还在于控制器的输出带宽。对于目前的 BCI 技术来讲,兼顾通信的速度和带宽比较困难。

　　(2) 引入传统 IPC 控制器、人工智能辅助系统,并设计合理的共享自主性机制和协同策略来综合提升系统的控制能力,从而构建具有控制 IPC 能力的 BCI 系统。研究协调控制技术中的自主性共享和脑机协同策略等问题,建立一个基于协同控制策略的真实 IPC 控制系统。

　　真实 IPC 有许多物理限制,如摆杆的长度、轨道的长度等,给实际控制带来了极大的困难。为了能够达到控制 IPC 的要求,本章拟定了基于共享控制策略来构建 BCI 控制系统的方案。为了能够结合人脑的高级控制指令和机器的底层控制命令,需要设计一套合理的脑机交互机制。由于 BCI 能够输出的控制指令很少,因此只适合设计高级的控制决策,即人通过 BCI 来发送高层控制命令,自动控制器据此来实现底层的控制。为了使设计过程更加简单明了,首先分析 IPC 的运动过程和一些运动模式,进而设计脑机共享控制策略来实现 IPC 控制系统。

1. IPC 原子运动分析

　　对 IPC 进行原子运动分析,将其运动离散成一系列的原子运动,每一种原子运动对应控制器的一套特定动作,被试仅需要通过 BCI 决定使用哪些原子。这样,在设计脑机共享控制策略时就大大简化了设计过程。

　　由于 IPC 是静不稳定系统,因此 IPC 的动态平衡是一个不断摆动的过程,即一个不断经历倒下→摆正→倒下的过程。因此,可以将 IPC 的运动离散成两类最基本的原子运动:摆正原子和倒下原子。其中,摆正原子依据方向分为左摆正和右摆正(这里的左/右代表的是小车的运动方向,实现的是使摆杆顺/逆时针摆动)。摆正原子是一种受控原子运动,由自动控制器来实现摆杆从初始位置向平衡位置的摆正。值得说明的是,当且仅当原子运动类型与摆杆所处的状态相匹配时,才能实现摆正的效果,否则摆杆将会因接收到错误方向的控制力而迅速失稳。倒下原子是不受控运动,此时控制器不对 IPC 输入控制力(此时小车只会处于静止或者匀速运动状态),摆杆受到本身运动的惯性和重力力矩的作用自由倒下。

　　纯粹从力学的角度来分析 IPC 的运动,只要给小车施加了正确的控制量或者选择了正确的摆正原子类型,就总是能够将摆杆摆正。然而,现实系统的导轨长度总是有限的,应当考虑小车在极限位置附近时加快速度实现摆正,避免触碰到导轨末端。出于此种考虑,本章又进一步考虑了摆杆的角度和小车所处的位置,定义了更加详细的原子运动。这些原子运动如表 10.2 所示,图 10.2 给出定义了小车位置和摆杆角度的坐标系。

表 10.2　IPC 原子运动的定义

原子运动类型		摆杆偏角/(°)					
		(-45,-15)	[-15,-5)	[-5,0]	(0,5)	[5,15)	[15,45]
小车位置/cm	(-30,-15)	左急摆正	左摆正	左摆正	倒下	右摆正	右摆正
	[-15,15]	左急摆正	左摆正	倒下	倒下	右摆正	右急摆正
	(15,30)	左摆正	左摆正	倒下	右急摆正	右摆正	右急摆正

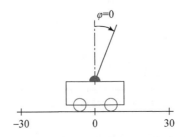

图 10.2　定义原子运动时使用的坐标系示意图

从表 10.2 中可以看到,在导轨的两端附近结合摆杆的偏角定义了急摆正原子,目的是利用有限的导轨长度使用更大的力来实现摆杆的摆正。当然,IPC 原子运动的定义不是一定的,可以依据控制的需要定义不同的原子运动类型。在定义了原子运动列表之后,被试在对 IPC 进行控制时就可以选择合适的原子运动进行组合来实现 IPC 的连贯控制。

2. 共享控制策略

为了能够满足具体的控制目标,弥补 BCI 控制能力的不足,工程上可以引入自动控制技术来对 BCI 进行辅助。自动控制技术的引入使被控对象具有一定程度的自主控制能力。在这样的控制系统中,人作为一种智能控制器与机器的自主控制器在同一个控制回路中,共同享有对机器的信息权和控制权,因此就存在自主性共享和脑机协同的问题。这就是设计中要考虑的共享控制策略问题。

实施中拟定了如下两套共享控制方案。

方案一:第 9 章使用"通""断"二值量实现了虚拟 IPC 实验仿真平台的平衡控制。在本方案中部分借鉴第 9 章的控制策略。

由于控制力的大小是固定的,控制范围也是有限的,因此本章设计了自动控制器来对其进行补偿。具体来说,一个固定力可控的摆杆倾角范围是有限的,当摆杆到达倾角范围之外时,使用自动控制器来对其进行修正,即当摆杆的倾角处于可控范围内时,由 BCI 对 IPC 进行完全接管,而当摆杆倾角超出了可控范围时,则由自动控制器接管,负责将摆杆送回可控区间。这套方案的原理框图如图 10.3 所示。

可以看到,在该方案中,人与计算机的自主性是互斥的,即两者不会同时享有对机器的控制权。

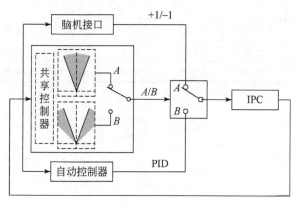

图 10.3　共享控制策略方案一

方案二:该方案是基于原子运动来进行设计的。由于 MI 范式只能输出两个控制命令,因此只选择了左/右摆正原子和倒下原子来建立方案。

被试通过视觉反馈获得 IPC 的状态信息从而做出控制决策,选择一种期望的控制原子。原子运动的具体实施由自动控制器来完成。共享控制器则需要监测 BCI 的输出及 IPC 的当前控制状态,从而决定是否要切换到倒下原子运动模式。例如,当摆杆处于向左倾斜状态时,人做出了选择左摆正原子的控制决策,这时自动控制器执行相应动作将摆杆从倾斜位置摆正到平衡位置。共享控制器负责监测摆杆的状态和 BCI 的输出,摆正原子在执行过程中,如果 BCI 的输出发生了改变,也即人做出了新的控制决策,那么自动控制器将立即执行新的原子运动。如果先前做出的控制决策正确,那么自动控制器执行的原子运动一般能将摆杆摆正到平衡位置,如果这个原子运动圆满完成了,那么共享控制器自动选择进入倒下原子运动模式。摆杆处于一种自由状态,将自由倒下,直到被试做出新的控制决策,控制器将执行下一个原子运动模式。

在该方案中,IPC 可能处于自由状态,也有可能处于受控状态。在控制过程中,人和自动控制器之间对被控对象的控制权是共同享有的,两种自主性控制器相互协同工作。该方案的原理框图如图 10.4 所示。

10.3.2　IPC 平衡的协同控制实验

1. 信号采集

本实验主要使用的是基于 MI 的脑电信号。采集的脑电信号主要位于人脑初级感觉运动皮层区域。仍然使用 15 通道主动电极,具体的设备、参数详见 9.3.2

节。本实验的参与者来自第 9 章的两名被试。

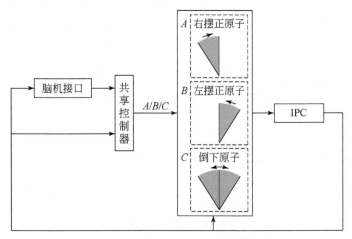

图 10.4 基于原子运动的共享控制策略方案二

2. 离线训练范式

在 BCI 中存在两种适应机制：第一种是人向 BCI 的适应。人通过训练或者 BCI 的在线使用，不断地练习思维任务的执行，促进自身脑电信号模式特征朝着更加具有区分度的方向改变。第二种是 BCI 向人的适应。通过不断获取脑控者的 EEG 数据判断脑控效果，调整脑机控制系统中的各种参数（如滤波器参数、特征提取算法参数、分类器设计参数等），以实现特定被试下，系统参数的优化和性能的提升。

在本实验中，被试需要执行的基本思维任务就是左/右 MI，实现两类控制信号的输出。对于基于 MI 的二值信号输出 BCI 系统，典型离线训练范式如图 10.5(a) 所示。当界面提示被试开始 MI 任务后，被试执行相应的思维任务，这时信号经过了特征提取、分类之后，将分类结果反馈在显示屏幕上。这种离线训练范式本身就是一个完整的 BCI 控制范式，以分类结果作为训练的反馈。

这种范式基本具备训练范式的要素，但存在一些不足：①离线训练范式应该引导被试产生良好可分的 EEG 信号特征。而在这样的训练范式中，反馈依赖分类器的输出结果，涉及的参数过多，不便于反映最原始、最本质的问题。②对于还不能熟练使用该类 BCI 或者从来没有使用过 BCI 的被试，以这种小样本数据建立的分类器不具有代表性。这种范式要么不能形成有效的反馈，要么不能形成正确的反馈，将被试引导到一个错误的方向上去。③这种范式反馈的信息较为单一，特别是经过了分类器的"自作主张"，信息丢失较为严重。事实上，针对这些问题，有研究者进行过一些改进，他们将 EEG 地形图（实时或者平均结果）实时投影到显示屏幕上作为反馈来训练被试,如图 10.5(b)所示。由于脑电信号的特性和个体差异,有效执行 MI 时脑电能量分布并不一定会集中在 C3、C4 通道,可能比较分散,左/右 MI 脑电模式不具有良好的可分性。这将最终导致范式训练目标不明确,训练效率不高。

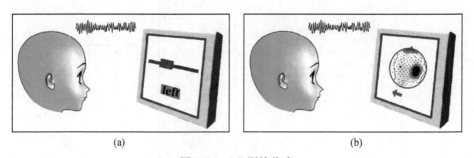

(a)　　　　　　　　　　　　　　　　(b)

图 10.5　MI 训练范式

(a)是基于分类结果反馈的训练范式示意图;(b)是基于信号强度反馈的训练范式示意图

　　针对前面训练范式所做的分析,本章设计了一种折中的离线训练范式,其界面如图 10.6 所示,这是一个二维的直角坐标系,把特征提取的结果(二维特征,在平面上的投影是一个点)投影到坐标系中以实现反馈。反馈界面不但能够记录当前信号的特征提取结果,而且历史特征点也能在界面上保存下来。这种反馈设计的意义在于:同时呈现了分类结果、数据模式分布及分类变化趋势,为被试提供了更加全面的信息。在训练过程中,被试不但能够了解当前信号的特征,还能够掌握历史信号的特征,这样就便于被试进行前后的分析对比,掌握信号的变化趋势。

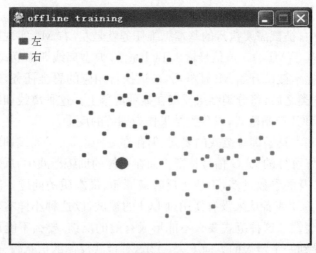

图 10.6　本章设计的离线训练范式界面

实验流程如图 10.7 所示,开始 3s 时间内,显示屏提示左/右任务,接下来的 2s 时间给出"Action"提示,被试开始进行左/右 MI。此时在反馈界面上将实时提取的特征用一个小圆点指示出来。界面不断更新,历史特征点用小方块指示。依据左/右任务不同,分别使用绿色和红色表示两类特征点。一次任务执行时间为 5s,每个 trial 后有 5s 的休息时间。5 次 trial 组成一个 session,当新的 session 开始时,特征点分布界面将清空。在一次实验中,每名被试要求完成 30 个 session,两个 session 之间间隔 45s,整个实验过程持续约 1h。

图 10.7　离线训练流程示意图

3. IPC 在线控制实验

由于采用的 IPC 系统具有保护性改装装置,不能自动起摆,因此实验中需要进行人工辅助起摆。整个系统的简化模型如图 10.8 所示。开始实验时,由主试(在 BCI 实验中负责操作实验设备,指导被试进行实验)开启设备,此时设备进入准备状态、通信建立。主试将摆杆缓慢扶起,进入设定角度后 IPC 接口程序立即控制摆杆进入临界稳定的平衡态。第一声"嘀"的提示音响起表示 IPC 共享控制系统进入准备干预状态。这时被试依据 IPC 的状态执行适当的 MI 任务,此时接口程序将自动依据当前的状态与 BCI 的指令进行匹配,当这两者首次匹配成功,说明脑机控制系统可有效工作,系统发出提示音"嘀",共享系统对 IPC 完全接管,并开始控制。被试要依据 IPC 的状态迅速做出适当的决策,完成平衡控制任务。上述过程在图 10.9 中给出。

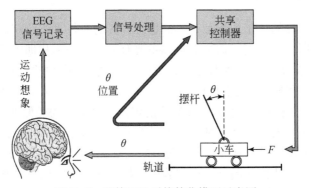

图 10.8　脑控 IPC 系统简化模型示意图

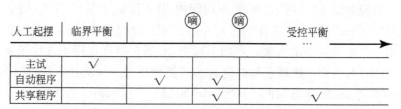

图 10.9　IPC 在线控制实验流程

"√"表示相应程序开始发生作用

10.3.3　信号处理算法

脑电信号分类处理算法基本沿用第 9 章的方法。针对真实 IPC 这一更具动态性的控制对象,进一步缩小了时间窗口的长度,将其设定为 600ms 以缩短输出指令的延时。在特征提取中,使用 CSP 对通道信号进行空间滤波,以信号的方差来表征信号的能量,以此来获得二维信号特征。最后使用支持向量机对信号特征进行二分类,输出左右两类指令。

IPC 原子运动及共享控制策略则是基于 BCI2000 的 IPC 接口程序实现的。该接口程序在计时器控制下,每 5ms 获取一次 IPC 的参数和查询上位机发送的控制命令,并执行一次相应的控制动作。摆正原子操作依靠 PID 控制器。接口程序每个控制循环都获取一次摆杆的状态信息,通过 PID 控制器计算控制力,进而实现定义的原子运动。另外,接口程序除了实现原子运动之外,还负责共享控制策略的实现。接口程序通过监测 BCI 的输出、当前 IPC 所处的状态来最终决定发生的动作。

10.3.4　实验结果分析

1. 离线结果与分析

离线训练的目的在于训练被试掌握思维任务的执行方法及获得训练 BCI 各个参数的样本数据。评价离线训练的指标主要有分类正确率和训练效率。在本实验中,两名被试接受了 3 次离线训练实验,每次实验包含了 30 个 session。通过离线训练,这两名被试都较好地掌握(或者巩固)了 MI 方法。这两名被试都实现了大于 90％的分类正确率。由于被试 YY 此前仅接受过极少的类似训练(被试 JJ 此前接受的训练较多),因此统计了他在 3 次实验中的分类正确率,并把每次实验的前 15 个 session 和后 15 个 session 分成两组来进行统计。统计结果如图 10.10 所示,每一组黑色和灰色的柱状图是一次实验的数据统计结果。黑色柱代表的是该次实验的前 15 组实验数据计算的平均分类正确率,灰色柱则是后 15 组的统计结果。

从实验结果和数据统计图中可以看到,被试 YY 经过第一次训练即获得了显著的进步,分类正确率从 80％提升到了 95％左右,并且这种高分类正确率在第二次和

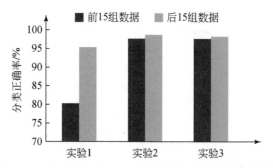

图 10.10　被试 YY 在 3 次离线训练中的分类正确率统计

第三次实验中都得以保持。从图中可以看到,第二次和第三次实验的分类正确率都超过了 95%,并且在每次实验中,随着训练的增加,正确率都会有小幅度的提升。

2. 在线结果与分析

　　共享控制方案一实验结果如下。方案一采取的是人机分时自主性共享策略。由于经过改装的摆杆为 1.2m,而导轨的有效长度仅为 0.6m,因此迫于这些物理限制,程序设定的脑控摆杆倾斜范围为 ±15°,在此范围之外为自动控制器的控制范围。在线实验中,摆杆在控制系统的作用下快速摆动,被试几乎不能参与到 IPC 的控制中去。要么被试产生了第一个正确的控制指令,但摆杆快速摆过平衡位置直接到达了可控区间外,要么产生的控制指令直接导致摆杆迅速失稳(自动控制器的控制能力也是有限的)。因此,这个实验完全失败,也没有获取到有价值的实验数据。

　　共享控制方案二实验结果如下。方案二的实验较为顺利。两名被试经过了一段时间的不断尝试之后,逐渐能够参与到 IPC 的控制实验中去。经过对两名被试 3 次最好成绩的统计表明,两名被试最终实现了对 IPC 3～5s 的控制时间。图 10.11 是两名被试在某次 trial 中的控制曲线。

　　共享控制方案一结果分析如下。共享控制方案一失败。事实上,设计这种分时控制切换的共享控制方案是基于第 9 章的控制策略。希望通过训练,被试也能达到使用两个固定控制量来实现对真实 IPC 的平衡控制。实验的失败主要表现在响应速度方面。由于摆杆相对较短,因此其摆动速度极快。

　　摆杆运动力学方程为

$$\ddot{\varphi} = \frac{3g}{4l}\varphi + \frac{3}{4l}\ddot{x} \tag{10.1}$$

式中,x 为小车位置;l 为摆杆转动轴心到摆杆质心的距离;φ 为摆杆与垂直方向的夹角。进行微分方程求解,令 $\ddot{x}=0$,$l=1.2$,$g=9.8$,仿真计算摆杆在自由状态下的摆动曲线。微分方程的解为

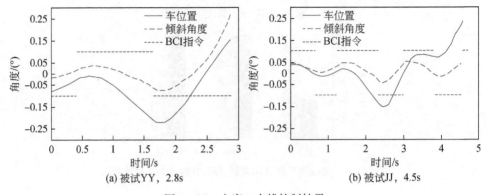

(a) 被试YY, 2.8s　　　　　　　(b) 被试JJ, 4.5s

图 10.11　方案二在线控制结果

$$\varphi = C2 \cdot e^{\frac{\sqrt{2}t}{4}} + C3 \cdot e^{\frac{-\sqrt{2}t}{4}} \tag{10.2}$$

图 10.12 绘制了初始状态为 $\varphi(0) = 0, d\varphi(0)$ 为 $0.02, 0.06, \cdots, 0.18$ 情况下的曲线。

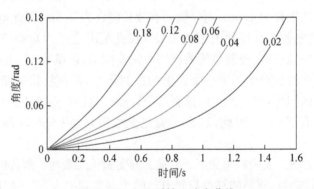

图 10.12　IPC 零输入响应曲线

从微分方程的解和图 10.12 可以看到,摆杆的零输入响应符合指数函数的特征。其摆动速度与初始角速度具有很大关系。当初始角速度为 0.18rad/s 时,摆杆摆动到 0.2rad 只需 0.7s 左右。这样的数据充分说明了要实现 IPC 的控制需要极高的响应速度,因为在实际控制时,摆杆越过平衡位置的速度完全有可能达到 0.18rad/s,并且在有输入作用的情况下,摆杆的摆动会更快。另外,由于所使用的控制量为固定量,因此为了能够保证对大角度偏角也能实现控制,必将该控制量设定得比较大。在一个较大控制量的控制下,很容易使小角度时摆杆的摆动过快。因此,这两方面的原因导致摆杆的摆动速度超出了 BCI 的控制能力。本实验中设定的时间窗口是 600ms,这意味着仅算法延时就有 300ms。事实上,在实验中观察到的现象是被试高度紧张,完全无法参与到控制中去,因此 BCI 输出延时、错误率等都是很高的。

从前面的分析来看,方案失败的原因在于 BCI 响应速度等性能指标达不到 IPC 的控制要求。这说明方案一是不可行的。该方案中,自动控制器没有对 BCI 的通信效率有任何提高,只是作为 BCI 的纠错辅助而已。因此,在设计共享控制策略时一定要明确设计的目标,对 BCI 的控制能力才能有切实的提高。

方案二结果分析如下。方案二的实验结果基本上肯定了该控制方案。两名被试在实验中成功使 IPC 处于平衡位置 3～5s。从控制曲线来看,BCI 完成了指令的快速和准确输出。值得说明的是,在这个机制里,控制权在人和自动控制器之间相互协同传递。BCI 决定使用哪个原子运动类型,自动控制器则负责实现精确动作。因此,从输出特性来看,基于共享控制策略的 BCI 输出带宽得到了拓展,实时通信效率有了显著提升,从而实现了对 IPC 的精准控制。实际上,这种精确控制大有裨益。因为控制量是依据控制律精确计算的,这使 IPC 的运动得到很好的控制,有效减缓了摆动速度,又反过来减轻了被试的负担。

10.3.5　关于控制效果的讨论

本章的工作主要是改进了 MI 离线训练范式,并进一步运用协同控制的方法实现了真实 IPC 的控制。实验结果基本肯定了方法的可行性,但同时也反映出如下问题:

1. 离线训练范式问题

由于基于实时反馈的离线训练范式采用的是视觉反馈,因此在设计这类离线训练范式时一般比较忌讳设计带有较强视觉刺激效果的界面,因为这种刺激界面有可能引发被试的视觉刺激诱发电位,进而对实验信号造成干扰。本实验设计就存在这样的隐患。因为界面是不断刷新的,当前信号特征点在界面上的位置不断改变,并且更新周期为 80ms,即当前特征点的出现频率是 12.5Hz 时,这一频率实际上正好处在稳态视觉诱发电位响应的最佳频率段。此前,在设计时并没有考虑到这种机制有可能引发视觉诱发电位的问题,是设计上的疏忽。但由于特征点面积很小,并且实验中采集脑电信号的区域与视觉皮层区相互分开,因此实际实验时未观察到明显影响。

2. 限制在线控制时间的客观因素

这些因素主要来自硬件,由于摆杆使用的是自制的 1.2m 长杆,而导轨的有效长度仅为 0.6m。小车通过移动才能将摆杆摆正,这意味着当小车处于导轨两端附近时极易在调整时达到轨道边界而终止实验。采用具有更长导轨的 IPC 实验系统或者增加 BCI 的输出指令从而将急摆正原子运动应用进来,或者在左/右摆正原子运动中引入小车的位置反馈,从而能够自动在边界位置达到急摆正的效果,这些做法都能很好地解决这个问题。

3. 被试状态对在线控制实验的影响

在实验中,被试在快速摆动的实物面前显得很紧张,执行思维任务的效率很低。在起摆后有一个等待切入控制的时间,该时间是不可预计的。因此,被试进入控制状态时往往没有心理准备而迅速失败。实验中设置的参数使 IPC 在 $\pm 10°$ 范围内摆动的周期接近 1s,并且这种摆动是持续进行的,需要不停地切换状态。因此,被试所需执行的任务认知负荷较重,被试进行一次 trial 几乎是屏住呼吸完成的。因此总体来看,虽然引入的智能辅助在控制中起到了作用,但被试的认知负荷还是偏重,思维任务执行效率低下依然是制约整个控制效果的关键。要改变这种局面,短期内仅可能通过引入更多智能辅助机制来实现。

4. 指令延时的影响

滑动时间窗口的长度设置为 600ms,意味着指令延迟在算法上至少是 300ms。而有时执行一个命令的持续时间不过 500ms 左右。因此,这种延迟在很多情况下是不能容忍的。针对这个问题,一般可以通过提前预判、提前给出控制命令来进行弥补,但因为被试无法得到实时视觉反馈的控制效果,所以预判总会带来误差和失衡的风险。进一步提高算法的检测精度和分类速度是下一步工作需要研究的问题,也是进一步提高 BCI 通信效率的关键。

10.4　本章小结

目前,BCI 系统的多数被控对象是静稳定系统,如智能轮椅、移动小车、两足机器人、机械手臂等。从根本上说,这是由 BCI 低的通信效率决定的。为了能够提升BCI 的实时通信效率,进而实现更高层次的脑机协同控制技术,本章选择针对 IPC这种典型的控制对象来建立 BCI 系统。在实验中设计了两个基于共享控制策略的控制方案。第一个方案是一种脑机分时控制切换的策略,由于在本质上并没有提高 BCI 的通信效率,因此第一个方案失败了。第二个方案是人与自动控制器协同共享 IPC 的控制权,共同完成对 IPC 的控制。在这个方案中,协同机制成功地利用自动控制技术拓展了 BCI 的输出带宽,从而提高了 BCI 的实时通信效率。两名被试通过实验成功对 IPC 实现了 3~5s 的平衡控制。两个方案相互参照,说明了本章设计的协同共享策略在 IPC 的控制中切实发挥了作用,验证了其合理性。本章的研究对实践中使用共享控制策略提升 BCI 实时通信效率、实现高水平的控制器提供了实践经验,对进一步研究和构建高效的脑机协同控制系统具有参考价值。

参 考 文 献

[1] Yin E, Zhou Z, Jiang J, et al. A speedy hybrid BCI spelling approach combining P300 and SSVEP[J]. IEEE Transactions on Bio-medical Engineering, 2014, 61(2):473-483.

[2] Millan J D R, Mourino J. Asynchronous BCI and local neural classifiers: An overview of the adaptive brain interface project[J]. IEEE Transactions on Neural Systems and Rehabilitation, 2003, 11(2):159-161.

[3] Christian J B, Shenoy P, Chalodhorn R, et al. Control of a humanoid robot by a noninvasive brain-computer interface in humans[J]. Journal of Neural Engineering, 2008, 5:214-220.

[4] Wisleder D, Dounskaia N. The role of different submovement types during pointing to a target[J]. Experimental Brain Research Experimentelle Hirnforschung Expérimentation Cérébrale, 2007, 176(1):132-149.

第 11 章　多分类运动想象脑机接口范式设计

11.1　引　言

近些年,MI-BCI 被越来越多地用于控制各类外部设备,如二维或者三维光标运动、康复轮椅运动及神经假肢等[1-4]。使用者可以通过想象不同身体部位运动控制外部设备执行相应动作。然而,从目前的发展现状来看,MI-BCI 只能实现对外部设备的简单控制,还无法完成更复杂的控制任务,如控制多关节机械臂抓取物体。应用受限的一个重要原因是目前可识别的 MI 任务类别比较有限,已报道的 MI-BCI 范式中至多可以使用四类 MI 任务作为源信号,包括常用的想象左手运动、右手运动、双腿运动,以及不太常用的想象舌头运动[2,5,6]。

受限于 MI 的种类,MI-BCI 系统的 ITR 及系统整体性能不是很高,只能对外部设备进行简单的操作。因此,研究基于 MI 的多类 BCI 设计方法对提高外部设备的控制性能具有重要的意义。

目前,许多研究团队致力于多类 MI-BCI 范式及相应分类算法的研究工作。历届国际 BCI 竞赛一直都设有多类 MI 分类算法竞赛项目,主要区分左/右手、脚和头这四类 MI 任务对应的离线脑电数据,涌现出了许多有效的分类算法[7-9]。有研究者研究了肩部和肘部 MI 的脑电信号分类算法。他们以健康人和中风患者为实验对象,离线分类正确率分别达到了 92% 和 76%[10,11]。德国马格德堡大学的 Quandt 等[12]通过融合脑电和脑磁信号设计了多手指 MI 的分类算法,其平均分类正确率为 57%。上述多类 MI 算法基本应用于离线分析阶段,很少应用于外部设备的在线控制,其原因在于这些分类算法的参数是从离线数据上训练获得的,泛化能力较弱,在线应用时算法正确率和鲁棒性难以达到实际控制的要求。由于目前 EEG 信号的信噪比低、空间分辨率差,很难解析出精确的空间激活模式,限制了可供想象的运动种类,因此 MI 任务数目的增加将会给算法分类正确率带来显著的影响。奥地利拉格茨技术大学的 Obermaier 等[13]曾经研究了 BCI 系统的 ITR 随着 MI 任务数增加的变化情况。他们发现,当任务数从 2 增加到 5 时,ITR 呈现先上升后下降的变化规律,ITR 最大值在 MI 任务数为 3 时达到最大。当任务数继续增多时,正确率快速下降,ITR 也迅速下降。上述研究表明,由于受到 EEG 空间分辨率低的限制,MI 任务数与分类正确率无法同时显著提升,需要在两者之间进行平衡。一味地让被试想象多种不同的肢体运动并不能实现可靠的多类 BCI

系统。

　　为了综合解决多自由度外部设备的 MI-BCI 控制问题(即选择目标多样性及操作控制精确化问题),本章对多类 MI-BCI 开展研究。研究分为两个思路:①通过增加可供想象的运动任务数,提升可控自由度。这个思路主要是通过提取更加丰富的脑空间模式来实现的。②在时间维上形成 MI 序列,以增加控制自由度。这主要是通过提取更加丰富的脑皮层时空模式来实现的。已有研究证明,单纯提高可供想象的运动任务(第一种思路)并不能提升 ITR。这说明丰富空间模式的思路是有其局限性的。本章的重点放在第二种思路上。下面分别阐述这两种思路下作者所做的工作。

11.2　六自由度 MI-BCI 的设计与实现

　　研究证明,上肢 MI 具有很好的可分性。本节针对上肢扩展 MI 任务数,对数据可分性进行研究,涉及的 MI 任务包括左/右肢的手腕、肘、肩 6 个关节的 MI 任务。通过对这六类 MI 任务的可分性研究,给出了不同 MI 任务的执行效率,为相关任务设计提供了技术依据。研究也丰富了 MI-BCI 系统可输出的控制命令。

11.2.1　实验设计与数据采集

1. 被试及环境

　　6 名健康被试(5 男,1 女)参与了本实验,被试均为右利手,年龄为 24～28 岁,视力或矫正视力正常。所有被试无家族遗传精神病史,且未服用任何精神类药物。实验前向所有被试详细讲解了实验目的及被试需要执行的认知任务,并且与他们签署了知情同意书。

　　实验在一间安静、光线可控且进行了基本电磁屏蔽的房间内进行。实验时,被试端坐在一个舒适的靠背椅上,按个人意愿将上肢放置于实验台桌面、座椅扶手上或悬垂于体侧,以被试感觉舒适无障碍、易于进行 MI 为准。在被试正前方 70cm 处使用 22in 的 LCD 显示器呈现实验提示。为避免图片、图形等引起被试视觉皮层的明显响应,所有实验提示均采用字符提示的方式。

2. MI 任务选定

　　在以往建立的 BCI 范式中,未明确说明选择不同 MI 任务作为系统源信号的标准及原因,也未比较不同 MI 任务之间的可分性。目前,绝大部分 MI-BCI 都会选择左/右手 MI 作为系统的源信号,选择的主要原因如下:①双手功能映射区在空间上基本独立,且空间距离较大(左右脑),信号采集和处理相对简单;②手部运动易于想象,被试成功诱发信号的可能性高。双手的 MI 任务一般设定为手腕简单运动,也有研究者尝试进行手指运动等精细 MI 任务,但是因为不同手指的功能映射区在空间上十分接近,使后期的信号采集与处理难度加大,系统整体性能也差强人意,所以在实际应用中很少使用。

本章在限定 MI 任务为简单动作的前提下,希望得到不同任务 MI-BCI 性能强弱的具体验证结果,增加任务种类,丰富 MI-BCI 可给出的控制命令。

图 11.1 给出了人体运动部位在脑部的功能映射区分布图。可以看出,在运动皮层上,下肢功能区集中在大脑纵裂附近,并有部分关节(小腿、脚趾等)的功能区陷入大脑纵裂较深。由于 EEG 信号是在头皮上采集得到的,因此小腿、脚趾功能区在空间垂直方向重叠的现象使小腿运动和脚趾运动的空域特征严重混叠,很难进行分类。此外,由于陷入大脑纵裂较深,小腿和脚趾功能区激活时产生的生物电脉冲信号传导至头皮时损耗会比其他功能区严重,信噪比低,不利于后续特征提取及分类处理。

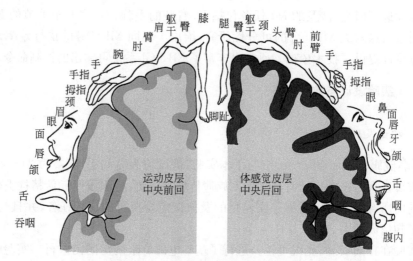

图 11.1 大脑感觉与运动功能分区
网址为 https://baike.baidu.com/item/感觉区/9531249

上肢功能区分布较为广泛且都位于皮层平坦表面,与上层组织(蛛网膜、硬膜、颅骨及头皮等)连接紧密,因此想象上肢运动产生的 EEG 信号更容易获取并且信号的空域特征也更为明显。由于分布离大脑纵裂较远,上肢运动的对侧效应要比躯干和下肢的对侧效应明显,即想象左肢运动时右半脑区被激活的程度较强,反之想象右肢运动时左半脑区被激活的程度较强。

基于上述原因,选择上肢 MI 作为任务设定。考虑到上肢各关节都比较灵活,且在躯体运动皮层都有对应的功能区,实验选择了左/右肢的手腕、肘和肩共 6 个关节作为研究对象。

3. 被试训练及范式设计

受个人习惯等诸多因素的影响,被试对不同关节的 MI 任务表现出明显的偏向性,大部分被试会对比较灵活的关节(如手腕和肘关节)的 MI 任务更有信心,对相对不太灵活的关节(如肩关节)的信心不足。此外,针对同一关节的 MI 任务,被试偏向的具体动作也有个体差异。例如,想象手腕关节的运动时,有的被试习惯想象腕关节的旋转,有的被试则习惯想象腕关节的屈伸。根据 He 等[14]的研究,想象同一关节进行不同的运动(如屈伸、旋转等)时所产生的 EEG 信号具有很强的相似性,因此在本实验中,被试执行同一关节 MI 任务时,忽略不同被试具体运动带来的性能差异。

MI 可以细分为两种,一种为视觉运动想象,另一种为动觉运动想象。两类 MI 的不同之处在于被试进行 MI 时的视角不同,视觉运动想象是指被试以第三人称视角执行 MI 任务,被试脑海中出现别人执行某些动作时的画面,即被试需要观察别人的动作;动觉运动想象是指被试以第一人称视角执行 MI 任务,被试尽量去回忆和体验自己执行某些动作时的躯体感觉,包括位置、运动、振动和触觉等多种感觉反馈信息,理想情况与真实运动的唯一区别就是肢体未动。这两类 MI 产生的 EEG 信号具有明显不同的特征,有研究[2]表明,视觉运动想象虽然也会在感觉运动区(中央前回和中央后回)产生较弱的 ERD/ERS 现象[15],但是在枕区(视觉皮层)的表达更明显;而动觉运动想象主要引起感觉运动区的电位变化,对视觉区基本无影响。动觉运动想象的 EEG 信号特征与真实运动的信号特征接近,只是在程度上有所降低。

基于以上原因,本实验要求被试执行动觉运动想象。在最初几次实验开始前,对每名被试进行基本的动觉运动想象训练,力图让每名被试都能掌握动觉运动想象的要领。本章中若无特别说明,所提到的 MI 均指动觉运动想象。MI 的训练原则为动作由慢到快、由真实到虚拟,从大幅运动到小幅运动,再到不动,慢慢降低动作的幅度,直至不动。先进行两类 MI 任务,待被试熟练之后,再扩展到六类。

被试执行三组包括六类 MI 的任务:第一组,分别想象左/右手和左/右肘运动;第二组,分别想象左/右手和左/右肩运动;第三组,分别想象左/右肘和左/右肩运动。

11.2.2　数据处理方法及改进

1. 数据采集及预处理

实验中被试根据字符提示,执行左/右肢的手、肘、肩六类 MI 任务。根据大脑皮层上手、肘、肩功能区的位置及分布情况,实验在中央前回和中央后回对应的头皮上集中配置了 21 通道主动电极,分别为 FCz、FC1、FC2、FC3、FC4、FC5、FC6、

Cz、C1、C2、C3、C4、C5、C6、CPz、CP1、CP2、CP3、CP4、CP5 和 CP6,选择右耳乳突为
参考电极(REF),Fpz 为接地电极(GND)。电极主要分布在中央前回和中央后回
附近,采样频率为 250Hz,并使用 0.1～70Hz 的带通滤波。EEG 信号被分为
2000ms 的数据切片,重叠时间为 40ms。电极的配置如图 11.2 所示。

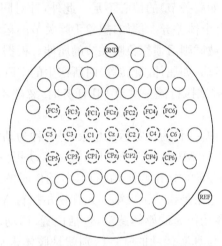

图 11.2　多分类上肢 MI 任务的采集电极配置

2. 数据处理流程

分别采用 CSP 算法和 LDA 算法进行空间滤波和分类。CSP 算法起到特征提
取的作用,LDA 算法在特征基础上进行分类。典型的 CSP 算法和 LDA 算法针对
的都是两分类问题,但本章面对的是一个多分类问题,为此本章设计了一个多层分
类算法,多次使用 CSP 算法和 LDA 算法进行两分类以最终达到多分类的效果。
之所以坚持采用 CSP 算法和 LDA 算法是因为其简单易用,应用广泛。算法流程
如图 11.3 所示,分别进行两次一对多滤波和分类,以实现四类或六类 MI 任务的
分类。下面首先简单介绍 CSP 算法和 LDA 算法。

1) CSP 算法

CSP 算法最早由 Koles 等[16]用于提取健康人和神经障碍者脑电信号的空间
特征,之后被神经科学和认知科学领域研究者广泛使用[17,18]。MI-BCI 系统中经常
使用该算法或其改进算法作为空域滤波器[19]。

CSP 算法是一种有监督的线性降维算法,一般用于处理两类信号。CSP 算法
的关键是寻找一组空间方向,使一类信号沿此方向投影后方差最大,另一类信号投
影后方差最小。假设有两类样本数都为 n 的样本数据集合 X、Y,其中每个样本数
据为一个 $C×N$ 的实数矩阵,C 表示信号通道,N 表示采样点。CSP 算法寻找空域
滤波器的过程等价于求解如下最优化问题:

$$\max \sum_{i=1}^{n} \mathrm{var}(w^{\mathrm{T}} x_i), \quad \text{s.t.} \quad \sum_{i=1}^{n} \mathrm{var}[w^{\mathrm{T}}(x_i + y_i)] = 1 \quad (11.1)$$

式中,w 为所要求的空域滤波器;$\mathrm{var}(\cdot)$ 为方差函数。这样,w 的求解就转换成一个经典的最优化问题。由方差的定义,可以将该问题简化为

$$\max \sum_{i=1}^{n} w^{\mathrm{T}} \Sigma_X w, \quad \text{s.t.} \quad \sum_{i=1}^{n} w^{\mathrm{T}}(\Sigma_X + \Sigma_Y) w = 1 \quad (11.2)$$

式中,Σ_X、Σ_Y 表示样本集合 X、Y 的协方差矩阵。w 的求解可按如下步骤进行:

第一步,根据 $\Sigma_X + \Sigma_Y$ 的正定性,可以求得矩阵 P,满足 $P(\Sigma_X + \Sigma_Y)P^{\mathrm{T}} = I$,其中,$I$ 为单位矩阵;

第二步,令 $\hat{\Sigma}_X = P\Sigma_X P^{\mathrm{T}}$,$\hat{\Sigma}_Y = P\Sigma_Y P^{\mathrm{T}}$,计算正交矩阵 R 及对角矩阵 D,使 $\hat{\Sigma}_X = RDR^{\mathrm{T}}$;

第三步,由 $\Sigma_{X+}\Sigma_Y = I$,$\hat{\Sigma}_Y = R(1 - D)R^{\mathrm{T}}$,可得 $w = R^{\mathrm{T}}P$。

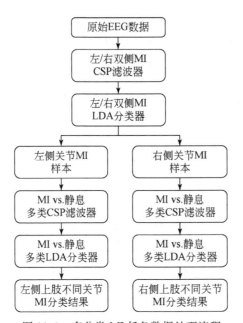

图 11.3　多分类 MI 任务数据处理流程

w 的每个列向量 w_j 都代表一个独立的滤波器,同时相应的特征值 λ_j(D 中第 j 个对角线元素)表示样本集 X 的方差,$1 - \lambda_j$ 表示样本集 Y 的方差。由于 Σ_X、Σ_Y 都是正定的,因此 $0 < \lambda_j < 1$,λ_j 越接近 1,对应滤波处理后的样本集 X 方差越大,样本集 Y 方差越小。因此,可以分别选择 m 个最大和最小特征值对应的 $2m$ 个滤波器组 w_{Sub},按如下方式提取特征向量:

$$S_{\mathrm{CSP}} = w_{\mathrm{Sub}}^{\mathrm{T}} S \quad (11.3)$$

$$f_i = \frac{1}{N} \sum_{k=1}^{N} |S_{CSP}^i(k)|^2, \quad i = 1, 2, \cdots, 2m \tag{11.4}$$

$$F = [f_1 \quad f_2 \quad \cdots \quad f_{2m}]^T \tag{11.5}$$

式中，F 为提取的特征向量；S_{CSP} 表示滤波后的样本；S_{CSP}^i 表示 S_{CSP} 中第 i 通道信号。将得到的特征向量映射到相应的特征空间后，就可进行后续的分类处理了。

2) LDA 算法

LDA 算法具有模型简单、计算量小等优点，对于两类问题具有较好的效果[20]，适合作为在线 BCI 系统的基本分类器。

LDA 算法通过训练样本学习得到相应的线性分类器[1]，对样本进行分类。以两分类问题为例，假设有样本集 X_1、X_2，LDA 分类器的训练如下：

$$D(x) = b + w^T x$$

$$b = -w^T \frac{1}{2}(\mu_1 + \mu_2)$$

$$w = \Sigma^{-1}(\mu_2 - \mu_1) \tag{11.6}$$

式中，$\Sigma = \Sigma_1 + \Sigma_2$，$\Sigma_i$ 表示第 i 类样本的协方差矩阵；μ_i 表示第 i 类样本的均值（$i=1,2$）；w、b 为分类器参数。对于某个待分类样本的特征向量 x，当 $D(x) > 0$ 时，$x \in X_2$，当 $D(x) < 0$ 时，$x \in X_1$。

如 9.4 节讨论的，如果不针对 LDA 进行适应性改进，那么其分类性能下降显著，难以高效完成长时间 EEG 信号的分类任务（图 9.15）。

11.2.3　实验结果分析

1. 实验结果

单次实验的平均分类正确率为第一组 76.1%，第二组 84.6%，第三组 84.7%。对所有实验进行同侧不同关节分类，结果为左手/肘 80.0%，左手/肩 92.9%，左肘/肩 89.6%，右手/肘 82.9%，右手/肩 90.0%，右肘/肩 90.0%。不同关节对侧分类的结果为左/右手 91.6%，左/右肘 95.2%，左/右肩 93.4%，肘和肩的分类正确率均高于手。图 11.4 给出了一组单关节 MI 不同通道数据的频谱图。

在大脑皮层的功能地图上，手与肩的距离要大于手与肘的距离和肘与肩的距离。这种距离上的差异可能导致同侧手与肩的可分性要好于同侧手与肘和同侧肘与肩的可分性。对于大多数被试，手比肘和肩更灵活，更易控制，因此想象手的运动要比想象肘和肩的运动容易。然而，手的对侧可分性比肘和肩都弱，原因可能是：①手的 MI 任务认知负荷低，因此被试投入的精力要比想象肘和肩时少，即被试不需要特别集中注意力；②由于手很灵活，想象某一侧手的运动时容易潜意识地引起对侧手的运动。

三组六类精神任务的脑电信号频谱图如图 11.5 所示。从图中可以看出，双侧

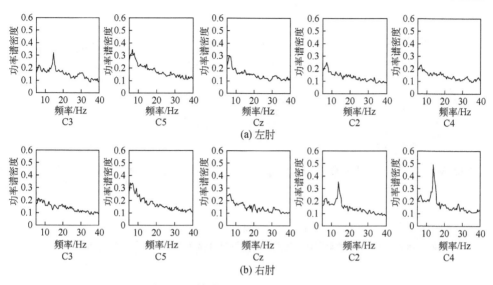

图 11.4　单关节不同通道信号频谱特征

上肢的 3 个关节 MI 所产生的脑电信号各自具有不同的频谱特征,这一特征可用于对脑电信号进行分类,并将这六类任务映射为 6 个不同的控制指令,在保证控制精确性的同时提高目标选择的多样性,从而提升系统性能。

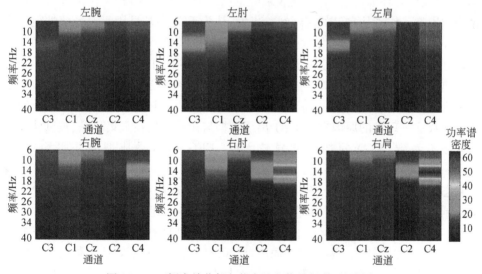

图 11.5　双侧多关节任务状态脑电信号频谱(见彩图)

从手、肘、肩部 MI 脑电信号地形图(图 11.6)可以看出,当运动所涉及的关节离身体重心越来越近时,其对应的大脑激活区域也越向中央沟集中,这与解剖学结果吻合,从侧面印证了本章方法的正确性。

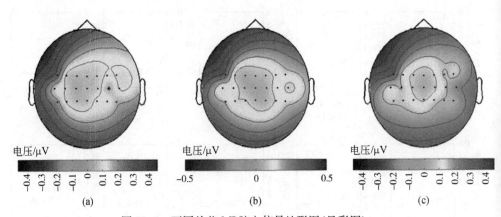

图 11.6　不同关节 MI 脑电信号地形图（见彩图）

(a)是左手指 MI 脑电信号地形图；(b)是左肘 MI 脑电信号地形图；(c)是左肩 MI 脑电信号地形图

2. 被试的重要性

在从事 BCI 系统的多年研究中，作者对信号采集、信号处理、接口设计和应用前景等各方面进行了探索和思考，并且作为实验被试多次参与实验，且以 P300 实验和 MI 实验为主。大部分研究人员倾向于研究系统中的非人因素，注重信号处理、系统设计等环节，他们的研究成果中也以这类成果为主，较少讨论被试因素对系统的影响。作者从自己的实际经验出发，认为 BCI 中被试因素对系统性能的影响同样重要，BCI 技术归根结底是为人服务的，其关键环节就是人与机器之间的交互，因此 BCI 系统技术研究中，被试应该作为一个环节加以考虑。

离线数据分析与处理算法的结论可以用于指导在线数据处理，但大多数离线算法用于在线 BCI 系统时，它们的泛化能力（generalization）较弱，导致系统难以实用。导致这一现象的原因有两个：①离线数据与在线数据在采集环境、被试状态等多方面不一致，数据的特征差异较大；② EEG 信号是典型的非平稳（nonstationary）信号，即使在同一环境下采集，信号特征也会因为多种内在因素（如身体状态、注意力集中程度等）发生漂移。用于离线分析的算法不受处理器计算能力的限制，可以使用复杂的结构，但是在线处理算法必须能够快速给出结果，并且要有很好的鲁棒性以应对信号的非平稳性，因此在线处理算法往往结构简单、正确率略低，但泛化能力较强。鉴于以上原因，离线训练阶段得到的算法参数对于在线实验并非最优，如何优化这些参数使其能够针对脑电信号的漂移进行适应性调整是 BCI 系统技术的研究重点之一。

目前，基于 BCI 技术建立的系统分为通信系统和控制系统两类，无论哪一类系统，要充分发挥系统的性能，都必须使系统具有自适应调整能力，这可以通过三种方式实现（图 11.7）：①BCI 系统自动调整系统参数以适应被试的变化；②被试改变认知任务的方式以适应 BCI 系统的参数;③BCI 系统和被试同时改变以相互适应。BCI 系统和被试同时进行适应性优化,虽然程序复杂,参数调整难度大,但是其控制效果最优。

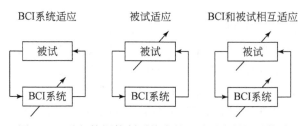

图 11.7　脑机协调控制系统中的三种适应性调整策略

11.3　序列 MI-BCI 范式

本节从 EEG 信号高时间分辨率的角度出发,提出一种基于序列 MI 任务的多类 BCI 设计方法,在增加系统输出指令数的同时,能保证较高的分类正确率。这就是在 11.1 节中提出的第二个思路,通过增加时间维度的信息量来提取更加丰富的脑皮层时空模式,进而提升系统的 ITR 和控制自由度。

这一思路其实是一种多步选择思路。多步选择思路利用 EEG 的时域变化信息来提高 BCI 的输出指令数[21]。被试在每一步中执行特定的任务来缩小待选指令范围,直到剩下一个待选项,其基本思路就是 4.7.2 节中讨论过的子菜单设计。2013 年,Xu 等[22]提出了一种两层 BCI 拼写范式。在这一系统中,被试首先通过 P300 电位选择一组字母,随后从这组字母中以相同的方式选择最终的目标字母。Palaniappan 等[23]也提出了基于模糊 ARTMAP 方法的多步选择字符拼写范式。Williamson 等[24]利用 ERD 特征设计了名为 hex-o-speller 的两层字符拼写范式。Bai 等[25]和 Huang 等[26]设计了一种同步 BCI 范式,可以通过一系列的双选策略实现光标在 4 个方向上的运动控制。上述研究表明,通过利用 EEG 信号的时域变化信息同样可以增加 BCI 系统的输出指令数。但与传统方法相比,许多新的因素(如选择步数、每次选择的思维任务、反馈策略等)需要在设计过程中重新考虑其作用。

本节提出的序列 MI-BCI 范式采用类似摩斯电码的原理来设计序列 MI 任务及相应的分类算法。摩斯电码是一种早期的数字通信方法,它能将每个英文字母通过点和划序列进行编码,使文本信息便于通过无线电波或其他载体传播[27]。仿照上述原理,将左/右手 MI 代替摩斯电码中的点和划基本操作单元。被试可以通过执行序列左/右手 MI 任务调制不同的控制意图。为了验证这种方法的有效性,本节构建了六分类 BCI 范式,通过离线数据分析和在线仿真实验对系统性能进行测试。

11.3.1　实验设计、数据采集与处理

1. 实验设计

为了设计合理的序列 MI 任务,实验将左/右手 MI 任务作为摩斯电码中的点和划这两个基本操作单元。左/右手 MI 是 BCI 研究中常用的两类思维任务,而且这两类任务所对应的 ERD/ERS 特征分别分布在大脑皮层左右半球的运动功能区,具有较高的可区分度。为了表达不同的控制意图,被试需要执行一个序列左/右手 MI 任务。通过识别 EEG 信号中对应 ERD/ERS 在时域上的变化特征,算法就能识别出被试所执行的序列 MI 任务的编码顺序,并转换成相应的控制指令。根据排列组合原理,一个长度为 N 的序列 MI 任务能够编码 2^N 个不同的控制指令。在传统摩斯编码中,相邻两个点和划序列通过一个长度等同于两个点的空白段进行分隔。类似地,本方法以空闲状态(即不执行 MI 的大脑状态)分隔两个相邻的序列 MI 任务。因此,在利用长度为 N 的序列 MI 任务时,其他长度小于 N 的任务也能被检测出来。根据上述原理,当采用长度为 N 的序列 MI 构建 BCI 时,它的输出指令总数 C_N 可以表示为

$$C_N = \sum_{i=1}^{N} 2^i = 2 \times (2^N - 1) \tag{11.7}$$

根据上述公式,基于摩斯编码的序列 MI 任务可以增加 $2^N - 2$ 倍的输出指令数。从另一角度出发,要设计一个 M 类的 BCI 系统,序列 MI 任务的最短长度 NM 为

$$NM = \mathrm{ceil}(N') \tag{11.8}$$

$$N' = \log_2\left(\frac{M}{2} + 1\right) \tag{11.9}$$

式中,ceil(•)函数执行取大于 N' 的最小整数。本节通过构建六类 MI-BCI 范式来验证该方法的性能。根据式(11.8)和式(11.9),只需要长度为 2 的序列 MI 就可以实现六分类。图 11.8 为六类不同序列 MI 任务的构成原理示意图。每个任务被分解为两个子任务,分别是图中的阶段 1 和阶段 2。在阶段 1 中,被试需要想象左手或者右手运动以便启动一个序列任务。当第一个子任务结束之后,如果被试在阶段 2 中不执行 MI 任务(即处于空闲状态),那么就产生了两类长度为 1 的序列任务,分别记作 SL 和 SR(L 和 R 分别代表左手和右手 MI)。如果被试在阶段 2 中又执行了一次 MI 任务,那么产生四类长度为 2 的序列任务,分别记作 LL、LR、RR 和 RL。在两个子任务中间设置一段空白时间间隔,便于被试从当前任务切换到下一个子任务。

实验的流程主要分为两个步骤:第一步是 MI 被试训练实验,用于帮助被试有效掌握调节 α 节律和 β 节律的能力;第二步为在线测试实验,利用训练得到的分类

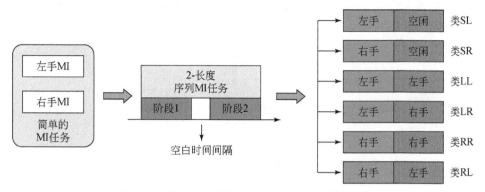

图 11.8　长度为 2 的序列 MI 任务编码原理示意图

通过摩斯编码可以生产六类序列 MI 任务

算法进行序列 MI 在线仿真实验,并根据实验结果评估系统的性能。

在第一步实验中,实验采用有提示的反馈训练范式帮助被试进行 MI 训练。被试根据屏幕显示的文字提示执行相应的 MI 任务或者保持空闲状态。在这一过程中,SWLDA 分类器的输出结果被实时转换成屏幕提示文字的运动方向,作为反馈信息传递给被试。由于反馈信息依赖分类器的输出结果,反馈训练中的第一组实验是无反馈的,采集到的数据用于训练初始 EMD-CSP 空域滤波器和 SWLDA 分类器参数。这样,在随后的实验组中利用上述分类参数就能实时输出 EEG 分类结果。每进行完一组实验后,用新的训练样本更新空域滤波器与分类器参数,提高下一组实验反馈信息的准确性。每名被试每次进行四组反馈实验,每组实验被试需要完成 14×3 个左/右手 MI 和空闲状态三类任务。当某次实验所有 56×3 个训练样本的平均正确率达到 80% 以上时,反馈训练阶段结束,否则被试需要继续重复训练实验以满足上述标准。

在线测试实验算法需要对被试所执行的序列 MI 任务进行实时检测。实验开始之前,被试首先按照上一步实验流程采集左/右手 MI 和空闲状态的训练样本,估计 EMD-CSP 和 SWLDA 分类器的相关参数。当分类器参数设置完成之后,被试按照屏幕提示分别执行六类序列 MI 任务,具体流程如图 11.9 所示。本实验每个 trial 持续时间为 15s。前 6s 屏幕上显示“开始”,提示被试保持空闲状态并准备开始执行任务。如果在这一过程中算法检测出某个序列 MI 任务,那么被记为错误检出,该 trial 随即停止开始下一个 trial。当“开始”字符消失后,屏幕上会随机显示六类序列 MI 的提示字符(SL、SR、LL、LR、RR 和 RL)。被试需要按照提示执行相应的任务。这一过程同样持续 6s。随后“停止”字符会出现在屏幕上并持续 3s,提示被试可以停止任务,并准备执行下一个 trial。在任务执行过程中,当阶段 1 中的 MI 任务被检测出来后,检测结果会在屏幕上显示,提示被试开始执行阶段 2 的 MI 任务。对于 SL 和 SR 这两类任务,被试则需要在阶段 2 中保持空闲状态。

每个被试要求完成 56×6 个 trial 的六类序列 MI 任务,并计算平均正确率、响应时间、卡帕系数(Kappa coefficient)和系统通量这几个指标来验证本方法的性能。

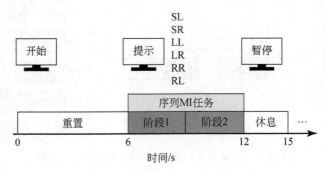

图 11.9　序列 MI 在线测试实验流程图

2. 被试与数据采集

4 名健康被试(3 男,1 女)参与了本次实验,所有被试均为右利手。被试年龄范围为 23~29 岁,平均年龄为 25.8 岁。其中两名被试有参加过 MI-BCI 实验的经验[28],而剩下两名没有参加过任何 BCI 实验。在实验过程中,被试面对着计算机屏幕坐在一个舒适的扶手椅上。在实验之前,所有被试都被告知了实验目的、流程及相关注意事项。

本实验中,采样频率为 250Hz。采用 32 通道主动电极,按照国际 10-20 电极布设标准进行布置。实验主要采集大脑感觉运动皮层周围的 EEG 信号(F3、Fz、F4、FC5、FC1、FC2、FC6、C5、C3、Cz、C4、C6、CP5、CP1、CP2、CP6、P3、Pz、P4),参考电极(REF)为 PFz,接地电极(GND)为 P8,如图 11.10 所示。实验准备阶段,所有电极的阻抗都被降低到 10kΩ 以下,数据采集和实验流程采用国际通用的 BCI2000 软件作为平台[29]。

3. EEG 信号处理算法

为了实现序列 MI 任务的在线检测,首先需要对其中的每个子任务进行分类,将实时 EEG 信号判定为左/右手 MI 或者空闲三种状态,随后根据两个子任务的分类结果确定被试所执行的序列 MI 类别。在本节实验中,BCI 算法每隔 100ms 截取一段窗口长度为 2000ms 的 EEG 信号进行处理,窗口 EEG 信号利用经验模态分解(empirical mode decomposition,EMD)算法进行时-空-频上的多尺度分析。EMD 算法是由 Huang 等[30]在 1998 年提出的一种自适应信号时频处理方法,对于非线性非平稳信号具有较好的处理性。基于多尺度信号分解的 MI 分类算法以其较高的时-空-频分辨性能,成功应用于不同肢体 MI、肢体运动方

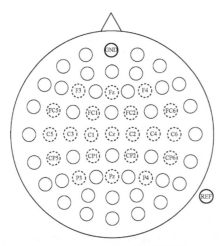

图 11.10　EEG 电极位置配置图

向、运动速度等多种复杂 EEG 模式分类之中,并取得了较好的分类性能[30-33]。利用 EMD 算法可以将每个通道的 EEG 信号进行分解,在每个不同尺度上获取对应的 EEG 子信号。随后,对每个子信号样本利用 CSP 算法进行分类,最后将所有频段的分类结果进行加权得到最终的 EEG 信号识别结果。

本节基于 EMD-CSP 算法的左/右手 MI、空闲状态三类 EEG 信号模式的分类流程如图 11.11 所示。由于 CSP 算法只能解决两分类问题,因此本节采用一对一多元方式设计了 3 个两分类器实现三类 EEG 信号模式的分类,即利用 EMD-CSP 算法分别设计左手和右手、左手和空闲状态、右手和空闲状态这 3 个两分类器,利用这 3 个分类器进行投票决定最终的分类结果。算法首先对原始多通道 EEG 信号进行预处理,利用 50Hz 陷波滤波器去除工频噪声干扰,并用 5~40Hz 带通滤波器消除低频干扰和高频噪声对 α 节律和 β 节律的影响。随后,利用 EMD 算法对每个 EEG 通道信号进行多尺度分解,得到 M 个不同尺度的子信号样本。M 由 EEG 样本采样数 N 决定,取不超过 $\log_2 N$ 的最大整数。

利用上述方法,可以在 5~40Hz 内得到 M 个不同频段下的 EEG 子信号,记为 $X_i(i=1,2,\cdots,M)$。接着,利用 CSP 算法对每个频段下的 EEG 分解信号进行空域滤波,并在每个 CSP 滤波器得到的信号中提取方差对数值作为特征。

为了降低特征维数,提高分类正确率和可靠性,需要对多特征向量进行筛选,剔除其中影响分类效果或者对分类贡献较小的特征成分。本节采用 SWLDA 对特征样本进行筛选和分类,并利用 t 检验方法对每次引入的分量的分类贡献率进行分析,剔除贡献程度不显著的特征分类,保留其中的有效分量。SWLDA 算法是 LDA[26] 算法的一种变形。利用 SWLDA 算法会生成一个长度与特征向量 F 一致的参数向量 ω。对于一个特征向量 $F(k)$,SWLDA 计算得到的样本得分为

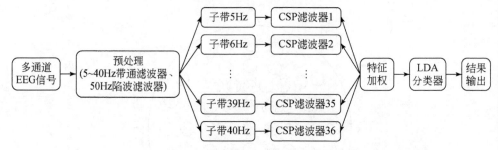

图 11.11　基于 EMD-CSP 算法的左/右手 MI 与空闲状态分类算法流程

$$\text{score}(k) = \omega^{\mathrm{T}} \cdot F(k) \tag{11.10}$$

若 score(k) 的得分值高,则该样本属于算法中设定的正类样本;若 score(k) 得分值低,则属于负类样本。为了实现对三类 EEG 样本的分类,利用 SWLDA 算法实现了 3 个两分类器,分别为左/右 MI 分类器 classifier$_{LR}$、左手 MI 和空闲状态分类器 classifier$_{LI}$ 及右手 MI 与空闲状态分类器 classifier$_{RI}$。将这 3 个分类器计算得到的每类样本得分相加,最终得分最大的样本类别即为该样本的最终分类结果。

为了提高每个子任务的分类正确率与可靠性,针对由 SWLDA 分类器得到的初始分类结果再利用 dwell time 方法进行优化[34]。dwell time 是指被试连续执行某一任务的最短持续时间。若持续时间高于 dwell time,则当前结果被认为是一个有效的分类结果,否则算法认为被试仍处于空闲状态。dwell time 的阈值通过 ROC 曲线分析获得,达到 TPR 和 FPR 之间的平衡。若在阶段 1 中检测到了一个有效的 MI 任务,那么系统将进入一段时长为 1000ms 的空白阶段,便于被试切换到下一个子任务周期。空白阶段的分类结果设置为空闲状态,直到该阶段结束。当进入阶段 2 后,若算法在 3s 之内没有检测到有效的 MI 任务,则认为被试在这一阶段处于空闲状态。综合阶段 1 和阶段 2 中的分类结果,算法将最终输出当前序列 MI 任务的编码序列,并转化成相应的输出指令。算法流程如图 11.12 所示。

为了验证本节所提出方法的性能,实验通过计算系统通量(bit/min)和卡帕系数 κ 这两个评价指标来估计所构建的六类 BCI 范式的分类性能[35,36]。卡帕系数 κ 是估计多分类问题的一种有效性能指标,其计算公式为

$$\kappa = \frac{p_0 - p_e}{1 - p_e} \tag{11.11}$$

$$p_0 = A_{cc} = \frac{\sum\limits_i n_{ii}}{S} \tag{11.12}$$

$$p_e = \frac{\sum\limits_i n_{\cdot i} n_{i \cdot}}{S^2} \tag{11.13}$$

式中，n_{ii} 表示六类序列 MI 任务中被正确分类为第 i 类的样本数目；$n_{,i}$ 表示所有被分为第 i 类的样本数目；$n_{i,}$ 表示所有第 i 类样本的数目；S 表示六类序列 MI 样本总数。若卡帕系数为 1，则表示所有的样本都被正确分类了；若卡帕系数为 0，则表示分类器的分类结果与真实结果之间没有相关性。卡帕系数的标准误差 $\mathrm{se}(\kappa)$ 计算公式为

$$\mathrm{se}(\kappa) = \frac{\sqrt{\dfrac{p_0 + p_e^2 - \sum_i \left[n_{,i} n_{i,} (n_{,i} + n_{i,}) \right]}{S^3}}}{(1 - p_e)\sqrt{S}} \tag{11.14}$$

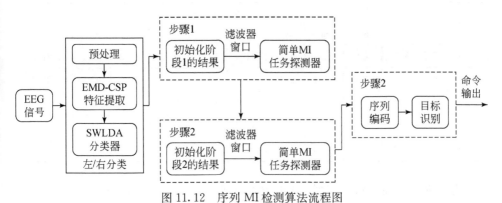

图 11.12　序列 MI 检测算法流程图

系统通量也是评估 BCI 系统的一个常用评价指标，它和分类正确率、响应时间、输出指令数密切相关。系统通量 τ 的计算公式为

$$\tau = \frac{P}{T} \times \log_2 M \tag{11.15}$$

式中，P 为分类正确率；T 为指令输出的响应时间；M 为系统的输出指令数。为了获得更加合理的系统通量指标，本节中的分类正确率 P 按照式（11.16）对其进行错误惩罚处理：

$$P = \left[P_0 - (1 - P_0) \right] (2P_0 - 1) \tag{11.16}$$

式中，P_0 为六类序列 MI 任务的原始分类正确率。

11.3.2　实验结果

1. 在线数据分析

六类序列 MI 的在线测试结果如表 11.1 所示。在线测试实验中，所有 4 名被试的平均分类正确率为 89.4%，远远高于随机选择概率（16.7%）。为了实现对外部设备的有效控制，目前普遍认为每个指令的分类正确率应该大于 70%[37]。从表 11.1 中可以看出，本实验中所有被试的分类正确率都超过了 80%，证明本节提出的序

列 MI 方法可以应用于实际设备的在线控制。识别每个序列 MI 任务的响应时间同样在表 11.1 中给出。其中,T_1 代表阶段 1 中 MI 任务检测的响应时间,而 T_2 为阶段 2 中 MI 任务检测的响应时间,T_2 中包含了长度为 1000ms 的空白时间。所有被试的平均响应时间 $T_1 = 1.9s$,响应时间 $T_2 = 3.3s$。T_2 中包含了空白时间,因此其值明显大于 T_1。整个序列 MI 任务的响应时间 $RT = T_1 + T_2$ 约为 5.2s。同时,本次实验 4 名被试的平均系统通量 $\tau = 23.5bit/min$,高于目前一般的 MI-BCI 范式的系统通量(15~20bit/min)。

表 11.1　六类序列 MI 的在线测试结果

被试	响应时间/s			分类正确率/%							$\tau/(bit/min)$
	T_1	T_2	RT	SL	SR	LL	LR	RR	RL	平均	
1	1.7	3.1	4.8	94.6	92.7	94.6	91.1	92.7	89.3	92.5	27.5
2	1.8	3.3	5.1	91.1	94.6	92.7	91.1	89.3	91.1	91.7	25.4
3	1.7	3.4	5.1	89.3	91.1	91.1	87.5	89.3	87.5	89.3	23.9
4	2.1	3.4	5.4	87.5	85.7	83.9	80.3	85.7	82.1	84.2	19.6
平均	1.9	3.3	5.2	90.6	91.0	90.6	87.5	89.3	87.5	89.4	23.5

为了更好地描述六类序列 MI 的分类性能,计算了每个被试的混淆矩阵来展示算法输出结果与真实结果之间的关系,如表 11.2 所示。4 名被试的平均卡帕系数为 $\kappa = 0.88 \pm 0.060$,其中被试 1 的卡帕系数最高,为 0.91 ± 0.062,被试 4 最低,为 0.81 ± 0.058。序列 MI 任务的最终检测结果由每个阶段中子任务的分类结果共同决定,因此子任务的分类正确率对最终结果有直接关系。

表 11.2　每名被试六类序列 MI 的分类混淆矩阵

(a) 被试 1 的混淆矩阵,$\kappa = 0.91 \pm 0.062$

MI 序列 ＼ MI 序列	SL	SR	LL	LR	RR	RL	总和
SL	53	0	2	1	0	0	56
SR	0	52	0	0	3	1	56
LL	0	0	53	3	0	0	56
LR	2	0	2	51	1	0	56
RR	0	2	0	0	52	2	56
RL	0	4	0	0	2	50	56
总和	55	58	57	55	58	53	336

(b) 被试 2 的混淆矩阵，$\kappa = 0.90 \pm 0.061$

MI 序列 \ MI 序列	SL	SR	LL	LR	RR	RL	总和
SL	51	0	4	1	0	0	56
SR	0	53	0	0	2	1	56
LL	2	0	52	2	0	0	56
LR	2	1	2	51	0	0	56
RR	0	3	0	0	50	3	56
RL	0	3	0	0	2	51	56
总和	55	60	58	54	54	55	336

(c) 被试 3 的混淆矩阵，$\kappa = 0.87 \pm 0.060$

MI 序列 \ MI 序列	SL	SR	LL	LR	RR	RL	总和
SL	50	0	3	3	0	0	56
SR	0	51	0	1	2	2	56
LL	3	0	51	1	0	1	56
LR	1	1	3	49	1	1	56
RR	0	2	0	1	50	3	56
RL	0	3	0	1	3	49	56
总和	54	57	57	56	56	56	336

(d) 被试 4 的混淆矩阵，$\kappa = 0.81 \pm 0.058$

MI 序列 \ MI 序列	SL	SR	LR	LR	RR	RL	总和
SL	49	2	5	0	0	0	56
SR	1	48	0	2	5	0	56
LL	3	0	47	3	1	2	56
LR	1	1	4	45	5	0	56
RR	0	2	0	2	48	4	56
RL	3	1	1	0	5	46	56
总和	57	54	57	52	64	52	336

表 11.3 为单个子任务的左/右手 MI 和空闲状态的分类正确率及每个被试的反馈训练时间。表中的结果是由在线测试实验开始之前采集的上述三类任务的训

练样本中获得的,其中每类包含 56 个样本。4 名被试的平均正确率为 92.0%。根据 ROC 分析结果,本次实验的 dwell time 时长为 1500ms。为了达到实验规定的 80% 的正确率标准,4 名被试都进行了若干天的反馈训练。其中被试 1、被试 2 之前参加过 MI-BCI 实验,他们的训练时间较短(2~4 天),而其他两名被试没有相关经验,共花费了 13~19 天的训练时间。

表 11.3 左/右手 MI 和空闲状态分类正确率及每个被试的反馈训练时间

被试	左手/%	右手/%	空闲/%	平均/%	反馈训练时间/天
1	92.8	94.6	96.4	94.6	2
2	91.1	90.2	96.8	92.7	4
3	87.5	91.1	94.7	91.1	13
4	85.7	87.5	95.6	89.6	19
平均	89.3	90.9	95.9	92.0	9.5

在信号处理算法中,采用 ROC 曲线分析方法确定 dwell time 时长的最优阈值。4 名被试的 ROC 曲线如图 11.13 所示。实验中,选择当 FPR<5% 范围内最高的 TPR 对应的 dwell time 时长。通过对 FPR 的限定,可以减少系统产生错误指令的概率。根据 ROC 曲线的分析结果,4 名被试的最优阈值都在 1500ms 左右,正负方差在 100ms 左右。为了统一实验参数以便进行不同被试的性能对比,在本节实验中 4 名被试的 dwell time 时长统一设为 1500ms。

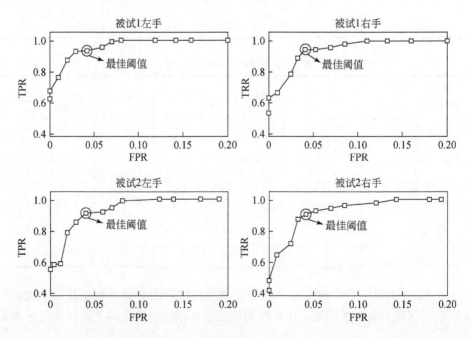

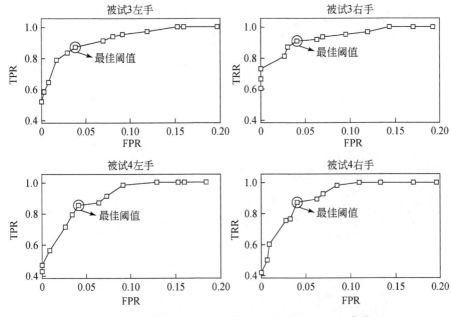

图 11.13　4 名被试的左/右手 MI 异步分类的 ROC 曲线

2. 离线数据分析

在线测试实验结果证实了序列 MI 方法能够实现六类序列 MI 任务的可靠识别。为了更清楚地揭示序列 MI 任务是如何调制 ERD/ERS 特征的,此处将被试在线测试实验 EEG 数据进行时频分析。图 11.14 为其中一名典型被试在 56 组 EEG 样本上的平均时频分析结果。从图中可以发现,不同序列 MI 任务之间具有不同的 ERD 时序变化特征。从 LL 任务的时频图中可以看到,在 C3 通道 10 Hz 附近出现了非常显著的 ERD 特征,并从阶段 1 一直持续到阶段 2。而在 LR 任务中,ERD 特征在阶段 2 时从 C3 通道转移到 C4 通道。类似的 ERD 特征变化也发生在 RR 和 RL 这两类任务上。对于 SL 和 SR 这两个长度为 1 的序列任务,在阶段 1 中表现出明显的 ERD 特征并随后在阶段 2 中表现出明显的 ERS 特征,代表着此时被试停止了 MI 任务,恢复到空闲状态。从图中可以发现,六类序列 MI 任务都具有显著差异性的 ERD/ERS 时变特性,这使分类器能够对这六类任务实现可靠的在线识别。值得注意的是,在左手 MI 对应的时频图中可以观察到 C3 通道和 C4 通道的双侧 ERD 特征。2005 年,Bai 等[38]研究了左/右手运动所激活皮层功能区的空间非对称现象,他们也观察到左手运动的双侧 ERD 特征空间分布,与实验结果一致。

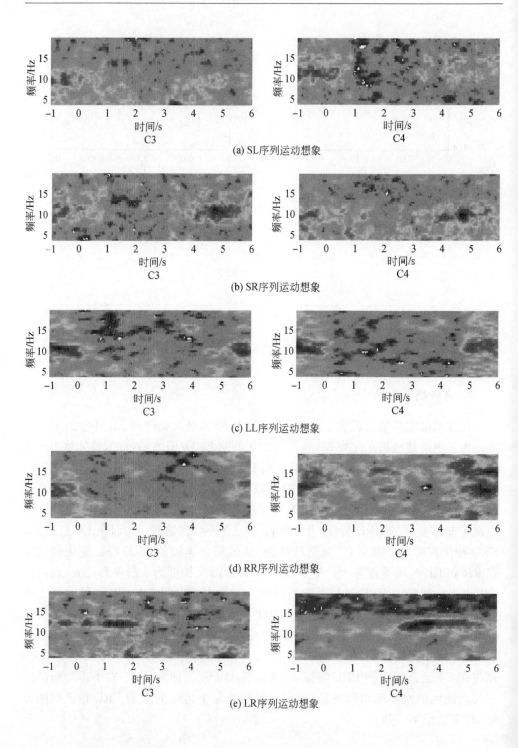

(a) SL序列运动想象

(b) SR序列运动想象

(c) LL序列运动想象

(d) RR序列运动想象

(e) LR序列运动想象

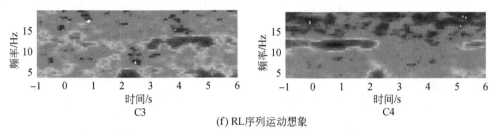

(f) RL序列运动想象

图 11.14　被试 2 的序列 MI 任务时频分析图(见彩图)

C3 和 C4 通道都进行了拉普拉斯空域滤波处理。图中在 0 时刻序列 MI 任务提示出现,被试开始执行
相应的任务。图中红色代表 ERD 特征,蓝色代表 ERS 特征

　　利用 ERD/ERS 特征在时域上的变化规律,可以实现六类序列 MI 任务的可靠识别。图 11.15 为 SWLDA 分类器得到的实时分类结果,可以看出,不同序列 MI 任务具有不同的分类曲线形状。图中,SL 和 SR 任务中阶段 2 的响应时间较长,其原因是算法需要持续 3s 来判断被试是否在这一阶段执行了 MI 任务。对于 SL、SR、LR 和 RL 这四类任务,被试需要在阶段 2 开始时切换任务,因此在这段切换时间内,算法的分类稳定性下降并存在一定的延时。因此,在阶段 1 和阶段 2 之间添加了一段 1000ms 的空白时间以降低算法的识别错误率。

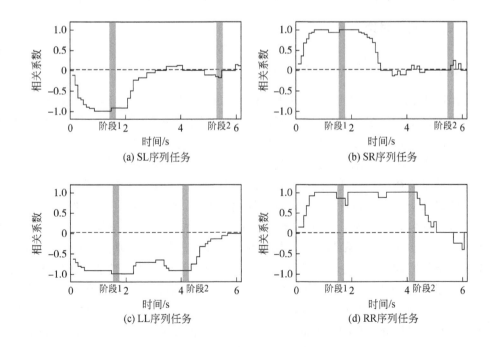

(a) SL序列任务

(b) SR序列任务

(c) LL序列任务

(d) RR序列任务

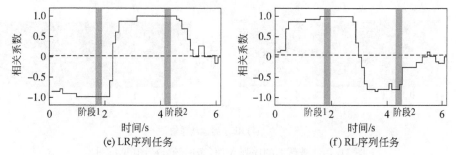

图 11.15　被试 2 的六类序列 MI 任务 SWLDA 实时分类曲线
图中"－1.0"是左手 MI 任务分类结果,"1.0"是右手 MI 分类结果,"0"代表空闲状态。图中
长条形色块分别表示阶段 1 和阶段 2 的结束时刻

本节利用 EMD-CSP 算法对不同 MI 样本进行分类。图 11.16 给出了左/右手 MI-EEG 信号分类器设计时的 EMD 分解过程和特征尺度选择。在长度为 2000ms 的窗口 EEG 信号中,采样点数为 500(采样频率为 250Hz)。利用 EMD 算法共可以得到 8 个不同尺度的分解信号,随后算法对每个尺度的 EEG 样本训练 CSP 滤波参数,并利用 SWLDA 算法从所有尺度对应的特征中选择对最终分类贡献率大的尺度。图中红色本征模态函数对应尺度信号对分类贡献的程度较高,而其他尺度由于信号中包含的有效 MI 节律成分较少,因此对应的特征将被剔除。

11.3.3　分析与讨论

1. 序列 MI 方法与传统方法性能对比

由图 11.15 和图 11.16 可以看出,利用 EEG 信号高时间分辨率的优势,可以有效识别被试执行多个 MI 任务的时序关系。不同的任务时序关系可以转化为不同的输出指令,从而提高 BCI 系统的控制自由度。由表 11.1 可以看出,本节所提出的序列 MI 方法在增加系统输出指令数的同时,还保持了较高的识别正确率。4 名被试的平均在线分类正确率达到了 89.4%,高于目前 BCI 在线控制所需要的 70% 的最低正确率。同时,分类卡帕系数达到了 0.88,也反映了本节的分类算法具有较高的可靠性。为了与传统方法进行有效的性能对比,这里计算了只采用单个左/右手 MI 时,BCI 系统的分类准确率、响应时间、输出指令数及系统通量,并与本节提出的序列 MI 方法进行对比。图 11.17 为这两种方法的性能对比结果。从图中可以看出,采用长度为 2 的序列 MI 任务时,系统输出指令数提升了 3 倍,系统通量也高于传统 MI 方法。同时,两者的分类正确率相当,序列 MI 方法的分类性能并没有随着待分类数的增加而有明显的降低。但在响应时间这一性能指标上,序列 MI 方法与传统方法相比延长了 1 倍多。这是因为该方法需要被试执行两个左/右手 MI 任务,必然会导致任务执行时间的增加。

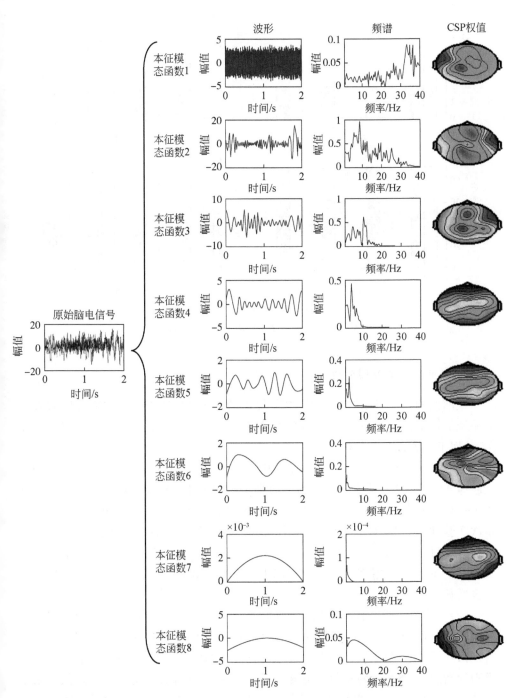

图 11.16 左/右手 MI 分类中的 EMD-CSP 算法执行过程示例(见彩图)

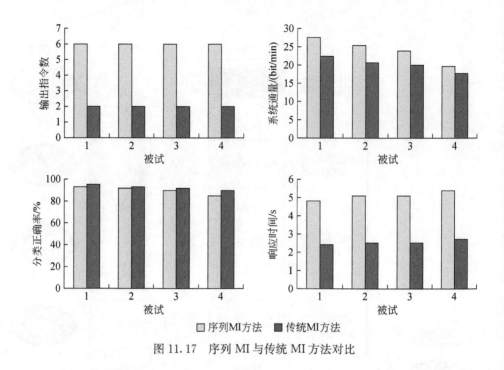

图 11.17　序列 MI 与传统 MI 方法对比

2. 性能提升的原因分析

从前面的性能对比结果来看,本节提出的序列 MI-BCI 设计方法可以有效提高系统的输出指令数,并保证较高的分类正确率。为了说明本方法性能提升的原因,从以下三方面进行分析:

(1) 本节采用了与摩斯电码类似的原理设计序列 MI 任务,使被试可以利用少量肢体 MI 任务实现多类 BCI 系统。摩斯编码方法能够仅仅利用点和划这两种基本单位编码所有的英文字母和数字,从而使其在早期通信领域中得到广泛应用。本次实验利用了左/右手 MI 这两类任务进行摩斯编码。对于设计长度为 N 的序列任务,可以编码实现 $2 \times (2^N - 1)$ 个不同的输出指令,相比传统方法增加了 $2^N - 2$ 倍。可以看出,采用该方法能够使 BCI 系统的输出指令数随着序列长度 N 呈指数级增长。

(2) 采用序列 MI 任务扩展了 MI 特征向量的维度。传统方法识别不同肢体部位的 MI 主要依靠 EEG 信号的频谱能量变化规律(频域特征)和空间分布(空域特征),获得二维平面特征。EEG 信号具有极低的空间分辨率,随着肢体 MI 任务类别的增加,二维平面特征可区分度会显著下降,从而导致分类正确率降低。采用序列 MI 方法,EEG 特征不仅表现在空域和频域上,在时间维度上也具有区分度较高的特征,从而使算法所处理的特征空间从二维平面扩展到三维空间,如图 11.18

所示,提高了多类任务之间的可区分度,保证了算法的分类正确率[39]。

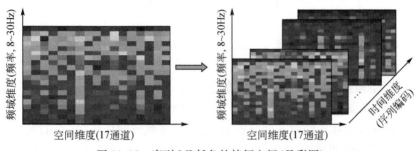

图 11.18　序列 MI 任务的特征空间(见彩图)

（3）EEG 信号极高的时间分辨率保证了算法能够有效地检测多个 MI 任务间的时序关系。虽然 EEG 信号的空间分辨率远低于功能磁共振等检测方法,但其时间分辨率是它们所无法比拟的。本节提出的序列 MI-BCI 设计方法充分利用了 EEG 高时间分辨率的优势,规避了 EEG 低空间分辨率的劣势,使系统性能与传统方法相比获得了显著的提升。

3. 当前方法的不足与未来发展方向

虽然本节提出的序列 MI-BCI 设计方法可以有效提升输出指令数,但其在响应速度和系统自主性这两方面还存在一定的不足,在未来的研究工作中还需要进一步改进和优化。

第一,在指令输出的响应速度上,从表 11.1 和图 11.17 中可以看出,本次实验的平均响应时间为 5.2s,与单次 MI 任务相比增加了 1 倍多。这是由于被试需要执行多个左/右手 MI 任务才能产生一个控制指令,必然导致系统响应时间的增加。下一步应该重点尝试提高单个任务的检测速度,从而缩短整个序列 MI 任务的响应时间。同时,应设计合理的人机交互方式,尽可能消除过长的响应时间对后续实际设备操控的影响。

第二,本实验中被试需要接收屏幕反馈信息,辅助被试及时切换 MI 任务,降低了系统的自主性。根据图 11.8,被试从阶段 1 切换到阶段 2 需要系统给出提示信息,即当阶段 1 中的任务被成功检测出后,算法需要将该结果输出并在屏幕中显示相应信息,提示被试及时切换到下一任务。没有上述提示信息,被试有可能执行错误的序列任务。例如,对于 SL 和 LL 这两个任务,如果当第一个左手任务完成后没给出提示,那么被试有可能继续想象左手运动,从而输出 LL 指令。这使序列 MI-BCI 系统处于半异步状态,即第一个阶段是异步的,但后续的阶段存在时间约束,是同步的。后面的研究重点应该放在范式和算法设计的改进上,实现序列 MI 任务的完全异步检测方法,提高该方法在控制实际设备时的操控性能。

11.4　本 章 小 结

　　本章对多分类 MI-BCI 展开了研究。从丰富脑空间模式和丰富脑时空模式两个思路出发进行了实验探索。力图通过实验设计,激发出全脑更加丰富并且可鲁棒提取的时空模式,实现更加丰富的命令输出。在第一个思路下,设计了左/右肢的手、肘和肩三类 6 个关节 MI 任务。通过两两分类技术,实现了六分类。实验设计的 MI 任务内容在不同被试间有差异,有的被试执行屈伸想象,有的被试执行旋转想象。从实验结果来看,这种差异对实验结果的影响可以忽略。在第二个思路下,提出了序列 MI-BCI 设计方法。该方法采用类似于摩斯电码的设计原理,对左/右手这两类基本 MI 任务进行时序编码,从而提高 BCI 系统可识别的脑电信号模式,增加系统的输出指令数。实验中以长度为 2 的序列 MI 任务实现了六类 BCI 范式,六类序列任务的平均分类正确率达到了 89.4%,远远超过了 16.7% 的随机选择概率。同时,系统的卡帕系数和信息传输率分别达到了 0.88±0.060 和 23.5bit/min,高于目前多数的 MI-BCI。

参 考 文 献

[1] Neuper C,Müller G R,Kübler A,et al. Clinical application of an EEG-based brain-computer interface:A case study in a patient with severe motor impairment[J]. Clinical Neurophysiology, 2003,114:399-409.

[2] Neuper C,Scherer R,Wriessnegger S C,et al. Motor imagery and action observation:Modulation of sensorimotor brain rhythms during mental control of a brain-computer interface[J]. Clinical Neurophysiology,2009,120:239-247.

[3] Kinnaird C R,Ferris D P. Medial gastrocnemius myoelectric control of a robotics ankle exoskeleton [J]. IEEE Transactions on Neural Systems and Rehabilitation,2009,17(1):31-37.

[4] Royer A S,Doud A J,Rose M L,et al. EEG control of a virtual helicopter in a 3-dimensional space using intelligent control strategies[J]. IEEE Transactions on Neural Systems and Rehabilitation,2010,18:581-589.

[5] Hwang H J,Kwon K,Im C H. Neurofeedback-based motor imagery training for brain-computer interface(BCI)[J]. Journal of Neuroscience Methods,2009,179:150-156.

[6] Pfurtscheller G,Brunner C,Schlögl A,et al. Mu rhythm (de) synchronization and EEG single-trial classification of different motor imagery tasks[J]. NeuroImage,2006,31:153-159.

[7] Schlögl A,Lee F,Bischof H,et al. Characterization of four-class motor imagery EEG data for the BCI-competition[J]. Journal of Neural Engineering,2006,2(4):14-22.

[8] Wang Y J,Zhang Z G,Li Y,et al. BCI Competition 2003-data set IV:An algorithm based on CSSD and FDA for classifying single-trial EEG[J]. IEEE Transactions on Bio-Medical Engineering,2004,51(6):1081-1086.

[9] Tangermann M,Müller K R,Aertsen A,et al. Review of the BCI Competition IV[J]. Frontiers in Neuroscience,2012,6.

[10] Deng J,Yao J,Dewald J P,et al. Classification of the intention to generate a shoulder versus elbow torque by means of a time-frequency synthesized spatial patterns BCI algorithm[J]. Journal of Neural Engineering,2005,24(4):131-138.

[11] Zhou J,Yao J. EEG-based classification for elbow versus shoulder torque intentions involving stroke subjects[J]. Computers in Biology & Medicine,2009,39(5):444-452.

[12] Quandt F, Reichert C, Hinrichs H, et al. Single trial discrimination of individual finger movements on one hand:A combined MEG and EEG study[J]. NeuroImage,2012,59(4): 3316-3324.

[13] Obermaier B, Neuper C, Guger C, et al. Information transfer rate in a five-classes brain-computer interface[J]. IEEE Transactions on Neural Systems and Rehabilitation, 2001, 9(3):283-288.

[14] He L,Yu Z L,Gu Z H,et al. Bhattacharyya bound based channel selection for classification of motor imageries in EEG signals[C]//Control & Decision Conference,Guilin,2009.

[15] Pfurtscheller G,Silva F. Event-related EEG/MEG synchronization and desynchronization: Basic principles[J]. Clinical Neurophysiology,1999,110(11): 1842-1857.

[16] Koles Z J,Lazar M S,Zhou S J. Spatial patterns underlying population differences in the background EEG[J]. Brain Topography,1990,2:275-284.

[17] Müller J,Pfurtscheller G,Flyvbjerg H. Designing optimal spatial filters for single-trial EEG classification in a movement task[J]. Clinical Neurophysiology,1999,110:787-798.

[18] Ramoser H,Müller-Gerking J,Pfurtscheller G. Optimal spatial filtering of single trial EEG during imagined hand movement [J]. IEEE Transactions on Neural Systems and Rehabilitation,2000,8(4):441-446.

[19] Townsend G,Graimann B,Pfurtscheller G. A comparison of common spatial patterns with complex band power features in a four-class BCI experiment[J]. IEEE Transactions on Bio-Medical Engineering,2006,53:642-651.

[20] Hawkins D M,Mclachlan G J. High-breakdown linear discriminant analysis[J]. Journal of the American Statistical Association,1997,92(437):136-143.

[21] Townsend G, LaPallo B, Boulay C B, et al. A novel P300-based brain-computer interface stimulus presentation paradigm:Moving beyond rows and columns[J]. Clinical Neurophysiology,2010,121(7): 1109-1120.

[22] Xu Y, Nakajima Y. A two-level predictive event-related potential-based brain computer interface[J]. IEEE Transactions on Bio-Medical Engineering,2013,60(10):2839-2847.

[23] Palaniappan R,Paramesran R,Nishida S,et al. A new brain-computer interface design using fuzzy ARTMAP[J]. IEEE Transactions on Neural Systems and Rehabilitation,2002,10(3):140-148.

[24] Williamson J,Murray-Smith R,Blankertz B,et al. Designing for uncertain,asymmetric control: Interaction design for brain-computer interfaces[J]. International Journal of Human Computer Studies,2009,67(10):827-841.

［25］ Bai O,Lin P,Vorbach S,et al. A high performance sensorimotor beta rhythm-based brain-computer interface associated with human natural motor behavior［J］. Journal of Neural Engineering,2008,5(1):24-35.

［26］ Huang D,Lin P,Fei D Y,et al. Decoding human motor activity from EEG single trials for a discrete two-dimensional cursor control［J］. Journal of Neural Engineering, 2009, 6 (1): 24-35.

［27］ Peter C. Morse Code:The Essential Language［M］. Newington:Amer Radio Relay League,1991.

［28］ Yue J W,Zhou Z T,Jiang J,et al. Balancing a simulated inverted pendulum through motor imagery: An EEG-based real-time control paradigm［J］. Neuroscience Letters,2012,101(51):95-100.

［29］ Schalk G,McFarland D J,Hinterberger T,et al. BCI2000:A general-purpose brain-computer interface(BCI) system［J］. IEEE Transactions on Bio-Medical Engineering, 2004, 51 (6): 1034-1043.

［30］ Huang N E,Shen Z,Long S R,et al. The empirical mode decomposition and the Hilbert spectrum for nonlinear and non-stationary time series analysis［J］. Proceedings Mathematical Physical & Engineering Sciences,1998,454(1971):903-995.

［31］ Robinson N,Vinod A P,Ang K K,et al. EEG-based classification of fast and slow hand movements using wavelet-CSP algorithm ［J］. IEEE Transactions on Bio-Medical Engineering,2013,60(8):2123-2132.

［32］ Robinson N,Vinod A P,Guan C,et al. Hand movement trajectory reconstruction from EEG for brain-computer interface systems［C］//IEEE International Conference on Systems, Man,and Cybernetics(SMC),Manchester,2013.

［33］ Robinson N,Guan C,Vinod A P,et al. Multi-class EEG classification of voluntary hand movement directions［J］. Journal of Neural Engineering,2013,10(5):56018.

［34］ Townsend G,Graimann B,Pfurtscheller G,et al. Continuous EEG classification during motor imagery-simulation of an asynchronous BCI［J］. IEEE Transactions on Neural Systems and Rehabilitation,2004,12(2):258-266.

［35］ Zhou Z Z,Yin E W,Liu Y,et al. A novel task-oriented optimal design for P300-based brain-computer interfaces［J］. Journal of Neural Engineering,2014,11(5):56003.

［36］ Townsend G,Shanahan J,Ryan D B,et al. A general P300 brain-computer interface presentation paradigm based on performance guided constraints［J］. Neuroscience Letters, 2012,531(2):63-68.

［37］ Pires G,Nunes U,Castelo-Branco M. Comparison of a row-column speller vs. a novel lateral single-character speller:Assessment of BCI for severe motor disabled patients［J］. Clinical Neurophysiology,2012,123(6):1168-1181.

［38］ Bai O,Mari Z,Vorbach S,et al. Asymmetric spatiotemporal patterns of even-trelated desynchronization preceding voluntary sequential finger movements:A high-resolution EEG study ［J］. Clinical Neurophysiology,2005,116(5):1213-1221.

［39］ Yin E,Zhou Z,Jiang J,et al. A novel hybrid BCI speller based on the incorporation of SSVEP into the P300 paradigm［J］. Journal of Neural Engineering,2013,10(2):26012.

第 12 章　序列运动想象脑机接口范式在机器人控制中的应用

12.1　引　　言

本章将第 11 章提出的序列 MI 范式应用于机器人运动控制,提供此范式的一种应用原型,评估各项控制指标,验证范式的有效性和可用性。

近年来,智能机器人技术快速发展,使康复机器人成为各类神经系统疾病(如脑卒中)康复、肢体伤残恢复、老年人运动辅助等领域的重要设备。BCI 技术作为一种不依赖传统骨骼肌肉外周神经系统的控制方式,可以为运动功能损伤者提供一种有效的控制途径。目前,国内外许多 BCI 研究团队都针对机器人控制开展了BCI 研究。2004 年,Millan 等[1]利用 MI-BCI 范式控制一个机器人在迷宫环境中移动。2011 年,作者团队设计了基于 MI 的人形机器人行走控制 BCI 范式,可以实现前进、停止、任意角度左右转弯等运动功能控制。近年来,一些研究者利用多种EEG 特征设计实现了多类 BCI 范式,可以控制机械手臂等多自由度康复设备,用以补偿运动损伤者的部分运动功能。机器人本身是一类自由度较高的被控对象,为了能够使 BCI 系统有效控制机器人完成更多的操控任务,范式设计的关键之一是如何增加系统输出指令数,并保证输出指令具有较高的正确率和一定的实时性。

本章以真实机器人为控制对象,设计实现基于序列 MI 的机器人运动控制 BCI系统。通过对真实设备的控制性能,验证第 11 章提出的序列 MI-BCI 范式在提升BCI 控制系统输出指令数上的作用。首先,针对 MI 分类效果不理想的被试(即能有效区分的 MI 类别数目小于 2 的被试),利用一类 MI 任务设计序列 MI 范式,实现机器人按照规定路径从初始位置行走至任意指定位置。随后,针对 MI 有效分类数目较多的被试(两类以上),利用序列 MI 范式实现更为丰富的指令输出,控制多关节机械手臂完成目标的抓取任务。

12.2　基于序列 MI 的机器人行走控制

行走是机器人最基本的功能之一。通过控制机器人行走,BCI 控制者可以让机器人代替自己运动至指定位置完成相应任务,如控制机器人到桌边拿药再返回控制者身边。机器人行走控制的关键是方向控制,控制者需要在合适的时间向机器人发送左/右转弯,保持直行或者停止指令,这样就可以实现在平整场地中机器人从当前位置移动到任意指定位置的控制任务。

本节采用序列 MI 范式,利用一类 MI 任务设计多分类 BCI 范式,实现机器人左/右转弯、直行运动的控制。被试利用这一 BCI 范式可以在室内地面环境下控制机器人从初始位置按照指定路径行走至另一指定位置。MI 电位作为一种自发 EEG 特征,其分类正确率与被试执行 MI 任务的能力密切相关,并且一名被试往往需要长时间的训练才能达到较好的分类效果。同时,随着 MI 任务类别的增加,被试 MI 的难度和训练时间也会随之增大。为了降低被试的训练难度,本节利用一类 MI 任务构建多类 BCI 范式,通过序列编码的方法在不增加 MI 任务类别的基础上增加 BCI 系统的输出指令数,实现对真实机器人的行走控制。

同时,为了比较基于序列 MI-BCI 范式和传统 MI 范式的性能差异,设计了基于两类 MI 任务的 BCI 范式完成上述相同的机器人行走控制任务,将两者的控制性能进行对比。

12.2.1　被试 MI 任务选择

为了提高分类正确率,首先针对每个被试选择合适的 MI 任务。通过实验采集被试的 MI 样本,以分类正确率为标准,从左/右手、脚这三类 MI 任务中为每名被试选择正确率最高的一类 MI 任务。被试需要按照提示执行上述三类 MI 任务或者保持空闲状态,实验流程如图 12.1(a)所示。在一天的实验中,每名被试需要完成 6 组实验,每组实验各包含 12 个 MI 任务或者空闲状态。每类任务可以从一天的实验数据中提取出 72 个 trial,共 $72\times4=288$ 个 trial。在信号分类算法中,以 2s 为时间窗口,以 0.5s 的时间重叠长度从每个 trial 中选取样本,如图 12.1(b)所示。根据上述样本选择方法,从同一天的实验数据中为每类 MI 状态选取出 360 个样本,共 $360\times4=1440$ 大小的样本集。将样本集中的每类 MI 样本与控制状态样本进行分类,并用"10×10-fold"交叉检验方法得出每类 MI 任务相对于空闲状态的分类正确率。为了避免偶然因素的影响,每名被试采集 3 天的实验数据,通过计算 3 天的平均分类正确率作为被试最优 MI 任务的选择标准。

4 名健康被试参与了实验(均为男性右利手,平均年龄 26.3 岁,其中两名被试没有 MI 经验)。实验过程中被试坐在椅子上,面对一块 27in 的 LCD 计算机屏幕,按照屏幕中的文字提示执行相应的 MI 任务或者保持空闲状态。实验开始前,所有被试均被告知实验的完整流程,并给予一定时间提前熟悉 MI 任务。当完成最优 MI 任务选择后,被试随后进行反馈训练实验。通过将在线分类结果实时反馈给被试并利用新获得的样本更新分类器参数,提升被试调节 EEG 特征的能力,提高在线分类正确率和可靠性。在本节的反馈实验中,若被试在一类 MI 任务下的在线分类正确率达到 85% 以上,则反馈训练结束。

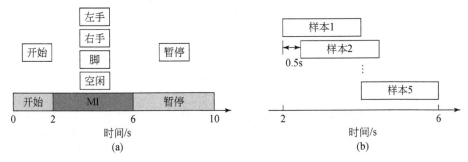

图 12.1　MI 数据采集实验和样本选取方法示意图

(a)为 MI 数据采集流程示意图,前 2s 为实验准备时间,2~6s 是 MI 任务执行时间,后 4s 为被试休息时间;

(b)为滑动窗口的样本选择方式,样本时间长度是 2s,相邻样本重叠长度是 0.5s

12.2.2　机器人行走控制系统设计

机器人行走控制系统主要由三部分组成:①实验平台,包括控制对象和实验场地选择等;②BCI 系统,包括控制策略设计等;③实验任务设计,用于检验整个系统的性能。同时,本节还设计了对比实验,用于比较序列 MI-BCI 范式与传统 MI-BCI 范式在机器人行走控制实验中的性能差异。

1. 实验平台选择

实验采用法国 Aldebaran 机器人公司的 NAO-H25 型类人形机器人为被控对象,如图 12.2 所示。NAO-H25 型机器人的下肢可以模拟人的步态行走方式完成直行、左/右转弯等行走功能。同时,该型机器人具备无线传输功能,外部计算机可以通过 WiFi 向机器人发送控制指令,便于实现 BCI 远程操控。为了验证 BCI 系统对机器人行走的控制性能,选择室内平整地面作为实验场地。被试需要利用作者设计的 BCI 范式控制机器人从地面标记的初始位置按照指定路径行走至目标位置。

2. BCI 系统构建

为了有效控制机器人的行走方向,BCI 至少需要输出两类指令。此处采用第 11 章提出的序列 MI 范式设计方法实现两类 BCI 异步范式。该范式中,被试需要执行长度为 2 的序列 MI 任务控制机器人的行走方向,如图 12.3 所示。该范式利用的两类序列 MI 任务记为 MI+Idle 和 MI+MI。理论上,当被试执行一类 MI 任务时,存在两种不同状态(MI 和空闲状态),长度为 2 的序列 MI 任务共有 4 个不同类别。然而,此处所构建的 BCI 系统的操控方式为异步方式,所以在实际控制过程中,Idle+MI 和 Idle+Idle 这两个序列任务是无效的。因此,本次实验中序列 MI

任务能够使被试以异步的方式产生两类不同的输出结果。

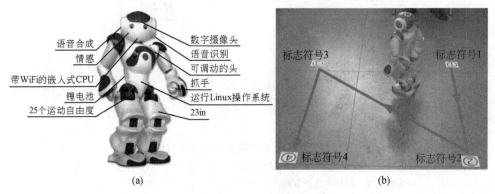

(a)

(b)

图 12.2　机器人行走控制实验平台

(a)为实验选用的 NAO-H25 型类人形机器人,高度约为 58cm,具备 25 个运动自由度;(b)为以平整的
室内地面作为实验场地,地面上设置的标志符号代表位置信息

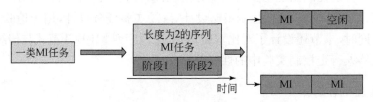

图 12.3　基于一类任务的序列 MI 设计方法

　　当机器人需要转弯时,被试首先执行一次 MI 任务控制机器人停止。若被试再执行一次 MI 任务,机器人则会向右转弯;否则,若被试在机器人停止后保持空闲状态,则机器人会向左转弯。当接收到转弯指令后,若被试一直保持空闲状态,则机器人会继续保持转弯状态。当被试判断机器人达到转弯角度后就执行下一个 MI 任务,此时机器人会停止转弯。若被试之后重新保持空闲状态,则机器人按照当前朝向直行;若被试继续执行 MI 任务,则机器人停止行走任务,表明被试判断机器人已经到达了目标位置。上述基于序列 MI 的机器人行走控制策略如图 12.4所示。从上述控制策略中可以看出,当被试执行第一个 MI 任务时(即序列任务的前半部分),机器人会停止当前动作,等待序列任务的后半部分完成。这种控制策略可以在序列 MI 任务还未完成时帮助机器人提前做出响应,防止转弯角度或直行距离超调。同时,可以将机器人停止动作这一行为作为反馈信息,帮助被试及时、准确地完成当前序列任务的后半部分,提高最终输出指令的正确率。

　　根据上述 BCI 范式和控制策略,机器人行走控制系统框架如图 12.5 所示。在该系统中,被试与机器人处于同一个实验房间中,被试通过眼睛观察机器人的运动状态和需要达到的位置信息,以此执行相应的序列 MI 任务控制机器人左/右转弯、向前运动或者停止等动作。控制过程中,BCI 系统的输出结果转换成机器人控制指令后通过无线网络连接发送给 NAO-H25 型机器人。

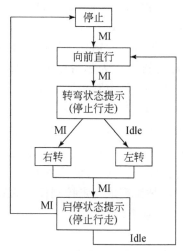

图 12.4　基于一类任务的序列 MI 的机器人行走控制策略
MI 为执行运动想象;Idle 为保持空闲状态

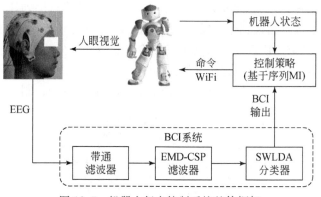

图 12.5　机器人行走控制系统整体框架

　　在机器人行走实验中,BCI 只需识别 MI 和空闲状态两类 EEG 信号,因此采用 CSP 算法即可实现分类。为了提高最终分类结果的可靠性,CSP 算法的输出结果利用 dwell time 进行优化。dwell time 时间长度设为 1500ms。当 BCI 识别出一个 MI 任务之后,算法会忽略之后 1000ms 的数据,这一时间作为被试执行下一个子任务的准备时间。1000ms 之后,算法重新开始对 EEG 信号进行分类,若在 3s 内检测到新的 MI 任务,则输出 MI+MI 序列任务,否则输出 MI+Idle 序列任务。

3. 行走控制任务设计

为了有效验证提出的 BCI 范式在机器人行走控制中的性能,设计了让机器人从某一个初始位置按照指定路径行走至目标位置的行走控制任务,如图 12.6 所示。整个行走场地大小为 $2m \times 2m$,分别在场地四角上放置了位置标志——标志符号 1~标志符号 4,其中标志符号 1 为起始点位置,标志符号 4 为目标位置。在一次完整行走控制任务中,被试需要控制机器人从标志符号 1 位置依次通过标志符号 2 和标志符号 3,并在标志符号 4 处停止行走。任务开始时,机器人已放置在标志符号 1 处。每次实验将记录从任务开始到机器人成功停止在目标位置所花费的时间 T,以及在此期间被试控制机器人行走共产生的指令数 C。通过 T 和 C 这两个参数可以衡量被试控制机器人完成行走任务的效率。所花费的时间 T 越小,所产生的控制指令数 C 越少,被试完成行走控制任务的效率就越高。在本实验中,每名被试要求完成 8 次行走控制实验,通过计算 T 和 C 的平均值衡量机器人行走控制的最终性能。

为了进一步呈现本节提出的序列 MI-BCI 性能,这里设计了在线仿真实验,用于测试在线情况下每名被试完成一次序列 MI 需要的时间(称为命令响应时间 RT)和正确率 P。在该实验中,被试根据屏幕提示执行控制机器人行走所需的 MI+Idle 和 MI+MI 这两个序列任务。当提示出现时,被试需要立即执行序列任务,直至该任务被成功检测。从提示出现到序列任务完成的这段时间记为命令响应时间 RT。实验中,每个序列任务重复执行 64 次,其中正确检出的任务百分比记为正确率 P。由于机器人行走控制过程中,被试何时开始执行序列任务无法得知,因此通过在线仿真实验可以间接地获取机器人从直行到转弯所需的时间,以及每个控制指令的正确率。

图 12.6　机器人行走控制任务设计

12.2.3　对比实验设计

为了比较序列 MI 范式与传统 MI 范式在机器人行走控制上的性能差异,设计

了基于左/右手两类 MI 任务的机器人行走控制对比实验。在研究中,左/右手 MI
是 MI 范式最常用的思维任务。在机器人行走控制中,被试可以通过想象左手运
动控制机器人向左转弯,想象右手运动控制机器人向右转弯。序列 MI 范式可以
利用少量的 MI 任务产生更多的输出指令,但与传统 MI 范式相比,序列 MI 范式
在操控复杂度上有所增加。为了研究 MI 任务复杂性对机器人行走控制性能的影
响,利用左/右手 MI 任务以异步控制方式完成前面设定的行走控制任务,分别对
比这两类范式的控制时间 T、控制指令数 C、命令响应时间 RT 及正确率 P。基于
左/右手 MI 的机器人行走控制策略如图 12.7 所示。

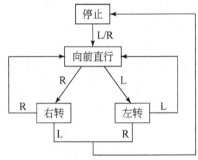

图 12.7　基于左/右手 MI 的机器人行走控制策略
L 指左手 MI,R 指右手 MI

12.2.4　实验结果

表 12.1 为每名被试分别利用序列 MI 范式和传统 MI 范式完成机器人行走控
制任务所需的控制时间 T 和指令数 C。从表中可以看出,利用序列 MI 范式,4 名
被试平均需要 139.8s 完成一次行走控制任务,同时平均产生 11.9 个控制指令。
其中被试 1 完成一次任务所需的时间最少,为 122.6s,控制指令数为 9.8 个。在 8
次行走控制实验中,4 名被试的平均成功完成次数为 7 次(实验中,若时间花费过
高,则认为实验失败)。利用传统 MI 范式,4 名被试完成一次行走控制任务的平均
时间为 143.5s,产生的指令数为 12.9 个。在 8 次行走控制任务中,4 名被试的平
均成功完成次数为 5.8 次。

表 12.1　机器人行走控制实验结果

被试	序列 MI 范式			传统 MI 范式		
	控制时间 T/s	指令数 C	成功次数/总次数	控制时间 T/s	指令数 C	成功次数/总次数
1	122.6	9.8	8/8	120.8	9.8	8/8
2	136.4	11.0	8/8	140.3	11.3	7/8

续表

被试	序列 MI 范式			传统 MI 范式		
	控制时间 T/s	指令数 C	成功次数/总次数	控制时间 T/s	指令数 C	成功次数/总次数
3	142.3	11.7	7/8	148.4	13.8	5/8
4	157.8	15.2	5/8	164.3	16.7	3/8
平均	139.8	11.9	7/8	143.5	12.9	5.8/8

图 12.8 为被试利用序列 MI 范式完成一次机器人行走控制任务的具体过程。实验开始时,被试需要执行一次 MI 任务使机器人从停止状态转变为向前直行状态;当机器人行走至位置②时,被试通过执行 MI+MI 序列任务使机器人持续向右转弯;当机器人朝向位置③时,被试通过执行 MI+Idle 序列任务控制机器人向前行走直至达到位置③;随后被试按照之前类似的方式执行两次 MI+Idle 序列任务控制机器人转弯朝向位置④并向前直行。当到达目标位置④后,被试需要执行两次序列任务(最后一次必须为 MI+MI)使机器人停止在目标位置。根据上述流程,在不产生错误指令的理想状况下,被试至少需要执行 7 次序列 MI 任务才能控制机器人从初始位置①处行走至位置④处。如果中途出现错误指令或者机器人运动状态偏移,那么被试还需要额外执行更多的序列任务对行走过程进行修正。

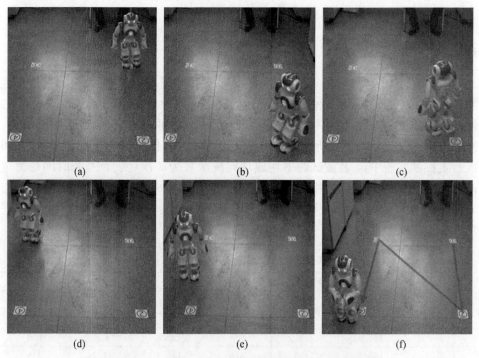

(a)　　　　(b)　　　　(c)　　　　(d)　　　　(e)　　　　(f)

图 12.8 利用序列 MI 范式控制机器人行走步骤

整个任务中机器人最少需要完成 1 次启动/停止和左/右转弯动作

在线仿真实验结果如表 12.2 所示,分别显示了序列 MI 范式和传统 MI 范式的命令响应时间 RT 和正确率 P。在序列 MI 范式中,4 名被试的命令平均响应时间 RT 为 5.0s,平均正确率 P 为 90.4%。每名被试都根据"10×10-fold"的交叉检验正确率确定各自的最优任务。其中,被试 1 最优任务为左手 MI,其在线仿真分类正确率最高,达到 95.3%,命令响应时间也最短,为 4.5s。在传统 MI 范式中,4 名被试的命令平均响应时间 RT 为 2.6s,平均正确率 P 为 85.5%。从上述结果可以看出,序列 MI 范式的 RT 值高于传统 MI 范式,正确率约提高 5%。

表 12.2 在线仿真实验结果

被试	序列 MI 范式				传统 MI 范式	
	命令响应时间 RT/s	正确率 P/%	最优 MI 任务	10×10-fold 正确率/%	命令响应时间 RT/s	正确率 P/%
1	4.5	95.3	左手	97.0	2.2	92.2
2	4.7	93.0	右手	94.2	2.4	89.6
3	5.3	87.5	右手	92.5	2.7	81.6
4	5.6	85.9	左手	88.3	2.9	78.1
平均	5.0	90.4	—	93.0	2.6	85.5

在序列 MI 范式中,算法只需要从空闲状态中区分一类 MI 特征,因此其分类正确率高于传统 MI 范式。图 12.9 为 4 名被试在执行一类 MI 时的 ERD/ERS 脑地形图。

SWLDA 算法从不同频率范围提取的特征集中选出对分类贡献率显著的特征分量,从而降低了分类的特征维数,提高了分类性能。图 12.9 给出了对分类贡献率最大的 4 个特征向量所对应频段范围内的 EEG 分解信号,绘制相应的脑地形图。从图中可以发现,4 名被试执行各自最优的 MI 任务都产生了较为显著的 ERD/ERS 特征。被试 1 和被试 4 的最优任务为左手 MI,在其对应的脑地形图中可以发现在其皮层右侧能观察到明显的 ERD 特征。同样,被试 2 和被试 3 的最优任务为右手 MI,能够在皮层左侧观察到 ERD 特征。

12.3 多关节机械臂 BCI 控制

12.2 节设计实现了基于一类任务的序列 MI 范式,成功实现了真实机器人的行走控制。实验结果表明,序列 MI 范式可以为那些即使经过训练也仅能有效区分较少任务的被试提供一种有效、可行的 BCI 设计方法,实现对真实设备的在线控制。根据第 11 章提出的序列 MI 范式原理,被试可区分的 MI 类别数的增加可以有效提高 BCI 系统输出的指令数,实现对外部设备更多自由度的在线控制。本节将以左/右手这两类 MI 任务为基础,通过序列编码方法实现六分类 BCI 范式,用于控制具有 3 关节运动功能的真实机器人手臂。

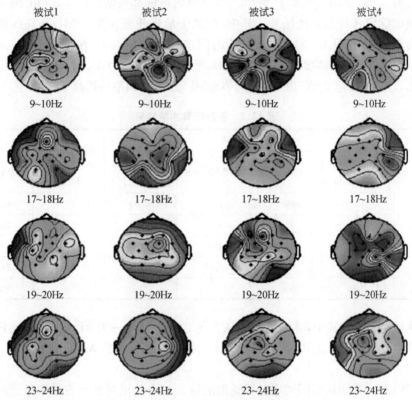

图 12.9　4 名被试 MI 引发的 ERD/ERS 特征脑地形图(见彩图)
所有被试通过 SWLDA 算法选取了 4 个对分类贡献最大的特征项,得出的 p 值都小于 0.001

12.3.1　机械臂控制实验平台

　　本节仍采用 NAO-H25 型机器人构建实验平台,以机器人的左侧手臂作为控制对象。该机械手臂具有肩、肘、手 3 个活动关节,共 6 个运动自由度(肩关节和肘关节有顺时针旋转和逆时针旋转两个运动自由度,手部为开合两个自由度)。实验中,机器人以合适的姿势放置在水平桌面上,这使左侧机械臂能够在侧平面内自由运动。被试在整个控制过程中坐在椅子上面对 NAO-H25 型机器人,并利用所设计的 BCI 范式控制机械手臂的 3 个关节运动,完成物体抓取任务,如图 12.10 所示。被抓取目标物体为 1 个大小适中的灰色物块,本实验中放置在机器人的正前方,在机械臂可抓取空间范围内。在控制过程中,肩关节和肘关节的转动速度恒定,约为 0.1rad/s。BCI 范式产生的控制指令通过 WiFi 网络发送给机器人自身控制系统。

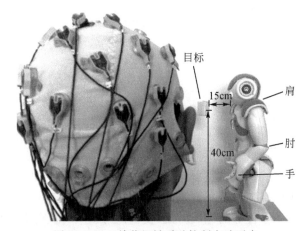

图 12.10　3 关节机械手臂控制实验平台

目标物体和机械手臂处于同一侧平面中,距离桌面高度约为 40cm,在机器人前方约 15cm

12.3.2　六分类序列 MI 范式

为了控制机械臂完成物体抓取功能,BCI 范式需要输出 6 个不同的控制指令。本实验以左/右手两个 MI 任务为基础,利用序列编码方法设计长度为 2 的序列 MI 任务,实现六分类序列 MI 范式。在第 11 章中已经利用序列 MI 设计方法实现了六分类序列 BCI 范式,并取得了较好的测试效果。因此,本实验将直接利用该范式完成 3 关节机械臂控制任务。

机械臂控制实验中的 4 名被试与第 11 章相同,已经具备了一定的 MI 经验。本次实验中,六分类序列 MI 任务与第 11 章相同,分别记为 LL、LR、RR、RL、SL 和 SR(L 和 R 分别代表左手 MI 和右手 MI)。

12.3.3　机械臂控制策略

为了控制机械臂完成物体抓取任务,序列 MI 范式的六分类序列分别用于控制 3 个关节的不同自由度运动,如表 12.3 所示。其中,SL 任务用于产生运动停止指令,控制机械臂立即停止所有关节运动。另外 5 个序列任务用于控制 3 个关节的 6 自由度运动功能。SR 任务单独控制机械臂手部的打开/闭合状态,当手部打开时,SR 可以闭合手部,反之亦然。当 BCI 范式发送 1 个肩关节或肘关节运动控制指令时,对应关节会持续按指令方向转动直到下一个新指令产生。例如,当 LL 产生后,肩关节开始按顺时针方向转动,若随后被试一直保持空闲状态,没有产生其他序列任务,则肩关节会持续转动。若一段时间后,被试重新产生一个 RL 任务,则机械臂停止肩关节转动,同时肘关节开始按逆时针方向转动。

表 12.3　3 关节机械臂控制策略

序列 MI 任务	机械手臂控制指令
SL	停止所有关节运动
SR	打开/闭合手部关节
LL	顺时针旋转肩关节
LR	逆时针旋转肩关节
RR	顺时针旋转肘关节
RL	逆时针旋转肘关节

　　为了辅助被试准确、及时地执行所需要的序列 MI 任务,此处设计了一种嵌入机械臂运动状态中的反馈机制。鉴于序列 MI 任务的特点,BCI 范式需要向被试反馈序列任务中第一个子任务的完成时刻,使被试可以及时执行下一个子任务,保证最终序列 MI 任务的正确率。在第 11 章中,通过在屏幕上显示实时分类结果作为反馈信息,然而,在真实机械臂控制过程中,被试需要时刻关注机械臂的运动状态及实时产生控制指令,如果仍然采用原来的反馈机制,那么会使被试的注意力不停地在机械臂和屏幕之间来回切换,大大增加被试的认知负荷及控制时机的把握难度。为了提高控制效率,本节提出了一种嵌入式反馈机制,使被试的注意力始终集中在机械臂上,在观察机械臂运动状态的同时获得序列 MI 任务执行过程的反馈信息。当被试完成了序列 MI 任务中的第一个子任务时,如果机械臂处于运动状态,那么将会停止机械臂运动。将这一停止行为作为反馈信息,提示被试开始执行下一个子任务,机械臂一直处于停止状态直到开始执行新的运动指令;当第一个子任务完成后机械臂处于停止状态,机械臂的肘关节会进行一个幅度约为 5° 的来回运动,作为反馈信息提示被试开始执行下一个子任务。

12.3.4　实验流程和性能指标

　　为了验证本节提出的机械臂控制 BCI 范式的性能,要求每名被试重复完成 15 次物体抓取任务。在实验开始前,每名被试根据左/右手分类正确率进行反馈训练,以确保分类可靠性。与机器人行走控制实验类似,根据被试完成一次抓取任务所需要的控制时间 T 和产生的控制指令数 C 两个参数来评估机械臂的控制性能。在完成所有抓取任务之后,每名被试还需要利用键盘手动完成同样的物体抓取任务,作为对比实验。被试利用键盘上的 6 个按键代替 BCI 范式中的六分类序列 MI 任务,按照表 12.3 中的策略控制机械臂运动。同样,记录用键盘完成物体抓取任务所需要的控制时间 T_k 和产生的控制指令数 C_k。由于键盘操作与实用 BCI 范式相比性能较为稳定,因此每名被试只需重复完成 6 次物体抓取任务。

12.3.5　实验结果

表 12.4 为每名被试分别利用六分类序列 BCI 范式和键盘完成机械臂物体抓取任务所需的控制时间和指令数。从表中可以看出,利用序列 MI 范式,4 名被试平均需要 49.1s 完成一次物体抓取任务,同时平均产生 6.1 个控制指令。其中,被试 1 完成一次任务所需的时间最少,为 39.1s,控制指令数为 4.9 个;被试 4 需要的控制时间最长,为 61.3s,需要控制指令数为 7.9 个。由于被试 4 六分类序列 MI 任务的分类正确率最低,容易产生错误指令引发误操作,因此需要更多的时间和指令进行运动修正。在 15 次机械臂控制实验中,4 名被试的平均成功完成次数为 13.3 次。实验中任务失败的原因是当次任务中指令错误次数过高,导致被试长时间无法抓取目标物体,被认定为任务失败。在键盘控制对比实验中,4 名被试完成一次物体抓取任务的平均时间为 32.9s,产生的指令数为 4 个。由于键盘操作的正确率为 100%,因此每名被试产生的控制指令数相同,都为 4 个。

表 12.4　3 关节机械臂控制实验结果

被试	序列 MI 范式			键盘控制对比实验	
	控制时间 T/s	指令数 C	成功次数/总次数	控制时间 T_k/s	指令数 C_k
1	39.1	4.9	15/15	32.3	4
2	43.6	5.3	15/15	33.0	4
3	52.3	6.1	12/15	31.7	4
4	61.3	7.9	11/15	34.7	4
平均	49.1	6.1	13.3/15	32.9	4

图 12.11 为被试利用序列 MI 范式控制机械臂完成一次物体抓取任务的具体过程。在每次任务中,被试首先需要控制机械臂的肩关节和肘关节转动,使机械臂末端接近目标物体,随后控制打开手部关节使物体处于手掌的抓取范围内,随后控制手部闭合抓取物体。在不发生错误操作的情况下,完成本实验中的物体抓取任务最少需要 4 个指令,即利用 LL 和 RR 抬起手臂使手掌接近物体,随后利用 SR 打开手掌,当物体处于手部抓取范围内后,再次执行 SR 闭合手掌抓取物体。在实际控制过程中,如果中途出现错误指令或者关节运动偏离预期路径,那么被试还需要额外执行更多的序列任务对机械臂运动过程进行修正。

序列 MI 范式控制方式与键盘控制方式的性能对比如图 12.12 所示。序列 MI 范式控制时间与键盘控制时间的平均比率为 1.49,控制指令数的平均比率为 1.53。从上述结果可以看出,利用第 11 章的序列 MI 范式完成机械臂物体抓取任务所需要的时间和控制指令比键盘手动控制方式多 50% 左右。这一比率与目前报道的研究结果接近。Millan 等[1] 的机器人控制实验所获得的比率结果为 1.35;

Chae 等[2]设计的人形机器人控制范式所取得的比率结果为 1.27。由于本章控制任务为多自由度机械臂操控,控制任务更为复杂,因此比率略高于上述研究的实验结果。

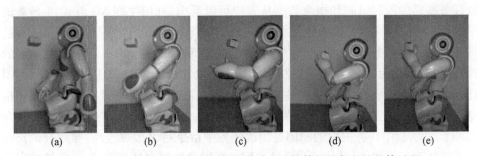

(a)　　　　　(b)　　　　　(c)　　　　　(d)　　　　　(e)

图 12.11　利用序列 MI 范式控制机械臂完成物体抓取任务的具体过程

(a)实验开始时机械臂处于下垂状态;(b)被试通过执行 LL 序列任务控制肩关节顺时针转动;(c)当肩关节运动至合适位置时,被试执行 RR 序列任务时肩关节停止转动并使肘关节顺时针转动;(d)当手部接近物体时被试利用 SR 序列任务使机械臂停止在当前位置并打开手掌;(e)被试再次执行 SR闭合手掌完成物体的抓取

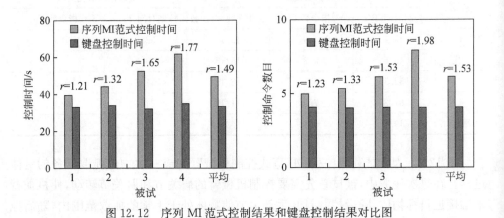

图 12.12　序列 MI 范式控制结果和键盘控制结果对比图

12.4　实验结果分析与讨论

从上述机器人行走和机械臂物体抓取控制实验结果可以看出,序列 MI 范式能够有效完成对外部设备的多自由度控制,证明了该范式在真实应用场景中的控制性能。本节将根据上述实验结果讨论序列 MI 范式在真实外部设备控制中的优势、存在的不足及其对控制性能的影响。同时,本节还将进一步讨论利用序列 MI 范式时需要注意的关键因素,以保证该范式在使用过程中的控制效率。

12.4.1　序列 MI 范式的控制性能

从表 12.1 和表 12.4 中可以看出,本章实现的序列 MI 范式能够有效实现对真实机器人行走控制和机械臂物体抓取的控制。在行走控制实验中,所提出的 BCI 范式利用一类 MI 任务实现了对机器人前进、停止、左/右转弯四类动作的控制,每名被试均可控制机器人从出发点按照设定路径行走至目标位置,任务平均完成率在 95% 以上。在控制性能方面,4 名被试完成一次行走任务的平均时间花费为 139.8s 左右,所产生的平均控制指令数为 11.9 个。同时,机械臂控制实验结果更进一步证明了序列 MI 范式在处理多自由度控制问题上的优势。在实验中,通过序列编码方法利用两类 MI 任务实现了 3 关节机械臂 6 自由度运动控制。4 名被试完成 15 次物体抓取任务的平均成功率达到 88.7%,平均需要花费 49.1s 的控制时间和执行 6.1 个控制指令。与键盘控制相比,所需要的时间和指令数增加了 50% 左右,其中效果最好的被试仅增加 20% 左右,证明了该范式能够有效用于多关节机械臂控制中。上述两类实验结果体现了序列 MI 范式在拓展 BCI 输出指令数上的有效性,特别是在真实外部设备操控上的可行性。序列 MI 范式具有良好实际操控性能的重要原因之一是借鉴了信息编码的思想。在传统电报传输中的摩斯编码方法可以利用点和划两类基本单元对所有英文字母和数字进行编码,使其便于在无线信号、电磁波等物理介质中高效传输。在人机交互领域也存在很多类似的操控方式,其中一个典型的例子就是游戏手柄。在很多游戏中,手柄不同的按键顺序可以输出不同的游戏控制指令。鼠标、计算机触控板等人机交互设备也同样采用了序列编码的方式实现功能多样的计算机操作。本章提出的序列 MI 范式也同样借鉴了这种人机交互方式。通过顺序执行一种或者两种基本 MI 任务,将不同的任务序列编码映射为外部设备的控制指令,可以帮助更多的被试,特别是 MI 能力较弱的人群,实现外部设备的多自由度控制。同时,本章实现的多分类序列 MI 范式在用于真实外部设备控制中体现出了较高的分类正确率和可靠性,重要原因之一是信号处理算法需要区分的 EEG 模式数目较少,使算法的在线分类性能得以保证。在机器人行走控制实验中,BCI 算法只需要在线区分两种不同的 EEG 特征模式(MI 和空闲状态)就能以异步方式输出两类指令。假设算法两分类正确率为 P,理论上长度为 2 的序列 MI 任务的分类正确率为 P^2。利用传统 BCI 范式实现同样的异步两分类 BCI 范式,算法需要同时对三类 EEG 特征模式进行分类。目前多分类问题一般采用组合多个两分类器的方法(one-versus-one 或者 one-versus-rest)进行处理。因此,算法需要设计 3 个两分类器。假设两分类的正确率同样为 P,则在传统方法下,输出一个正确指令需要 3 个分类器都正确分类,因此输出指令的正确率为 P^3 [事实上,如果采用 one-versus-one 方式,那么当类别数增加至 k 时所需要的两分类器为 $k(k-1)/2$,正确率下降速度更快]。由于 P 一般小于 1,有 $P^2 > P^3$,因此,实现相同的指令输出,采用序列编码方法的正确率在理论上高于仅增加 MI 任务的传统方法。若综合考虑基本 MI 任务增加对被试的影响,则序列 MI 范式在正确率和可靠性上的优势将更为明显。

12.4.2　序列 MI-BCI 存在的不足及其对控制性能的影响

本章提出的序列 MI 范式在提高系统输出指令数、实现对外部设备的更多自由度控制方面体现出了明显的优势。然而实验结果表明,提出的范式仍存在一些不足之处,对机器人控制性能具有一定的影响:①序列编码方法使被试需要执行的 MI 任务的复杂度增加,对机器人控制方式的自然程度降低。在传统 BCI 范式中,被试执行一次 MI 任务就能产生一个控制指令,任务与指令之间是一一对应关系。在本章范式中,被试需要执行多个 MI 任务才能产生一个控制指令,这使任务复杂度增加,并且 MI 任务与控制指令由原来的直接对应关系变为间接对应关系。在实际机器人控制过程中,被试需要一定的时间熟悉这一间接对应关系。特别是在机械臂控制实验中,被试需要记住六分类序列 MI 任务与 3 关节 6 自由度运动控制之间的对应关系,才能快速、准确地完成物体的抓取任务。在实验中也发现,被试存在因为记错序列任务与控制指令之间的对应关系,导致机械臂的误操作,增加了完成物体抓取任务所需要的控制时间和指令数。对于这一问题,尚未找到有效的解决方法,目前降低这一因素对控制性能影响的措施是设计合理的对应关系,便于被试记忆。同时,在实验开始前增加训练时间,通过实际控制帮助被试准确记忆。②完成一个序列 MI 任务的时间变长,导致单个控制指令的响应速度下降。在机器人行走和机械臂控制实验中,序列 MI 任务检测的响应时间与单个 MI 任务的响应时间存在较大的差距。从表 12.2 中可以看出,4 名被试序列任务检测的平均响应时间 RT 为 5.0s,而单个 MI 任务的平均响应时间 RT 为 2.6s,可见序列 MI 范式的控制指令响应速度比传统 MI 范式慢 1 倍左右。响应速度的下降会对机器人的运动控制精度产生直接影响。例如,在行走控制实验中,机器人可能无法在精确的位置转弯,机械臂关节转动角度难以达到预期目标等。从上述结果可以看出,序列 MI 设计方法牺牲了响应速度来换取 BCI 系统输出指令数的提升。下面将从任务最终完成情况的角度来说明这种性能折中对机器人控制性能的影响。图 12.13 为机器人行走控制实验中序列 MI 范式和传统 MI 范式命令响应时间 RT 和任务完成控制时间 T 的结果对比。从图中可以看出,序列 MI 范式的平均 RT 值明显大于传统 MI 范式中的左/右手 MI 的 RT 值,前者约为后者的 2 倍。从 T 的对比柱状图中可以发现,两者间的差距并没有呈现与命令响应时间 RT 相同的变化规律。序列 MI 范式的 T 值与传统 MI 范式的比值约为 0.98,即利用序列 MI 范式完成行走任务的平均时间略短于传统 MI 范式。其中,对于被试 1,两种范式行走任务完成的时间比值为 1.01,而对于其余被试,序列 MI 范式的任务完成时间 T 值小

于传统 MI 范式的结果,相比于传统 BCI 范式能更快地完成控制任务。对于被试
1,由于序列 MI 任务和单纯的左/右手 MI 任务分类正确率都比较高,在 92% 以上,
因此两者错误控制指令出现的概率相似,指令本身的响应速度成为影响最终任务
完成时间的主导因素。对于其他 3 名被试,从表 12.2 中可以看出,传统 MI 范式的
左/右手 MI 分类正确率低于序列 MI 范式中的两类序列任务分类正确率,导致控
制过程中错误指令发生的概率相对较高,被试需要额外花费更多的时间和控制指
令对机器人行走状态进行修正,从而使完成任务的控制时间增加。从上述结果可
以看出,在异步控制方式中,由于被试不需要时刻对机器人进行控制,只需要在少
数几个关键点上对机器人的行走状态进行调整,从而弱化了命令响应时间过长带
来的不利影响,因此虽然序列 MI 范式的命令响应时间高于传统 MI 范式,但完成
任务所需控制时间有可能低于传统 MI 范式。

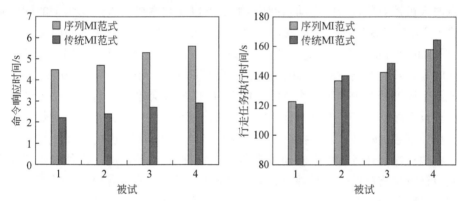

图 12.13　命令响应时间 RT 和任务完成时间对机器人行走控制性能的影响

序列 MI 范式的平均命令响应时间 RT 与传统 MI 范式 RT 的比值为 1.97,
而完成任务控制时间 T 的比值为 0.98

　　在 3 关节机械臂控制实验中,同样可以发现与行走实验相似的对比结果。序
列 MI 任务检测的 RT 是单个 MI 任务的 2.5 倍左右。但从最终任务完成时间来
看,完成一次物体抓取任务的控制时间 T 是键盘控制时间的 1.5 倍左右(键盘操作
的响应速度还要高于单个 MI 检测的响应时间。目前正常人的肢体响应时间约为
0.5s,而本章单个 MI 检测时间约为 2s),增加幅度明显小于 RT 值的增幅。根据对
机器人行走控制和机械臂控制实验结果的分析,序列 MI 范式虽然降低了 BCI 系
统的响应速度,会在一定程度上对机器人的细节运动控制性能产生影响(如控制过
程中的转弯精度、关节转动角度等),但在本章的异步机器人控制场景下,响应速度
的降低并没有对整个任务的完成性能带来显著影响,甚至在某些情况下,反而取得
了更好的控制效果。这也从另一个角度体现了序列 MI 范式适用于对控制对象干
预较少的异步式应用场景,但对于其他需要快速、频繁进行指令输出的场景,其性

能会受到响应时间的影响而显著下降。

12.4.3　序列 MI 范式设计中的关键因素

在利用序列编码方法设计多分类 MI 范式时,为了保证 BCI 系统的性能,特别是能有效用于外部设备的实际控制,需要着重注意两个关键因素:①设计合理的反馈机制以便被试获取序列 MI 任务的执行进度;根据实验数据选取最优的基本 MI 任务用于构建序列 MI 范式,以保证系统的分类正确率。合理的反馈机制在帮助被试获取序列 MI 执行过程信息的同时,要尽可能不增加被试额外的任务负荷。在真实外部设备控制中,被试往往需要密切关注控制对象本身的运动状态(如本章中的机器人行走状态和机械臂运动状态)。因此,反馈信息的呈现方式不能影响被试对控制对象的观察,否则会影响被试对控制时机的判断。在本章实验中,将反馈信息嵌入被控对象自身的运动状态中,被试可以在观察机器人运动状态的同时接收序列 MI 任务执行的过程信息,在不影响被试对控制时机判断的同时提高序列 MI 任务的执行正确率。除此之外,嵌入式反馈机制还能降低序列编码导致的系统响应时间过长对控制性能的影响。以机械臂控制为例,利用这种反馈机制,当被试完成某个序列任务中的第一个 MI 子任务时,机械臂会停止当前所有关节转动并等待至整个序列任务完成再执行新的指令。序列任务中间的停止等待动作既可以作为反馈信息提示被试及时执行下一个子任务,也可以降低超调量,使机械臂关节不会在执行序列任务过程中转动过多角度,提高控制的精确度。这种嵌入式反馈机制设计方法将反馈信息呈现方式融合进被控对象中,使两者得到有效统一。除此之外,还可以利用其他独立于被试视觉通道的信息反馈方式,如听觉、触觉提示等。②根据实验数据选取最优的基础 MI 任务进行序列编码,提高最终序列 MI 任务的正确率和可靠性。以本章长度为 2 的序列任务为例,若基础 MI 的分类正确率为 P,则序列任务的分类正确率为 P^2。若基础 MI 分类正确率提高 $Q[Q \in (0, 1-P]]$ 达到 $P+Q$,则序列任务的分类正确率将达到 $(P+Q)^2 = P^2 + (2P+Q)Q$。一般情况下 $P > 0.5$,使 $2P+Q > 1$,因此序列 MI 分类正确率的提升幅度高于基础 MI 分类正确率的提升幅度。序列任务分类正确率的提升将进一步提高 BCI 范式对机器人的控制效率。将机器人行走实验中被试 1、被试 4 的控制结果进行对比,被试 1 的序列 MI 分类正确率比被试 4 高将近 10.0%,其行走任务完成时间与被试 4 相比缩短了 28.7%。因此,选择分类正确率和可靠性高的基础 MI 任务进行序列编码对于提高 BCI 范式的实际控制性能具有重要作用。

12.5　本 章 小 结

本章将序列 MI 范式应用于真实对象控制中,验证第 11 章提出的多分类 BCI

范式序列编码设计方法在实际控制中的可行性和有效性。首先,利用一类 MI 任务进行序列编码,设计了长度为 2 的序列 MI 范式,并成功实现了对真实机器人的行走功能控制。4 名被试参与了本次实验,其中序列 MI 范式的平均在线分类正确率为 90.4%,平均响应时间为 5.0s。在机器人行走控制实验中,4 名被试完成一次从初始位置到目标位置的行走任务平均花费 139.8s 的时间,产生的控制指令数为 11.9 个。随后,将左/右手两类 MI 任务进行长度为 2 的序列编码,设计了六分类序列 BCI 范式,实现了对 3 关节机械臂的在线控制,并能够成功完成物体抓取任务。4 名被试平均花费 39.1s 完成一次物体抓取任务,平均需要执行 6.1 个控制指令。上述实验结果证明了序列 MI 范式能够有效拓展传统 MI 范式的输出指令数,并能有效应用于真实外部设备的多自由度控制之中。传统 MI 范式结果表明,该方法在提高输出指令数的同时,还能保证较高的分类正确率和可靠性。通过对实验结果的进一步分析,本章还阐述了序列 MI 范式存在的不足,包括任务复杂度提高和命令响应速度降低这两个方面。任务复杂度提高会导致被试需要花费更多的时间熟悉序列 MI 任务的执行方式及与机器人控制指令之间的映射关系。响应速度的降低对机器人的运动控制精度有直接影响,但在异步控制场景中,对最终任务完成性能的影响程度较小,甚至在有些情况下会提高机器人控制任务的完成效率。最后,本章讨论了信息反馈机制与最优基础 MI 任务选择这两个因素对序列 MI 范式控制性能的重要作用。

参 考 文 献

[1] Millan J,Renkens F,Mouriño J,et al. Noninvasive brain-actuated control of a mobile robot by human EEG[J]. IEEE Transactions on Bio-Medical Engineering,2004,51(6):1026-1033.

[2] Chae Y,Jeong J,Jo S. Toward brain-actuated humanoid robots:Asynchronous direct control using an EEG-based BCI[J]. IEEE Transactions on Robotics,2012,28(5):1031-1144.

第 13 章　基于异步序列运动想象脑机接口的助残轮椅控制

本章将利用第 11 章提出的异步序列 MI 范式在室内环境下实现对真实助残轮椅的 BCI 控制。实验中，要求被试在有障碍物的室内环境中完成助残轮椅的运动控制，包括前进/停止、左/右转弯和加速/减速 6 个功能。

13.1　异步序列 MI 范式

BCI 按照操作方式的不同分为同步和异步两种类型。在同步 BCI 中，被试需要按照系统给出的提示信息(如文字、声音提示等)执行相应的思维任务，而在异步 BCI 中，被试可以自主决定何时开始执行思维任务，控制指令的输出不受外界提示信息的约束。从这两种不同的操作方式可以看出，同步 BCI 的输出指令顺序依赖于系统事先设定的实验流程，而异步 BCI 则没有这样的约束，具有较高的自主性。目前，基于 P300、SSVEP 电位的 BCI 范式一般采用同步操控方式，被试根据提示注视相应的刺激界面来诱发这两种脑电特征。基于 P300 的字符拼写系统是典型的同步 BCI 范式，系统按照 P300 闪烁刺激序列周期性地输出被试所注视的字符。MI 范式一般采用异步控制方式，因为 ERD/ERS 是自发脑电特征，不依赖于外界刺激。相比于同步 BCI，异步 BCI 具有以下优点：

(1) 控制指令输出具有较高的自主性和响应速度。由于不依赖外界提示信息，被试可以在任意时刻执行相应的思维任务，系统的指令输出与同步 BCI 相比具有更高的自主性。正因为如此，被试可以根据外界环境或者控制任务的变化，及时调整控制指令，与同步 BCI 相比具有更快的系统响应速度。

(2) 被试可以更专注控制任务本身，提高系统可靠性。在控制真实设备时，同步 BCI 需要被试同时关注被控对象的运行状态和系统任务提示信息，容易导致错误指令输出。异步方式只需要关注控制对象本身的执行状态，被试可以更专注于思维任务，提高控制指令输出的正确率和可靠性。

(3) 可以降低被试的认知负担，延长使用时间。在异步 BCI 中，系统可以区分被试的控制状态和非控制状态，被试可以在控制对象运行的关键点上输出控制指令，而在无须干预的过程中可以保持空闲状态，从而降低被试的认知负荷，延长BCI 使用时间。

总体来说，异步 BCI 不受系统本身实验流程的约束，可以在任意时刻自主地执行思维任务,输出控制指令,与同步 BCI 相比,异步 BCI 更加适合控制如康复轮椅、机械臂等真实的康复助残设备。近年来,越来越多的研究者开始关注异步 BCI 技术的研究。Townsend 等[1]在 2004 年就提出了基于 MI 的异步 BCI。他们提出了 EEG 信号的连续分类算法,可以实时检测 MI 状态和空闲状态。格拉茨大学的 BCI 团队设计了异步 BCI 范式,可以在虚拟现实环境中实现对轮椅的运动控制,被试可以通过执行 MI 任务在任意时刻向轮椅发送指令[2,3]。Chae 等[4]构建的三类 MI 任务异步 BCI 范式可以实现对类人型机器人的实时控制。同时,传统的同步式 P300 和 SSVEP 范式也逐渐向异步式发展。格拉茨大学相关研究团队通过在算法和实验范式上进行改进和优化,实现了基于 P300 和 SSVEP 特征的异步检测,使 BCI 可以实现控制状态和非控制状态的识别[5-9]。总体来说,当 BCI 用于控制康复轮椅、假肢等真实康复助残设备时,异步操控方式是目前的主流研究方向。第 11 章提出的多分类 MI-BCI 方法能有效增加系统输出指令数,同时保持较高的分类正确率。然而,在第 12 章机器人运动控制实验中发现,被试需要系统提供一定的反馈信息以保证序列 MI 任务被正确有序地执行,这使所实现的 BCI 系统不具备完全的异步性特征。事实上,目前基于序列任务的多步选择 BCI 范式都未实现真正的异步操控。例如,在 Williamson 等[10]实现的 hex-o-speller 两层字符拼写范式中,算法并没有对无 MI 的空闲状态进行分类;在 Bai 等[11]实现的光标控制范式中,被试需要根据系统提示信息执行或者停止 MI 任务,光标按照提示信息出现的节律每次移动一段距离;Xu 等[12]提出的两层字符拼写范式由于每层选择采用的是同步 P300 特征,因此整个系统也是同步式的。在第 12 章中利用序列 MI 任务控制机器人行走和机械臂抓取的实验中,需要向被试反馈序列 MI 任务执行过程信息,以保证当前任务被正确有序地执行,这使得这一范式同样不是严格意义上的异步操控系统。

提高上述 BCI 范式异步性能的一个重要挑战是如何在没有外界提示信息的辅助下,保证被试能够正确、有序地执行所需的序列 MI 任务。本节进一步研究序列 MI 任务的异步检测方式,提高基于序列 MI 范式的自主性。首先,对序列 MI 任务进行了重新设计,使被试可以自主地决定一个序列任务中各个子任务之间的切换时间,而不依赖系统规定的时间约束。其次,对 EEG 信号分类算法进行改进,使算法能够有效识别重新设计后的序列 MI 任务。最后,为了验证方法的有效性和适用性,将所实现的异步序列 MI 范式用于助残轮椅控制中,使被试可以控制轮椅在室内环境中运动。

13.1.1　异步序列 MI 任务设计

在第 12 章中,被试根据系统提示信息有序地完成多个左/右手 MI 子任务,实现了对机器人的运动控制。系统提示信息不仅是被试序列 MI 任务执行过程的反馈,同时直接影响最终指令产生的类别和时间。为了使 BCI 系统具有完整的异步性能,降低上述时序信息对最终指令产生的影响,本节设计了一种不依赖系统提示信息的序列 MI 任务执行方式,使被试自主决定各个子任务之间的切换及停止 MI任务的时刻。由于控制指令输出不依赖系统提示,因此本节异步序列 MI 任务的有效类别数目与第 12 章有所不同。首先,相邻两个子任务之间不允许执行相同的MI 任务,否则将视为同一个子任务。以第 11.3 节中的 LL 序列 MI 任务为例,当存在系统提示时,两个左手 MI 任务之间可以根据系统提示出现的时刻进行区分。在异步范式中,由于不存在提示信息,这两个任务将被视为一个左手 MI 子任务。其次,在无系统提示信息的情况下,空闲状态将不作为子任务的一种可选方式,而是作为整个序列 MI 任务结束的标志。根据上述原理,当采用 M 类 MI 任务构建长度为 N 的异步序列 MI 任务时,其有效类别数 $S(M,N)$ 的计算公式为

$$S(M,N) = M \cdot (M-1)^{N-1} \tag{13.1}$$

与同步序列 MI 类似,其他长度小于 N 的序列任务也同样可以被检测出来。因此,当选择最大长度为 N 的异步序列 MI 时,可以实现的类别总数 $C(M,N)$ 的计算公式为

$$C(M,N) = \sum_{i=1}^{N} S(M,i) \tag{13.2}$$

本节仍然选择左/右手 MI 这两类任务构建长度为 2 的异步序列 MI 任务。根据式(13.1)可以算出有效的序列任务数为 4,分别为 SL、SR、LR 和 RL。与第 12章相比,输出指令数减少了 LL 和 RR 这两类序列任务。

13.1.2　异步序列 MI 任务检测算法

在本节中,原始 EEG 信号采用与 11.3 节类似的处理算法。原始 EEG 信号首先经过 5~40Hz 带通滤波和 50Hz 陷波滤波处理,消除信号中的噪声干扰,随后利用 EMD-CSP 算法和 SWLDA 分类器将预处理后的 EEG 信号分类为左/右手 MI或者空闲状态,得到 EEG 信号的初始分类结果。为了实现序列 MI 任务的异步检测,本节提出了基于模板匹配的分类算法,对 SWLDA 分类器的输出结果序列进行识别,得到最终异步序列 MI 任务的分类结果。

当被试开始或者停止 MI,以及在不同子 MI 任务之间切换时,EEG 信号的分类结果会呈现出较为显著的时间序列模式。以 SL 和 LR 为例,当被试开始左手MI 后,SWLDA 分类结果会从出现 0 到 −1 的阶跃变化,而在停止 MI 时呈现 −1到 0 的阶跃变化。若被试从想象左手运动切换到想象右手运动,分类结果则会呈现"−1"到"1"的阶跃变化(本节中,−1 代表左手 MI 分类结果,1 代表右手 MI 分类结果,而 0 代表空闲状态)。因此,选取具有阶跃变化特征的 EEG 分类结果序列作为模板,采用模板匹配算法实时检测 MI 任务开始/停止、不同 MI 任务间切换时

的 EEG 信号模式,实现对序列 MI 任务的异步检测。本节以左/右手两类 MI 任务
构建序列 MI 任务,因此需要设计六种不同的模板,包括左/右手 MI 开始和停止时
的四类模板,以及从左手切换至右手 MI 任务和从右手切换至左手 MI 任务时的两
类模板。这六类模板的具体设计方法如图 13.1 所示。图中,TSL0 和 TSL1 分别
代表左手 MI 任务开始和停止时刻模板,TSR0 和 TSR1 分别代表右手 MI 开始和
停止时刻模板,TLR 和 TRL 分别代表左手向右手 MI 任务切换和右手向左手 MI
任务切换时刻模板。

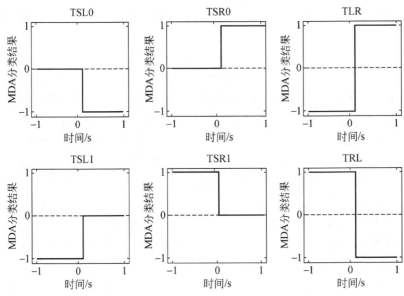

图 13.1　异步序列 MI 任务检测模板

假设在 MI 开始/停止和切换时刻,EEG 信号被正确分类,此时的 SWLDA 分类结果
应具有和图中相应模板一致的时间模式

　　在线识别过程中,SWLDA 初始分类结果序列与图 13.1 中的模板进行实时匹
配。若当前分类结果序列与其中某个模板的匹配度最高,则认为被试目前处理该
模板对应的 MI 变化阶段。若与六类模板都不匹配,则认为被试处于空闲或者持
续 MI 阶段。分类结果序列与模板的匹配度通过计算两者之间的皮尔逊相关系数
(Pearson correlation coefficient)进行度量。将六类模板记为

$$W_c, \quad c \in \{\text{TSL0}, \text{TSL1}, \text{TSR0}, \text{TSR1}, \text{TLR}, \text{TRL}\}$$

则对于一个未知样本 x_i,它与任意一个模板的皮尔逊相关系数 $\rho(x, W_c)$ 的计算公
式为

$$\rho_x, w_c = \frac{\text{cov}(x, W_c)}{\sigma_x \cdot \sigma_{w_c}} = \frac{E(x \cdot W_c) - E(x)E(W_c)}{\sqrt{E(x^2) - E^2(x)} \sqrt{E(x^2) - E^2(W_c)}}$$

$$= \frac{n \sum\limits_{i=1}^{n} x_i W_{c,i} - \sum\limits_{i=1}^{n} x_i \sum\limits_{i=1}^{n} W_{c,i}}{\sqrt{n \sum\limits_{i=1}^{n} x_i{}^2 - (\sum\limits_{i=1}^{n} x_i)^2} \cdot \sqrt{n \sum\limits_{i=1}^{n} W_{c,i}{}^2 - (\sum\limits_{i=1}^{n} W_{c,i})^2}} \quad (13.3)$$

式中，$E(\cdot)$ 表示一个时间序列的期望值；n 为样本 $x(i)$ 和模板 W_c 的长度。一个未知样本与某类模板的 $\rho(x, W_c)$ 值越接近 1，表示样本与该模板的相似度越高；$\rho(x, W_c)$ 越接近 0 表示样本与该模板的相关性越小；当 $\rho(x, W_c)$ 小于 0 时，表示两者之间为负相关，没有相似性。根据式(13.3)可得到样本与六类模板的相关系数。若样本与某一类模板 W_c' 满足如下两个条件，则将样本分类为该模板所代表的 MI阶段：

$$\rho(x, W_c') = \max\{\rho(x, W_c)\} \quad (13.4)$$
$$\rho(x, W_c') > T \quad (13.5)$$

式中，$\max(\cdot)$ 为取 6 个相关系数的最大值；T 为相关系数阈值，取值范围为[0, 1]。由式(13.4)和式(13.5)可以看出，只有当样本与某类模板相关系数为所有相关系数中的最大值且大于所设定的阈值时，算法才能将其分类到该模板所代表的MI 阶段。若上述两个条件没有同时满足，算法则将该样本分类为空闲或者持续MI 状态。利用上述模板匹配算法可以识别 MI 任务开始/停止时间，以及不同 MI任务之间的切换时间。在本节中，上述时间点统一称为 MI 任务变化时刻。根据连续得到的 MI 变化时刻的时序关系，可以最终识别被试所执行的异步序列 MI 任务，识别策略如图 13.2 所示。当某一个时刻 SWLDA 分类结果序列与 TSL0 或者TSR0 模板相匹配时，算法检测结果为被试从空闲状态切换到左/右手 MI 状态。之后，若 SWLDA 分类结果序列与 TSL1 或者 TSR1 模板匹配，则表示被试停止当前 MI 任务并进入空闲状态，此时系统输出 SL 或者 SR 这两个长度为 1 的序列任务。若在 TSL0 或者 TSR0 检测出来之后，又匹配上 TLR 或者 TRL 模板，则认为被试从当前 MI 任务切换到了另一类 MI 任务中，此时系统将输出 LR 或者 RL 这两个长度为 2 的序列任务。

　　当被试从一类 MI 切换到另一类 MI，产生长度为 2 的序列任务 LR 和 RL 后，被试会停止 MI 进入空闲状态，算法会检测出此时的 EEG 分类结果与 TSL1 或者TSR1 这两个模板相匹配，会输出相应的单序列 MI 识别结果。然而，这一结果是LR 和 RL 序列任务的附带输出，不应该向外输出有效的控制指令。为了解决这一问题，算法会同时记录相邻两个模板的匹配结果。如果当前模板匹配结果为TSL1、TSR1、TLR 和 TRL 中的一个，那么其上一个模板的匹配结果必定为 TSL0或者 TSR0 中对应的一个，否则算法不向外输出序列 MI 的识别结果。例如，若当前模板匹配结果为 TSL1，而上一个模板的匹配结果为 TSL0，则认为当前被试执行了一个 SL 任务；若上一个匹配结果为 TRL 或者其他，则认为当前匹配结果是被试结束右手 MI 切换至左手 MI 之后的附属结果，是无效的模板匹配结果，不向

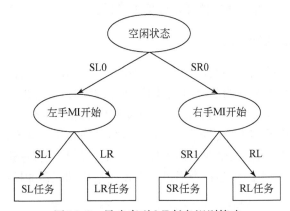

图 13.2　异步序列 MI 任务识别策略

在线识别过程中,算法根据所匹配到的模板序列识别被试所执行的序列 MI 任务

外输出控制指令。异步序列 MI 在线识别算法如算法 13.1 所示。利用此算法,MI
开始或者结束,以及从一个 MI 任务切换到另一个任务的时间点完全由被试自主
决定,BCI 系统被动地监测 EEG 特征来识别当前的任务类别,没有给出任何提示
信息约束被试的任务执行时间,从而实现了序列 MI 任务的异步检测。

算法 13.1　异步序列 MI 的在线检测算法

已知:x(t)为某一时刻的 EEG 样本,res_list 为当前 SWLDA 分类结果序列。
求:当前序列 MI 分类结果 res_sMI。
1:fe(t)←W-CSP feature extraction of x(t)
2:scores(t)← swlda classification of fe(t)
3:swlda_res(t)← threshold discrimination of scores(t)
4:Update(res_list)← swlda_res(t)
5:t_res(t)← template matching of res_list
6:if t_res(t)in['TSL1','TSR1']&t_res(t- 1) in ['TSL0','TSR0'] then
7:res_sMI ← ['SL' or 'SR']
8:else if t_res(t)in['TLR','TRL']&t_res(t- 1) in ['TSL0','TSR0'] then
9:res_sMI ← ['LR' or 'RL']
10:else
11:es_sMI← idle
12:end if
13:return res_sMI

13.2　助残轮椅 BCI 控制系统设计

4 名健康被试参与了本次实验,所有被试都参与过第 12 章的序列 MI 实验。

本次实验环境、EEG 电极通道选择及数据采集设备与 11.3 节一致。

13.2.1　助残轮椅实验平台

实验中所需要控制的助残轮椅平台如图 13.3 所示。轮椅由全方位移动底盘和安装在其上的扶手座椅两部分组成，EEG 放大器和信号处理计算机分别安置在轮椅底部和前部。全方位移动底盘安装有麦克纳姆轮（Mecanum wheel），可以实现前行、横移、斜行及零半径旋转等运动方式，特别适合于空间有限、通道狭窄的作业环境。实验过程中，被试坐在轮椅上控制移动底盘，BCI 程序运行在轮椅前部的笔记本计算机中，产生的控制指令通过串口发送给移动底盘的控制系统。

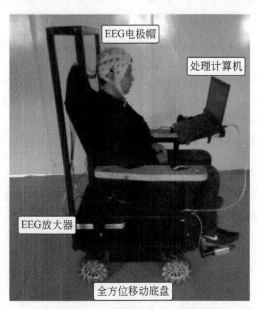

图 13.3　助残轮椅实验平台

13.2.2　轮椅控制策略设计

为了利用异步序列 MI 范式实现对助残轮椅前进/停止、左/右转弯和加速/减速这 6 个功能的控制，实验中所采用的控制策略如图 13.4 所示。其中，轮椅在实验过程中共有 5 个运动状态（分别是停止、低速前进、加速前进和左/右转弯），4 个异步序列 MI 任务分别控制轮椅在这 5 个运动状态之间的转换，完成所需要的运动控制功能。在所设计的控制策略中，LR 序列任务用于控制轮椅的启动和停止功能。当轮椅处于停止状态时，被试通过执行 LR 序列任务可以启动轮椅并低速向前运动。而在轮椅处于前进状态时（包括低速和加速前进），LR 任务同样可以控制轮椅停止前进，进入图 13.4 中的停止状态。RL 序列任务用于轮椅在低速前进和加速前进这两个状态之间相互切换,使被试能够实现轮椅的加速和减速控制。在实验中,轮椅在低速状态下的运动速度为 0.15m/s,而在加速状态下的运动速度为 0.30m/s。SL 和 SR 这两个单序列任务用于控制轮椅转弯。当轮椅处于前进状态时,被试执行 SL 任务可以控制轮椅停止前进并在原地向左转弯(转弯速度约为 0.2rad/s)。当轮椅处于左转弯状态时,被试执行 SL 任务将会使轮椅停止转弯,并以转弯之前的速度前进;若被试执行 SR 任务则会控制轮椅向右转弯,进入右转状态。SR 任务控制轮椅右转弯的方式与 SL 相同。当轮椅处于转弯状态时,若被试产生和转弯方向相同的单序列 MI 任务,则会控制轮椅停止转弯并进入前进状态;若产生的单序列任务与转弯方向相反,则会使轮椅向另一个方向转弯。这种方式便于被试在转弯角度过大的情况下快速进行修正。

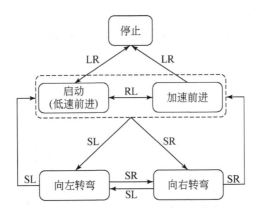

图 13.4　基于异步序列 MI 范式的轮椅控制策略

SL 为左手 MI;SR 为右手 MI;LR 为左手切换至右手 MI;RL 为右手切换至左手 MI

　　根据本章异步序列 MI 的设计原理,被试在开始执行第一个 MI 时,BCI 系统不会产生输出结果,而只有当被试结束 MI 或者切换到另一个 MI 任务时,才会向轮椅发送有效的控制指令。因此,被试正确执行和维持第一个 MI 状态是保证最终序列任务的分类正确性和控制实时性的关键之一。假如被试希望产生一个 SL 任务,若在执行左手 MI 过程中算法没有准确识别,则当被试停止想象时范式不会产生 SL 分类结果。为了使被试同步了解不同时刻的识别结果,在轮椅机载计算机显示屏中显示了被试 MI 状态辅助提示信息。轮椅控制过程中,SWLDA 分类器的实时输出结果会以不同朝向箭头的方式显示在屏幕上,作为反馈信息提示被试当前算法识别出的分类结果。若在持续执行某个 MI 过程中发现识别结果不正确,被试则可以及时调整 MI 执行状态,或者根据当前轮椅的运动状态选择其他合适的控制指令。这种信息提示方式和 11.3 节及第 12 章的提示方式有所不同,反馈信息出现并不会约束控制指令的产生,被试仍然可以自主决定在任意时刻结束当前 MI 或者切换到另一个 MI 任务,控制指令的产生仍然是异步的。

13.2.3　助残轮椅控制任务设计

为了检验本章提出的异步序列 MI 范式在助残轮椅控制中的性能,设计了如图 13.5 所示的控制任务。在一个尺寸约为 10m×5m 的房间中,被试需要控制轮椅按照图中的路线从初始位置移动到书桌所在位置,并在移动至书桌的途中规避放置在地面中间位置的两个障碍物。当到达书桌位置后,需要控制轮椅停留一段时间(约 5s,具体时间由被试掌握),随后重新启动回到出发点。在回出发点的直线途径中,被试需要控制轮椅完成一次加速和减速任务。当轮椅回到初始位置停下后,认为被试完成了该次任务。在此次轮椅控制任务中,被试需要控制轮椅完成启动/停止、左/右转弯、加速/减速这 6 个任务,包含了异步序列 MI 范式对轮椅所能实现的所有控制功能。

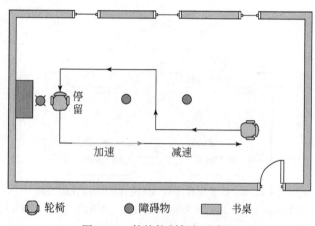

图 13.5　轮椅控制任务示意图
图中显示了助残轮椅的行驶路线、障碍物分布及加速/减速任务等

13.3　实验流程与结果

为了验证异步序列 MI 范式在轮椅控制中的性能,本节设计了在线仿真实验用于估计系统正确率、多分类性能等指标。同时,还将 BCI 范式应用于真实轮椅的控制中,通过被试完成轮椅控制任务的效率来评估范式的可用性和控制效率。

13.3.1　实验流程

实验分为三部分:第一部分为 MI 训练实验,通过反馈训练范式提高被试自主调节 ERD/ERS 特征的能力,为 EMD-CSP 空域滤波器和 SWLDA 分类器参数训练提供样本数据;第二部分为在线仿真实验,用于评估模板匹配算法的性能、四类异步序列 MI 任务的在线分类正确率、响应时间等性能参数;第三部分为轮椅控制实验,利用轮椅控制任务完成验证提出的异步序列 MI 范式的有效性和实用性。

实验第一部分需要训练被试熟练掌握 MI 任务执行过程,为后续数据处理、实时控制提供基本保证。训练中的反馈信息通过屏幕实时呈现给被试,当训练数据的离线分类正确率高于 80% 后进行后续实验。由于异步序列 MI 任务中还涉及不同 MI 之间的切换,在完成上述训练实验任务后,被试进行左/右手 MI 任务切换训练实验。在实验中,SWLDA 分类器的输出结果以滑块运动的方式呈现在屏幕中,要求被试自主控制滑块左右来回运动,提高被试在不同 MI 任务之间快速、准确转换的能力。

第二部分在线仿真实验中,被试首先根据提示信息开始/停止 MI,或者从当前 MI 任务切换到另一类 MI 任务。被试在切换任务状态过程中的实验数据用于估计式(13.4)及式(13.5)中的模板匹配阈值,以及被试切换 MI 状态的响应时间。随后,根据屏幕提示,被试执行相应的序列 MI 任务,具体实验流程如图 13.6 所示。以 LR 任务为例,当该任务提示出现时,被试需要执行左手 MI 并在合适的时候切换到右手 MI。当 BCI 系统检测到被试所产生的序列任务后提示信息消失,被试需要重新保持空闲状态。若被试在 10s 内没有产生 4 个异步序列任务中的一个,则判定该 trial 任务失败。实验中,相邻两个任务提示出现的时间间隔在 10~20s 内随机选择,以消除被试的主观预测影响。每个被试进行 6 组仿真实验,每组实验持续约 5min,每组之间设置约 3min 的休息时间。实验结束之后,通过统计正确执行的序列任务数量来衡量 BCI 系统的分类正确率 TPR。同时,空闲状态产生的错误序列任务个数也会用于计算 BCI 系统的错误输出率 FPR。

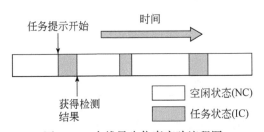

图 13.6　在线异步仿真实验流程图

当序列任务提示出现时,被试需要执行相应的 MI 任务。在完成之后,被试需要保持空闲状态直到
下一个任务提示出现,相邻两个任务的时间间隔在 10~20s 内随机产生

完成在线仿真实验后,所有被试开始执行第三部分的轮椅控制实验,完成 13.2.3 节设定的控制任务。在实验中,首先记录被试完成一次轮椅控制任务所花费的时间 T,以及所产生的控制指令数 C。每名被试需要执行 8 次轮椅控制任务,相邻两次控制任务之间会安排 5min 左右的休息时间。通过计算这 8 次任务的 T 和 C 的平均值用于评估范式在轮椅控制中的性能。为了进一步评估异步序列 MI

范式的轮椅控制性能,参照第 12 章,同样设计了基于键盘控制的对比实验。在对比实验中,被试坐在轮椅上通过手动按键盘上指定的 4 个按键代替 BCI 范式中的四类异步序列任务。键盘控制策略与 BCI 范式相同,如图 13.4 所示。由于被试操作键盘的性能比较稳定,因此在对比实验中每名被试只需完成 3 次轮椅控制任务。

13.3.2 助残轮椅控制结果

表 13.1 为每名被试利用异步序列 MI 范式和键盘控制范式完成 8 次轮椅控制任务的控制时间和指令数。4 名被试平均需要花费 216.1s 完成一次 BCI 轮椅控制任务,每次任务平均产生 17.3 个控制指令。在 4 名被试所有 32 次轮椅控制任务中,成功完成的任务次数为 24 次,任务成功率为 75.0%。在 4 名被试中,被试 1 完成一次 BCI 轮椅控制任务的速度最快,平均花费 201.4s,产生的平均控制指令数为 15.4 个。被试 4 完成一次任务的时间花费最多,控制时间为 232.3s,产生的指令数为 19.3 个。在键盘控制对比实验中,4 名被试平均完成一次任务的时间为 165.4s,产生的平均指令数为 14.0 个,每名被试手动控制任务成功率都为 100%。异步序列 MI 范式的控制时间和指令数与键盘控制结果的比率分别为 1.31 和 1.24。

表 13.1　助残轮椅控制实验结果

被试	异步序列 MI 范式			键盘控制范式		性能对比	
	控制时间 T/s	指令数 C	成功次数 /总次数	控制时间 T/s	指令数 C	T	C
1	201.4	15.4	8/8	165.3	14.0	1.22	1.10
2	204.3	16.1	7/8	163.3	14.0	1.25	1.15
3	226.4	18.4	5/8	165.7	14.0	1.37	1.31
4	232.3	19.3	4/8	167.3	14.0	1.39	1.38
平均	216.1	17.3	6/8	165.4	14.0	1.31	1.24

图 13.7 为被试利用异步序列 MI 范式完成一次轮椅控制任务的具体过程。从图中可以看出,被试基本可以按照规定的路径完成轮椅控制任务。由于轮椅转弯角度等控制参数完全依赖被试的主观判断,因此轮椅移动路线与规定路线存在一定的偏差。被试在控制过程中根据轮椅的运行状态发送修正指令,使上述偏差没有影响最终控制任务的完成。

13.3.3 异步序列 MI 任务在线检测结果

异步序列 MI 任务在线检测性能对最终轮椅控制结果具有直接影响。表 13.2 为在线仿真实验中的序列 MI 任务的异步检测结果。该表分别呈现了序列任务的识别

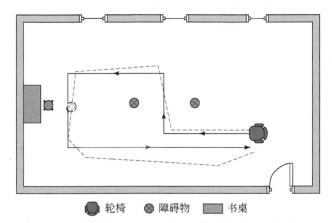

图 13.7　被试 1 利用异步序列 MI 范式在完成某一次轮椅控制任务的具体过程示意图(见彩图)
图中蓝色虚线表示轮椅在正常速度下移动,红色虚线表示轮椅加速移动过程,在书桌附近的
虚线圆代表轮椅在此刻的停留位置

正确率、识别错误率、未检出率、错误检出数、空闲时间 5 个指标。其中,识别正确率是指 BCI 算法识别出的序列任务结果与对应任务提示相同的次数百分比,识别错误率则是 BCI 识别得到的序列任务与提示信息不相同的次数百分比,未检出率则是当任务提示开始后算法未检测出序列 MI 任务的次数百分比,错误检出率是被试在空闲状态下算法错误检测出序列任务的次数百分比。其中,4 名被试的平均识别正确率为 90.7%,识别错误率为 5.7%,未检出率为 3.6%,在平均 20.6min 的空闲时间中,错误检出的指令数平均为 7.5 个。为了更好地描述这四类异步序列 MI 的分类性能,计算了每个被试的混淆矩阵来展示 BCI 输出结果与真实结果之间的关系,如表 13.3 所示。4 名被试的平均卡帕系数 $\kappa=0.89\pm0.043$,其中被试 1 的卡帕系数最高,为 0.94 ± 0.089,被试 4 最低,为 0.84 ± 0.084。

表 13.2　四类序列 MI 任务异步检测结果

被试	识别正确率/%	识别错误率/%	未检出率/%	错误检出数	空闲时间/min
1	95.2	3.2	1.6	3	21.2
2	92.7	4.8	2.4	5	20.7
3	88.3	7.0	4.7	9	20.2
4	86.6	7.9	5.5	13	20.3
平均	90.7	5.7	3.6	7.5	20.6

表 13.3 每名被试四类异步序列 MI 的分类混淆矩阵

(a) 被试 1 的混淆矩阵，$\kappa = 0.94 \pm 0.089$

MI 序列 ╲ MI 序列	SL	SR	LR	RL	Idle	Sum
SL	31	0	0	0	1	32
SR	0	30	0	0	0	30
LR	2	0	29	0	0	31
RL	0	2	0	30	1	33
Idle	1	0	0	0	59	60
总和	34	32	29	30	61	186

(b) 被试 2 的混淆矩阵，$\kappa = 0.92 \pm 0.088$

MI 序列 ╲ MI 序列	SL	SR	LR	RL	Idle	总和
SL	29	0	1	0	0	30
SR	1	28	2	0	1	32
LR	1	0	28	0	0	29
RL	1	0	0	30	2	33
Idle	1	2	0	0	57	60
总和	33	30	31	30	60	184

(c) 被试 3 的混淆矩阵，$\kappa = 0.86 \pm 0.085$

MI 序列 ╲ MI 序列	SL	SR	LR	RL	Idle	总和
SL	27	1	2	0	2	32
SR	0	26	0	2	1	29
LR	2	0	30	0	2	34
RL	0	2	0	30	1	33
Idle	2	2	1	0	55	60
总和	31	31	33	32	61	188

(d) 被试 4 的混淆矩阵，$\kappa = 0.84 \pm 0.084$

MI 序列 ╲ MI 序列	SL	SR	LR	RL	Idle	总和
SL	28	1	2	0	2	33
SR	1	24	0	1	2	28
LR	1	0	30	0	1	32
RL	1	3	0	28	2	34
Idle	2	3	1	1	53	60
总和	33	31	33	30	60	187

表 13.4 为利用 EMD-CSP 和 SWLDA 算法获得的左/右手 MI 任务与空闲状态的分类结果。该结果来自被试经过一定时间 MI 反馈训练之后得到的实验数据。其中,4 名被试平均分类正确率为 92.1%,被试 1 的分类正确率最高,为 94.9%,被试 4 的分类正确率最低,为 88.9%。

表 13.4 左/右手 MI 任务和空闲状态的分类正确率 （单位:%）

被试	左手	右手	空闲	平均
1	93.8	94.2	96.7	94.9
2	92.1	91.2	95.8	93.0
3	88.3	92.1	93.7	91.4
4	83.7	88.5	94.6	88.9
平均	89.5	91.5	95.2	92.1

13.3.4 离线数据分析结果

1) 轮椅控制指令产生的自主性和异步性分析

为了体现本章所实现的轮椅 BCI 控制范式的异步操控性,截取轮椅控制过程中产生控制指令的 EEG 样本进行分析,如图 13.8 所示。从图中可以看出,被试在执行 SL 序列任务时,左手 MI 的执行时间各不相同,最短时间长度为 1.2s,而最长时间可以达到 5.7s,SR 序列任务也表现出相似的特性。从上述结果可以看出,被试开始和结束 MI 任务的时刻完全由被试自主决定,并不受其他系统提示信息的影响。以图中长度为 5.7s 的一个 SL 序列任务为例,如果在第 11 章和第 12 章的序列 MI 范式中,该任务应该被识别为 LL 序列任务,因为有系统提示信息时间约束的存在,该任务后半段的分类结果被当作序列任务的第二个子任务。在本章采用的异步序列 MI 范式中,该任务依然被分类为 SL 任务,因为算法需要检测到分类结果从 1 变为 0 的 TSL1 模板才认为被试进入下一个子任务(空闲状态)。虽然在 5.7s 的 MI 过程中出现了错误分类结果,但由于错误结果数量较少,并没有对模板匹配结果产生影响。图 13.8 给出的结果表明,利用 13.1 节设计的异步序列 MI 范式可以提高控制指令输出的自主性和对轮椅的异步操控性能。

2) 序列 MI 检测中的模板匹配结果分析

图 13.9 展示了序列 MI 任务检测过程中六类不同模板(图 13.1)与 SWLDA 分类结果曲线的对比图。从图中可以看出,不同序列任务状态下的 SWLDA 分类结果曲线形状与六类标准模板基本保持一致。其中,被试 1 的 SWLDA 曲线与模板相似度最高,其平均相关系数达到了 0.95。相比之下,被试 4 的分类结果曲线与标准模板的差异性较大,相关系数为 0.91。分类曲线与模板差异最大的位置发生

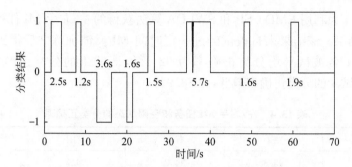

图 13.8　轮椅控制过程中序列 MI 的实时分类曲线

左手 MI 分类结果为 1,右手 MI 分类结果为 -1,空闲状态为 0。从图中可以看出,SL 序列任务
左手 MI 的执行时间为 1.2~5.7s 不等,而 SR 序列任务右手 MI 执行时间为 1.6~3.6s 不等

在被试转换 MI 的时刻。此时由于被试 EEG 信号不稳定导致了算法在这一过程中的分类结果稳定性下降,算法检测到 MI 任务变化的响应时间在不同时期具有较大的差异性。模板匹配响应时间受被试转换 MI 任务的执行能力和序列 MI 第一个子任务中产生的错误结果数两个因素影响。若被试能够快速、准确地转换 MI 任务,则 EEG 信号中的特征变化速度也会随之增加,缩短模板匹配响应时间;若序列 MI 第一个子任务中的错误结果数较多,那么算法需要在第二个子任务中缓存更多的正确分类结果,以增加当前样本序列和模板的匹配度,从而导致响应时间增加。当然,若错误结果数过多,与标准模板的匹配度无法超过设定的阈值,则无法实现对当前任务的检测。

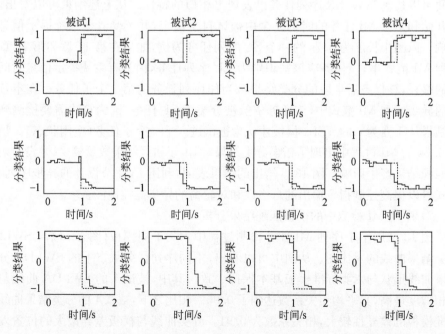

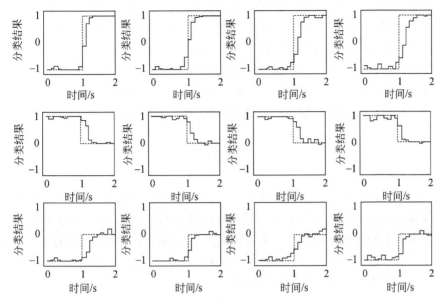

图 13.9　SWLDA 分类结果与六类模板匹配示意图

虚线为标准模板曲线, 实线为序列 MI 任务的 SWLDA 分类平均结果

3) 模板长度对匹配结果的影响分析

本章采用固定长度为 2s 的标准模板实现序列 MI 任务的异步检测。为了分析模板长度对匹配结果的影响, 利用实验中获得的六类序列 MI 模板对应的 EEG 样本, 在 600~3000ms 内以 200ms 等间隔选取 13 组不同长度的模板, 分别计算它们的匹配正确率和响应时间, 结果如图 13.10 所示。为了衡量模板匹配响应时间, 将

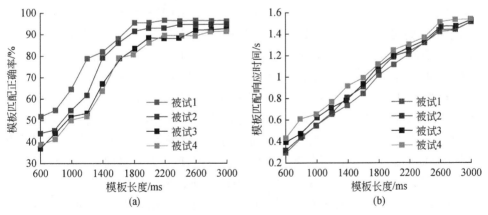

图 13.10　不同模板长度下的匹配正确率和响应时间曲线(见彩图)

(a)为 4 名被试模板匹配正确率随模板长度增加的变化曲线, (b)为模板匹配响应时间
随模板长度的变化曲线

SWLDA 分类结果开始变化的时刻作为起始点，以匹配成功时刻作为结束点，这两点之间的时间段作为模板匹配的响应时间。样本的分类结果变化起始点通过人工离线标定。从图中可以看出，当模板长度在 600～1200ms 内时，4 名被试的正确率普遍偏低，平均在 60％ 左右。随着模板长度的增加，正确率成正比例增加。在 2000ms 之后，正确率基本不再增加，处于稳定状态。而模板匹配响应时间曲线一直随着模板长度的增加而增加，且增加的幅度基本保持恒定。

13.4　分析与讨论

从上述助残轮椅控制实验结果可以看出，异步序列 MI 任务的 BCI 范式能够在不依赖系统提示信息的情况下完成对外部设备的运动控制，证明了该范式在真实应用场景中的异步控制性能。本节将根据上述实验结果阐述异步序列 MI 范式在真实外部设备控制中的优势，与第 11 章和第 12 章中同步序列 MI 的性能差异，以及目前存在的不足和可能的改进措施。

13.4.1　助残轮椅控制结果分析

从表 13.1 和图 13.7 给出的轮椅控制结果可以看出，13.1 节提出的异步序列 MI 范式能够控制轮椅完成前进/停止、左/右转弯及加速/减速等多种功能。在实验设定的室内环境中，被试能够控制轮椅运动到规定的目标位置，并在途中规避障碍物，体现出良好的控制性能。目前，基于 MI 轮椅控制范式最多只能实现左/右转弯、前进/停止等功能控制。作者提出的异步序列 MI 范式仅利用左/右手两类 MI 通过序列编码方法，增加了轮椅加速/减速控制功能，提高了 BCI 系统对外部设备的控制自由度。通过对比实验结果可以发现，被试利用本范式完成一次轮椅控制任务与利用键盘控制花费时间的比率为 1.31，需要产生的控制指令数比率为 1.24。这个结果说明，虽然本章实现的 BCI 范式与正常人的操控方式相比在时间花费上有增加，但增加幅度不大。其中对于被试 1，其增加幅度为 10％～20％，体现出较好的控制效率。

同时，通过对序列 MI 任务和检测算法的改进，降低了被试受系统提示信息约束的程度，提高了 BCI 范式的异步操控性能。第 11 章和第 12 章中的同步序列 MI 范式中，当被试开始执行序列任务中的第一个子 MI 任务时，就必须按照时间约束和系统反馈信息有序地完成余下的子任务。否则，BCI 系统将向外输出错误的控制指令。在本章的异步序列 MI 范式中，当被试开始执行第一个 MI 任务后，系统不设定被试完成后续子任务的时间约束。被试可以根据外界环境和轮椅运行状态，自主决定在何时停止 MI 任务或者执行另一类 MI 任务，产生相应的控制指令。如图 13.8 所示，在一次轮椅控制任务中，被试执行序列任务中的第一个 MI 任务的持续时间长短相差较大（例如，图中第二个 SL 序列任务持续时间为 1.2s 左右，而在第 4 个 SL 序列任务中左手 MI 持续时间将近 6s)。虽然在轮椅控制系统中同样加入了信息反馈机制,用于显示被试左/右手 MI 的实时分类结果,但这一反馈信息只起到辅助作用,并不对控制指令的生成产生直接的影响。

序列 MI 任务的异步改进还在一定程度上提高了 BCI 范式在控制过程中对被试误操作的容错性。在同步范式中,如果被试由于判断错误或者其他原因在不恰当的时刻开始执行某个序列任务中的第一个子 MI 任务,那么无论被试后续停止想象或者执行其他任务,BCI 系统总会向外输出控制指令,引发误操作。而在异步范式中,如果同样错误执行了第一个子 MI 任务,那么被试可以通过持续执行该子任务延迟控制指令的产生时间,直到在合适的时刻完成后续子任务从而避免在当前的错误时刻向外部设备发送错误控制指令。例如,被试需要控制轮椅在前方左转,但过早地执行了左手 MI 任务。此时,被试只需要继续执行该 MI 任务,直到轮椅移动到合适的位置再停止 MI,发送左转指令。这样,被试虽然过早地开始执行序列任务,但仍然在合理的时间范围内控制轮椅左转。这种机制还可以允许进入 MI 状态较慢的被试提早开始执行序列任务,提高输出指令的正确率。从上述结果可以看出,异步序列 MI 范式不仅能够有效拓展对外部设备的控制自由度,还可以实现异步操控方式,提高 BCI 范式的独立自主性、可靠性及对外部设备的操控性能。

13.4.2　序列 MI 任务异步检测结果讨论

由表 13.2 和表 13.3 可以看出,异步序列 MI 范式具有较高的在线分类正确率。4 名被试的平均正确检出率达到了 90.7%,平均卡帕系数 $\kappa=0.89\pm0.043$,这两项指标在目前多分类 MI 范式研究中处于较高水平。这也进一步证明了序列 MI 编码方法不仅适用于同步范式,在异步范式中也能提高 BCI 系统输出指令数并保证较高的正确率和可靠性。在异步 BCI 范式中,错误检出率是另一个较为重要的性能参数,它衡量的是被试在非控制(no control,NC)状态下 BCI 系统产生错误指令的概率。在保证一定的正确检出率条件下,错误检出率越小引发的误操作越少。从表 13.2 中可以看出,4 名被试在共 20min 左右 NC 状态下产生的错误检出指令数小于 10 个,说明提出的 BCI 范式在实际控制过程 NC 状态下产生错误指令的概率极小。本章使用的模板匹配方法是 BCI 系统低错误检出率的重要原因之一。在一般 BCI 范式中,左/右手 MI 分类结果将会直接转换成外部指令,因此在 NC 状态下,算法的错误分类结果将会直接导致错误指令输出。而利用模板匹配方法,左/右手分类结果的时间曲线必须和所设定的模板相匹配,才能够最终转换出控制指令。根据式(13.3),模板匹配算法对左/右手 MI 错误分类情况具有较高的鲁棒性,个别错误分类结果不会对与模板的皮尔逊相关系数产生本质的影响,只有当某一时段的错误分类结果比例上升到一定程度时,才会对模板匹配结果产生影响。基于上述原因,本章 BCI 系统中采用的模板匹配算法能够减少被试在 NC

状态下的错误指令产生概率,提高 BCI 系统对轮椅的操控性能。为了提高 BCI 范式的异步操控性能,降低系统提示信息对控制指令产生的约束,本章提出的异步序列 MI 方法牺牲了一定的系统输出指令数。在同步范式中,利用左/右手 MI 实现六类长度为 2 的不同序列任务,然而,在异步范式中,采用相同的 MI 任务只能编码实现四类长度为 2 的序列任务,LL 和 RR 这两个序列任务在异步范式中无法识别。利用系统提示信息,同步序列 MI 任务可以将被试的 MI 执行过程在时间上分段,使 SL 与 LL 序列任务、SR 和 RR 序列任务具有可分性。而在作者提出的异步范式中,被试自主决定停止 MI 的时间,因此被试 MI 的持续将不作为序列任务的区分特征,使 LL 和 RR 不再成为单独的序列任务类别。模板匹配性能对序列任务异步检测结果具有直接影响。图 13.10 给出了模板长度和模板匹配精度之间的关系,从该曲线中可以看出,当模板长度 L 过短时,序列任务的分类性能会严重下降,特别是 FPR 会显著上升。这是由于在这种情况下,SWLDA 分类结果序列与模板相关系数的计算受单个分类结果的影响程度增加,模板匹配性能对偶发性错误分类结果的鲁棒性降低,使被试在 NC 状态下产生错误指令输出的概率增加。可以通过一段简单的仿真数据进一步说明模板长度过短带来的影响。假设 TSL0 的模板长度为 20(前后等分,如图 13.1 所示),若待匹配 SWLDA 分类结果序列与模板一致,则相关系数为 1.0。若其中出现一个错误,如某个分类结果从 0 变为 -1,则此时的相关系数为 0.9045,下降了 10% 左右。若将模板长度缩短为 10,则这种情况下相关系数从 1.0 变为 0.8165,降低了将近 20%,降低幅度是模板长度为 20 情况下的 2 倍。由此可见,模板必须保证一定的长度,使序列 MI 的异步检测对某些偶发性分类错误具有较高的鲁棒性。然而,模板并不是越长越好,长度过长将会降低 BCI 系统的响应速度。如果模板长度过长,当被试停止 MI 或者执行另外一个 MI 任务时,BCI 算法需要缓存较长一段时间的 SWLDA 分类结果才能和相应的模板相匹配,那么导致被试从产生控制意图到最终控制指令输出的时间间隔增大、系统响应速度降低。综上所述,模板长度的选择应该综合考虑序列任务检测性能和系统响应速度,根据具体控制任务和被试状态在两者之间折中选择。

13.4.3 存在的问题及改进措施

在本章实现的异步序列 MI 范式中,被试通过结束 MI 或者转换 MI 任务的方式产生控制指令,实现对轮椅等外部设备的异步控制。根据异步序列任务的执行方式,被试在执行第一个子 MI 任务时不会产生输出结果,需要经过一段时间转换 MI 状态后才能输出有效指令。因此,和第 11 章、第 12 章中的同步范式相同,在某些需要快速响应的控制场景中,特别是被试难以对控制任务进行预先规划或者经常出现紧急状况的场合下,本章的异步序列 MI 范式很难获得理想的控制性能。然而,相对于同步序列 MI 范式,由于不受系统提示信息的时间约束,异步序列 MI

范式可以在一定程度上提高控制指令的响应时间。在同步序列 MI 范式中，被试需要估计整个序列任务的执行时间，并准确预判开始执行任务的时间点，才能较为准确地在某一时刻输出控制指令。利用本章的异步序列 MI 范式，被试可以较为自由地决定开始执行序列任务的时间点，之后只需要根据经验估计从停止 MI 或者变换 MI 任务到最终指令输出的时间，就能实现控制指令的准确输出。利用异步序列 MI 范式，被试只需要关注序列任务的后半段子任务执行时间，需要预判的任务执行时间缩短了一半，使对控制指令输出时刻的把握能力增加，提高了 BCI 范式对外部设备的控制精度。在模板匹配算法中，利用 SWLDA 分类结果序列与不同的模板进行匹配，可以实现对不同 MI 状态转换的在线识别。根据 EEG 处理算法，被试在开始转换 MI 状态时，因为存在信号时间窗口，算法并不能立即识别出被试的状态变化，只有当时间窗口向前滑动一段时间后，分类结果才会发生相应的改变。这一现象会使被试 MI 任务切换的检测时延增加，降低控制指令的实时性。为了降低时延带来的影响，需要进一步分析被试在 MI 状态转换过程中的独特 EEG 特征变化，通过引入新的特征提高状态变化检测速度。图 13.11 为某名被试在进行左/右手 MI 任务切换时的 EEG 信号时频分析结果。在这一过程中，被试产生了 TLR 和 TRL 模板样本。在该图中，被试在 $t=0$ 时刻开始执行左/右手 MI 任务，并在 $t=1$ 时刻左/右停止当前任务并切换到另一个 MI 任务。在 TLR 模板样本中，当被试停止左手 MI 开始执行右手 MI 任务时，C4 通道在 α、β 频段的能量上升，产生 ERS 特征，同时 C3 通道对应频段能量降低，产生 ERD 特征。在 TRL 模板样本中也能观察到相似的现象。由上述结果可以看出，在 MI 任务切换时，EEG 样本在不同空间位置上会同时产生 ERD 和 ERS 特征。在本章的信号处理算法中，只考虑了 ERD 特征，若算法能够进一步融合这两个特征，则有可能提高算法对 MI 状态变化的检测速度和识别正确率。

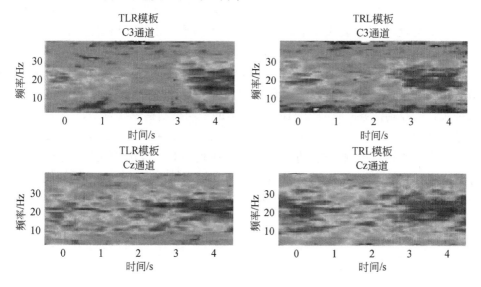

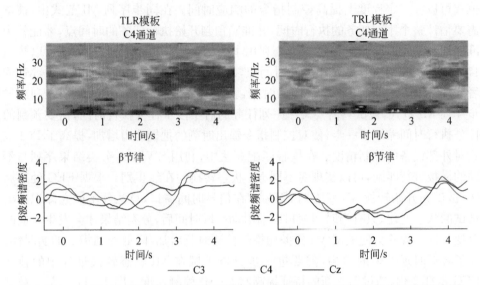

图 13.11　一名被试 TLR 和 TRL 模板对应 EEG 信号的 ERD/ERS 时频分析图（见彩图）
图中对 EEG 信号样本中的 C3、C4 和 Cz 通道进行拉普拉斯空域滤波，随后进行
时频分析提取其中的 ERD/ERS 特征

13.5　本章小结

　　本章提出了一种异步序列 MI 任务设计与检测方法，并以此为基础实现了四分类异步 BCI 范式。利用异步序列 MI 任务设计方法，左/右手两类基本 MI 任务可以编码实现四类序列任务。被试可以不受系统提示信息的时间约束，在任意时刻向外输出控制指令，提高了 BCI 系统对外部设备的异步操控性能。4 名被试参与了本章实验，在线仿真实验中，四类序列任务的平均正确检出率达到了 90.7%。随后，将范式应用于助残轮椅控制中，验证了异步序列 MI 范式在实际控制中的可行性和有效性。被试能够利用 BCI 系统控制轮椅的前进/停止、左/右转弯和加速/减速功能，并在存在障碍物的室内环境中完成规定的控制任务。4 名被试平均完成一次轮椅控制任务的时间为 216.1s，产生的平均控制指令数为 17.3 个。上述实验结果证明了异步序列 MI 范式在提高 BCI 系统输出指令数的同时，还可以提高对外部设备的异步控制性能，进一步拓展了序列 MI 编码方法的应用范围。异步序列 MI 范式还具有对被试误操作容错性高和输出结果错误检出率低等优点。本章针对实验结果讨论了影响异步序列 MI 检测性能的几个因素，以及在后续研究中的可行改进措施。

参 考 文 献

[1] Townsend G,Graimann B,Pfurtscheller G,et al. Continuous EEG classification during motor imagery-simulation of an asynchronous BCI[J]. IEEE Transactions on Neural Systems and Rehabilitation,2004,12(2):258-266.

[2] Pfurtscheller G,Keinrath C,Lee R,et al. Walking from thought[J]. Brain Research,2006, 1071(1):145-152.

[3] Pfurtscheller G,Müller-Putz G,Schlögl A,et al. 15 years of BCI research at Graz University of Technology:Current projects[J]. IEEE Transactions on Neural Systems and Rehabilitation,2006, 14(2):205-210.

[4] Chae Y,Jeong J,Jo S. Toward brain-actuated humanoid robots:Asynchronous direct control using an EEG-based BCI[J]. IEEE Transactions on Robotics,2012,28(5):1031-1144.

[5] Zhang H H,Guan C T,Wang C C. Asynchronous P300-based brain-computer interfaces:A computational approach with statistical models[J]. IEEE Transactions on Biomedical Engineering, 2008,55(6):1754-1763.

[6] Panicker R,Puthusserypady S,Sun Y. An asynchronous P300 BCI with SSVEP based control state detection[J]. IEEE Transactions on Biomedical Engineering,2011,58(6):1781-1788.

[7] Pinegger A,Faller J,Halder S,et al. Control or non-control state:That is the question! An asynchronous visual P300-based BCI approach[J]. Journal of Neural Engineering, 2015, 12(1):014001.

[8] Pfurtscheller G,Solis-Escalante T,Ortner R,et al. Self-paced operation of an SSVEP based orthosis with and without an imagery-based "brain switch":A feasibility study toward a hybrid BCI[J]. IEEE Transactions on Neural Systems and Rehabilitation,2010,18(4): 409-414.

[9] Pan J,Li Y,Zhang R,et al. Discrimination between control and idle state in asynchronous SSVEP-based brain-switches:A pseudo-key-based approach[J]. IEEE Transactions on Neural Systems and Rehabilitation,2013,21(3):435-443.

[10] Williamson J,Murray-Smith R,Blankertz B,et al. Designing for uncertain,asymmetric control:Interaction design for brain-computer interfaces[J]. International Journal of Human Computer Studies,2009,67(10):827-841.

[11] Bai O,Lin P,Vorbach S,et al. A high performance sensorimotor beta rhythm based brain-computer interface associated with human natural motor behavior[J]. Journal of Neural Engineering,2008,5(1):24-35.

[12] Xu Y,Nakajima Y. A two-level predictive event-related potential-based brain-computer interface[J]. IEEE Transactions on Biomedical Engineering,2013,60(10):2839-2847.

第14章 多时间尺度异步序列运动想象脑机接口范式分类算法

14.1 引 言

提高 MI 任务的检测速度一直是 MI-BCI 领域中的一个重要研究方向。其能够使被试的控制意图得到及时响应,提高 BCI 系统的脑机协同操控性能,还可以增加系统稳定性,提高 BCI 在使用过程中的安全性和可靠性。

研究者从不同角度做出了相关探索。2003 年,文献[1]提出了融合运动准备电位(movement-related cortical potentials,MRCPs)和 ERD/ERS 特征的 MI 分类算法。由于 MRCPs 产生在 MI 开始之前,因此该研究成果为实现 MI 任务的快速检测提供了一种新的研究思路。2011 年 Niazi 等[2]和 Bai 等[3]分别利用 MRCPs 设计了相应的 MI 分类算法,可以在真实运动或者 MI 开始之前检测被试的运动意图。他们的研究结果表明,可以在运动开始前 100~600ms 检测到人的控制意图,通过引入 MRCPs 可以在一定程度上提高单纯利用 ERD/ERS 特征的 MI 检测速度。然而,由于 MRCPs 是一种类似于 P300 电位的低频信号幅值变化[4],在线检测过程中无法实现类似 P300 的多次叠加处理,因此目前 MRCPs 正确检测率较低。在 Niazi 等[2]和 Bai 等[3]的实验结果中,利用 MRCPs 的 MI 正确检测率一般低于60%,还无法直接用于实际控制中。

目前,EEG 信号的实时处理方法一般采用滑动时间窗口方法,用最近一段时间内的信号分析结果代表当前被试的大脑活动状态。时间窗口长度的选择对 EEG 信号的在线处理结果具有重要影响。选择一个好的时间窗口长度,需要综合考虑 MI 分类正确率、可靠性及检测速度等因素。时间窗口长度过短,ERD/ERS 特征提取的正确率和稳定性会下降;时间窗口过长,当前分类结果受历史 EEG 信号影响较大,分类结果对 ERD 特征变化的响应速度会降低。因此,选择合理的信号时间窗口长度是提高 MI 检测速度的一种有效方法,也是保证 BCI 系统的整体性能、对真实设备的操控性能的重要前提条件。

本章提出一种基于多尺度时间窗口的 EEG 信号处理方法用于序列 MI 任务分类,在保证较高分类正确率的同时提高序列任务检测的响应时间。第 11 章、第 13 章中分别提出了同步和异步序列 MI 范式。为了提高序列 MI 的检测性能,需要选择合理的窗口长度,既要保证单个 MI 的分类正确率,又要对 MI 任务转换状态实现快速响应。因此,本章提出一种基于多尺度时间窗口的序列 MI 分类算法,通过综合不同尺度时间窗口的分类结果,提高序列 MI 的检测性能。本章首先分析不同尺度时间窗口对 MI 分类正确率和 MI 转换状态检测速度的影响;然后在此基础上提出基于多尺度时间窗口的分类算法;接着将该算法应用于机器人和助残轮椅控制实验中采集的序列 MI 任务样本中,验证该方法的性能;最后对实验结果进行讨论和总结。

14.2　时间窗口长度对序列 MI 任务检测性能的影响分析

MI 的 ERD 特征主要表现为 EEG 信号在 α、β 频段上的能量变化。为了提取有效的 ERD 特征,算法一般需要对 EEG 信号进行频谱分析或者进行其他类似的频域处理。若 EEG 样本时间窗口长度过短,则会降低频谱能量估计的准确度,估计结果容易受到噪声的干扰。时间窗口长度增加时,频谱能量估计的精度和鲁棒性会增加,但同时会降低频谱特征变化的时间敏感性。不同 EEG 时间窗口长度从不同角度对 MI 分类结果产生影响。本节针对序列 MI 样本数据(数据采集说明参见第 13 章),研究不同时间窗口长度对序列任务分类正确率和响应时间的影响,为本章基于多尺度时间窗口的分类算法设计提供依据。

14.2.1　时间窗口长度对分类正确率的影响

左/右手 MI 分类是正确识别序列任务的基础,EEG 信号时间窗口长度对左/右手 MI 分类结果的影响直接关系到序列任务的识别率。因此,这里首先分析不同时间窗口长度下的左/右手 MI 分类性能的变化情况(实验数据来自第 11 章中的左/右手 MI 和空闲状态的 EEG 样本数据)。时间窗口长度在 400~2000ms 内以 200ms 的间隔选取,共 9 个不同长度的时间窗口。对于每个时间窗口长度,每类 EEG 样本个数都为 240 个。分类算法与第 11 章相同,采用基于 EMD 的 CSP 进行特征提取的算法,以及基于 SWLDA 的特征选择与分类器设计算法。同时,利用"one-versus-one"框架设计 3 个两分类器对上述三类样本进行分类。为了提高结果的可靠性,本章采用"10×10-fold"的交叉检验方法评估不同时间窗口长度下的分类正确率。

表 14.1 给出了 4 名被试 EEG 样本在不同时间窗口长度下的交叉检验正确率。对于不同的被试,最高分类正确率对应的时间窗口长度各不相同。被试 1 和被试 2 的最优时间窗口长度为 2000ms,但在 1200~2000ms 这段窗口长度范围内,分类正确率之间的差异极小。被试 3 和被试 4 分别为 1600ms 和 1800ms。从这一结果可以看出,在整体上,虽然分类正确率随着时间窗口长度的增加而提高,但当时间窗口长度增加至一定值时,正确率上升变缓甚至会出现一定程度的下降。例

如,被试 3 在时间窗口长度为 1600ms 时的分类正确率为 93.9%,而当时间窗口长度增加至 1800ms 时,分类正确率为 91.1%,反而下降了 2.8%。

表 14.1 不同时间窗口长度下左/右手 MI 分类正确率 （单位:%）

被试	EEG 数据时间窗口长度								
	400ms	600ms	800ms	1000ms	1200ms	1400ms	1600ms	1800ms	2000ms
1	85.6	87.8	94.6	92.4	98.1	98.6	98.7	99.2	99.3
2	81.1	85.9	92.4	94.0	96.4	96.7	97.0	96.8	97.8
3	80.4	83.3	90.4	89.4	91.5	91.3	93.9	91.1	91.7
4	73.5	79.1	81.4	80.1	83.4	87.5	88.3	89.7	89.6
平均	80.2	84.0	89.7	89.0	92.4	93.5	94.5	94.2	94.6

从图 14.1 中可以看出,在时间窗口长度较短时每名被试的分类正确率都相对较低,说明在这种情况下 MI 的 ERD 特征提取效果较差,算法无法从这些特征集中训练得到有效的分类器参数。然而,从曲线形状可以看出,分类正确率不是随窗口长度的增加而严格单调递增。被试 2～被试 4 的曲线中都出现了时间窗口长度增加而分类正确率下降的情况。

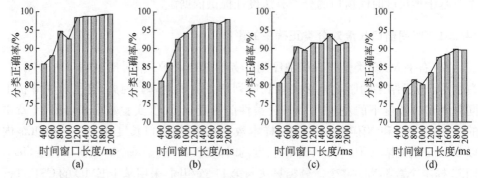

图 14.1 4 名被试左/右手 MI 分类正确率随时间窗口长度变化曲线图

图(a)～(d)分别是被试 1～4 的结果

从上述分析结果可以看出,为了保证左/右手 MI 的分类正确率,算法在线处理过程中必须选取时间窗口足够长的 EEG 信号,但窗口长度也不是越长越好。

14.2.2 时间窗口长度对响应时间的影响

时间窗口长度对序列 MI 范式的响应时间也会产生重要影响。在第 11 章提出的序列 MI 范式设计方法中,算法不仅需要对不同 MI 任务进行分类,还需要检测 ERD 随着 MI 任务变换而引发的特征变化,从而实现对不同序列任务的识别。以 LR 序列任务为例,假设信号时间窗口长度为 $L(\text{ms})$,被试在 $t=0$ 时刻停止左手 MI 并开始右手 MI 任务。在 $t_1=0.1L$ 时间点,截取的 EEG 样本 x_{L,t_1} 中前 $0.9L$ 长度的信号为之前的左手 MI 数据,而只有最近的 $0.1L$ 长度为右手 MI 数据。此时,样本的分类结果必然更偏向于左手。随着时间的推移,在 $t_k=pL,p\in(0,1]$ 时间点,窗口中右手 MI 数据占主要部分,此时分类结果才会偏向右手 MI。如果信号时间窗口长度 L 过长,那么算法分类结果从左手变为右手所需的时间 t_k 也就越长,从而降低了对被试 MI 转换状态的检测速度。

第 11 章中,序列 MI 任务异步检测的关键是快速、准确识别六种不同的 MI 转化状态,即图 13.1 中的六类模板匹配性能。为了分析不同时间窗口长度的变化对上述六类模板识别速度的影响,分别设计了基于不同时间窗口长度的分类器,对第 13 章采集得到的序列任务样本进行处理。为了能清晰体现时间窗口长度对模板匹配性能的影响,在图 14.2 中给出了一名典型被试(被试 1)的 TLR 和 TRL 两个模板的匹配情况。在该图中,被试从 $t=0\text{ms}$ 时刻左右开始从左手 MI 切换到右手 MI。在 TLR 模板匹配结果曲线中,当时间窗口长度 $L=400\text{ms}$ 时,分类结果在 $t_0=1000\text{ms}$ 时逐渐从 1 变为 -1,并在 $t_1=2000\text{ms}$ 左右曲线变化趋于平稳。在本章中,t_0 称为起始时刻,t_1 称为稳定时刻。随着 L 的增大,分类结果开始变化。起始时刻 t_0 和稳定时刻 t_1 都逐渐延长,当 $L=1000\text{ms}$ 时,$t_0\approx1500\text{ms}$,$t_1\approx2800\text{ms}$,当 L 取最大值 2000ms 时,$t_0\approx2000\text{ms}$,$t_1\approx4000\text{ms}$。图 14.2 中最下方的时间窗口长度二维分布图给出了随着时间窗口长度的增加,TLR 模板匹配结果曲线与被试 MI 任务转换检测响应时间的变化关系。在该图右侧的 TRL 模板匹配曲线图中,同样可以发现相似的变化规律。

由于数据来自异步实验,BCI 范式对被试何时转换 MI 任务没有时间约束,因此起始时刻 t_0 中可能受到被试任务判断时间的影响。本章通过计算稳定时刻 t_1 和起始时刻 t_0 的差值 Δt,用于表征模板匹配的响应时间,Δt 越大表明模板匹配的时延越长,相应序列任务检测速度也越慢。图 14.3 中给出了 4 名被试在不同时间窗口长度下六类异步序列 MI 模板匹配的 Δt 值的对比情况。从图中可以看出,Δt 值整体上随着时间窗口长度的增加而增加,但并不是严格单调递增。例如,从被试 2 和被试 3 的结果中可以发现,存在 Δt 值随着时间窗口长度增加而减少的现象。前面发现时间窗口长度增加可以提高 MI 的分类正确率。因此,对于某些被试,当时间窗口长度过短时分类错误率会增加,即使当前信号窗口内新的 MI 任务下的 EEG 信号比重增加,算法仍有较高可能将样本错分为之前的 MI 类别,从而延长稳定时间 t_1。t_1 的增大导致在时间窗口长度较短的情况下 Δt 值增加。而对于被试 1,其 MI 分类正确率在时间窗口长度较短的情况下仍然高于其他被试,模板匹配响应时间受分类错误率的影响较小,主要影响因素为时间窗口长度。因此,被试 1 的 Δt 曲线出现随窗口长度增加而减少的情况也较少。

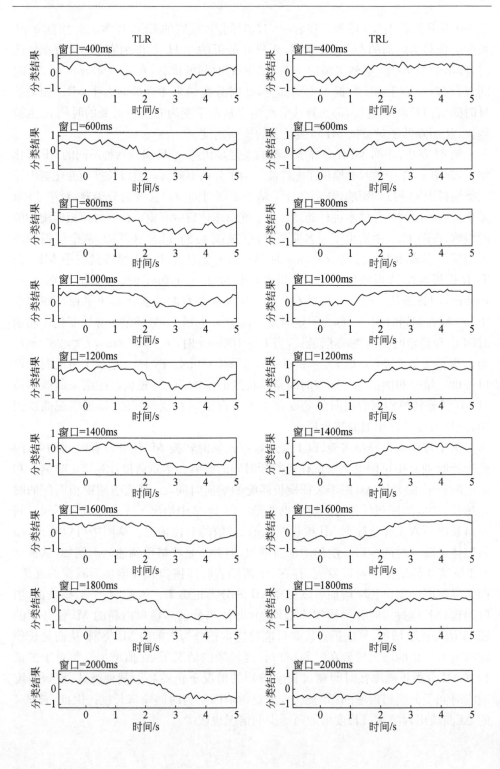

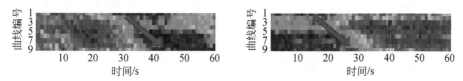

图 14.2　不同时间窗口长度下的序列 MI 模板检测速度

图中显示了 TLR 和 TRL 这两类模板的匹配结果曲线。最后一行的图形是上方 9 条曲线的
平面化显示结果,更好地呈现出变化趋势,分类结果中,1 代表分类为左手,−1 代表分类为右手

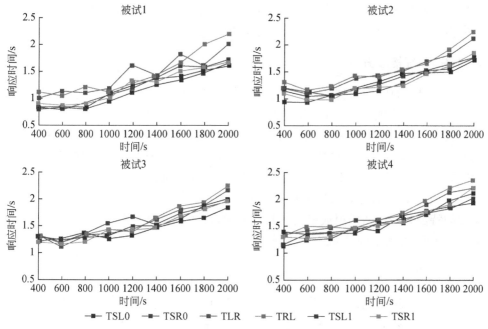

图 14.3　4 名被试在不同时间窗口长度下的六类异步序列 MI 模板匹配响应
时间变化曲线(见彩图)

　　通过分析时间窗口长度对 MI 分类正确率和异步序列任务模板匹配响应时间
的影响可以得出,MI 任务分类正确率整体上随着时间窗口长度的增加而增加,但
达到一定长度后增加的趋势变缓,甚至会出现小幅下降。然而,随着时间窗口长度
的增加,模板匹配响应时间也会随之增加,使序列任务的检测速度降低。时间窗口
长度的选择需要在分类正确率和检测速度之间进行折中,提高综合检测性能。同
时,MI 分类正确率的下降会导致模板匹配的正确率,在一定程度上也会导致响应
时间的增加。因此,在分类正确率和检测速度两个性能指标共同优化的过程中,优
先考虑前者能够更有效提高序列任务的检测速度。根据上述研究结果,本章提出
基于多尺度时间窗口的异步序列 MI 任务分类算法,通过将不同时间窗口下的 MI

分类结果加权,既发挥长时间窗口在分类正确率上的优势,同时利用多时间窗口响应快的优点,提高序列 MI 任务的检测速度。

14.3　多尺度时间窗口分类算法设计

多尺度时间窗口分类算法的设计思路是:同时利用不同长度的时间窗口处理序列 MI 数据,根据不同时间窗口长度下的分类正确率对分类结果进行加权融合(类似一种投票机制),以提升序列 MI 任务识别的正确率,同时尽可能地提高识别速度。在该算法中,MI 分类结果将不再由单一时间窗口长度的 EEG 信号决定,而是由多尺度时间窗口长度得到的分类结果共同决定。

14.3.1　特征提取方法

在多尺度时间窗口特征提取方法中,选取在 600～2000ms 内平均间隔 200ms 的 8 个不同长度的时间窗口,并分别提取每个时间窗口下 MI 任务的 EEG 特征。对于其中任意一个时间窗口,原始 EEG 信号首先经过 5～40Hz 带通滤波和 50Hz 陷波滤波处理,消除信号中的噪声干扰,随后利用 W-CSP 算法分别训练左/右手 MI,左手 MI/空闲状态及右手 MI/空闲状态这三组空域滤波器参数。EEG 样本经过 CSP 滤波处理后计算每通道信号的方差对数值作为特征值。每个窗口长度下得到的特征值序列共同组成最终的特征向量,作为后续分类器的输入。多尺度时间窗口 EEG 信号特征提取方法流程如图 14.4 所示。

14.3.2　分类器设计

基于多尺度时间窗口的分类器会将每个时间窗口得到的特征向量进行分类,得到左/右手 MI,或者空闲状态这 3 个分类结果。分类器设计采用与 11.2.2 节相同的 SWLDA 算法。分类器在给出分类结果的同时,还会给出该结果的置信度,置信度越高代表当前分类结果的可信度越高。在每个时间窗口长度下都会得到当前 t 时刻下 EEG 样本的分类结果 $R_i(t)(i=1,2,\cdots,8)$ 和置信度 $CL_i(t)$(其中 i 为时间窗口的不同长度)。每个时间窗口分类结果的 $CL_i(t)$ 值将作为对应分类结果 $R_i(t)$ 加权值选取的主要依据。$CL_i(t)$ 值越大,对应分类结果 $R_i(t)$ 的加权值就越大,该结果对最终 MI 分类结果的贡献率也就越大。上述分类方法如图 14.5 所示。

在图 14.5 中,$fw(CL_i(t))$ 是将置信度转换为分类结果加权值的生成函数,其计算过程如式(14.1)所示,其中 $CL_i(t)$ 的取值范围为 $(0,1)$。在 t 时刻,$CL_i(t)$ 值越大,根据式(14.1)计算得到的权值也就越大;$CL_i(t)$ 值越小,对应的权值也就越小。最终分类结果 Res 的计算过程为

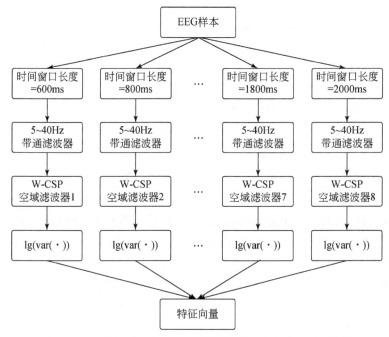

图 14.4　多尺度时间窗口 EEG 信号特征提取方法流程示意图

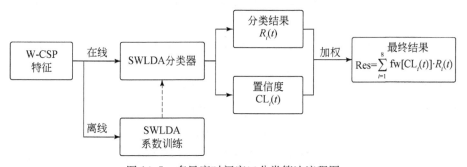

图 14.5　多尺度时间窗口分类算法流程图

$$\mathrm{fw}(\mathrm{CL}_i(t)) = \frac{\mathrm{CL}_i(t)}{\sum\limits_{j=1}^{8} \mathrm{CL}_j(t)} \qquad (14.1)$$

$$\mathrm{Res} = \sum_{i=1}^{8} \mathrm{fw}(\mathrm{CL}_i(t)) \cdot R_i(t) \qquad (14.2)$$

　　分类结果权值的大小决定着对应时间窗口长度对最终序列 MI 任务识别结果的影响程度。利用分类结果置信度可以实现对不同时间窗口长度的优化选择。若算法检测到某个较短时间窗口长度下的分类结果的置信度较高,则其对最终分类结果的贡献率会随着权值的增大而增大。由 14.2.2 节可知,缩短时间窗口长度可以减少模板匹配的响应时间,从而提高序列任务的检测速度。若算法检测到在短时间窗口长度下的分类结果的置信度较低,而在长时间窗口长度下较高,则算法会自动提高长时间窗口分类结果的权值,从而保证模板匹配结果的正确率。总体来说,本章提出的多尺度时间窗口分类算法能够在保证分类正确率的情况下,尽可能缩短时间窗口长度,提高序列任务的检测速度。

对于某一长度的时间窗口,分类结果的置信度 $\mathrm{CL}_i(t)$ 由当前时刻的特征向量在特征空间中的位置决定。本章采用的 one-versus-one 分类框架中,共有 3 个两分类器共同将 EEG 样本分类为左/右手 MI、空闲状态三类。将这 3 个分类器分别记为 C_{LR}(左/右手 MI 分类器)、C_{L}(左手 MI 与空闲状态分类器)、C_{R}(右手 MI 与空闲状态分类器)。对于每个分类器,都会计算分类结果的置信度 $\mathrm{CL}_i^k(t)$,$k \in \{\mathrm{LR},\mathrm{L},\mathrm{R}\}$。对于分类器 C_k,其置信度计算函数 FC^k 由当前样本的 SWLDA 得分值和训练样本得分分布函数两部分组成。若样本的 SWLDA 得分与训练得出的得分阈值差距越大,则该样本属于对应类别的置信度越高。同时,对于某个得分值,训练样本在该位置的分布越密集,该样本属于相应类别的置信度也就越高。置信度函数 FC_i^k 的计算公式为

$$\mathrm{FC}_i^k[x(t)] = \begin{cases} P_i^k[\mathrm{score}_i^k(t) - \mathrm{score}_{i,\mathrm{thres}}^k], & \mathrm{score}_i^k(t) < \mathrm{score}_{i,\mathrm{peak}}^k \\ P_i^k(\mathrm{score}_{i,\mathrm{peak}}^k - \mathrm{score}_{i,\mathrm{thres}}^k) + \Delta p, & \mathrm{score}_i^k(t) < \mathrm{score}_{i,\mathrm{peak}}^k \end{cases}$$

$$(14.3)$$

式中,$x(t)$ 为当前 EEG 特征向量;$P(\cdot)$ 为训练样本得分值分布函数;Δp 为置信度增量;$\mathrm{score}_i^k(t)$ 为第 i 个时间窗口下,分类器 C_k 计算得到的 SWLDA 得分值为该分类器训练得到的得分阈值;$\mathrm{score}_{i,\mathrm{peak}}^k$ 为训练样本得分分布函数中的极大值点对应的得分值。分类结果置信度计算公式示意图如图 14.6 所示。若当前得分值小于图中的 $\mathrm{score}_{i,\mathrm{peak}}^k$,则置信度为对应的训练样本得分分布函数值。若当前得分大于 $\mathrm{score}_{i,\mathrm{peak}}^k$,虽然分布函数 $P(\cdot)$ 的概率值下降了,但和训练得到的得分阈值距离增大,则认为分类结果的置信度应该增加。因此,在 $\mathrm{score}_{i,\mathrm{peak}}^k$ 对应的函数值上继续增加 Δp,从而使置信度与 SWLDA 值整体保持单调递增关系。Δp 增量值和样本得分与 $\mathrm{score}_{i,\mathrm{peak}}^k$ 的距离有关,距离越大增量值也就越大。为了统一量纲,本章约定置信度最大值为 0.99。

根据上述计算方法,每个分类器都能得到一个当前分类结果的置信度。在 one-versus-one 分类框架中,若两个分类器结果相同,则该结果即为最终分类结果,而相应的置信度值为这两个分类器得到的置信度值的乘积。以左手 MI 为例,若分类器 C_{L} 和 C_{LR} 的结果都为左手 MI,则在该时间窗口长度下的分类结果即为左手 MI,相应的置信度为 $C_{\mathrm{L}}C_{\mathrm{LR}}$。

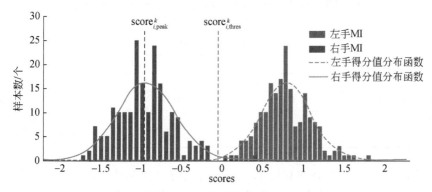

图 14.6　分类结果置信度计算公式示意图(见彩图)

图中以左/右手 MI 分类器 C_{LR} 为例,置信度由当前样本得分值与得分阈值 $score^k_{i,thres}$ 的距离
及训练样本的得分分布函数共同决定

14.4　实验结果

14.4.1　序列任务模板匹配结果

表 14.2 为利用多尺度时间窗口分类算法得到的六类序列任务模板匹配正确率。4 名被试六类模板的平均正确匹配率为 91.1%,其中被试 1 的正确匹配率最高,为 94.8%,被试 4 的正确匹配率最低,为 87.2%。

表 14.2　多尺度时间窗口分类算法的六类序列任务模板匹配正确率

被试	序列 MI 任务模板/%						
	TSL0	TSR0	TLR	TRL	TSL1	TSR1	平均
1	93.8	95.8	93.8	91.7	95.8	97.9	94.8
2	91.7	89.6	89.6	93.8	95.8	93.8	92.4
3	89.6	91.8	87.5	85.4	91.8	93.8	90.0
4	85.4	89.6	87.5	85.4	85.4	89.6	87.2
平均	90.1	91.7	89.6	89.1	92.2	93.8	91.1

表 14.3 为六类序列任务模板匹配响应时间。根据 14.2.2 节内容,设 t_1 为 MI 分类结果开始稳定的时刻,t_0 为开始分类的时刻,利用 t_1 和 t_0 的差值 Δt 来刻画模板匹配响应时间的长短。Δt 值越大代表响应时间越长,反之则响应时间越短。4 名被试的平均 Δt 值为 1.71s,其中被试 1 的 Δt 值最小,为 1.59s,被试 3 和被试 4 的 Δt 值最大,为 1.80s。

表 14.3　多尺度时间窗口分类算法的六类序列任务模板匹配响应时间

被试	序列 MI 任务模板/s						
	TSL0	TSR0	TLR	TRL	TSL1	TSR1	Δt 值
1	1.40	1.20	1.95	1.60	1.60	1.80	1.59
2	1.50	1.40	1.90	1.70	1.65	1.75	1.65
3	1.67	1.76	2.01	1.95	1.78	1.65	1.80
4	1.70	1.67	1.91	2.10	1.28	1.65	1.80
平均	1.57	1.51	1.94	1.84	1.70	1.71	1.71

　　图 14.7 为被试 2 分别利用单一尺度时间窗口和多尺度时间窗口的 TLR 和 TRL 模板匹配的实时分类结果曲线。从图中可以发现,多尺度时间窗口下左/右手 MI 变化的响应时间大于单一尺度时间窗口(如 1600~2000ms)的响应时间,但小于短时间窗口的响应时间,重要的是多尺度时间窗口分类具有更高的正确率和稳定性。

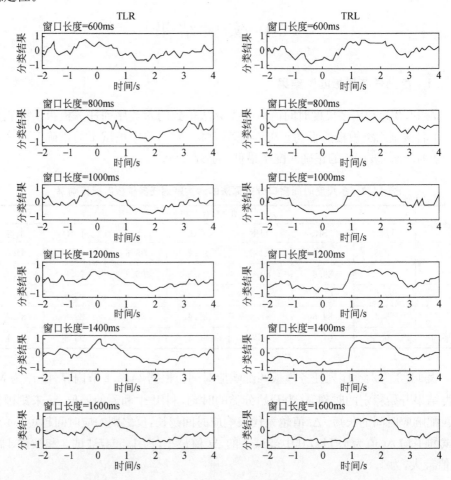

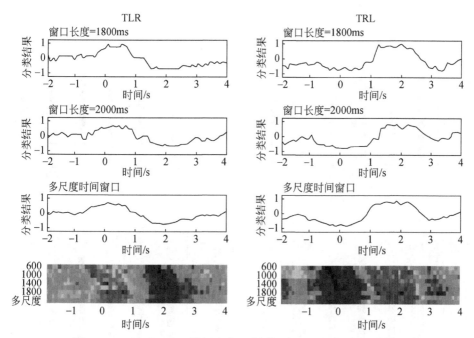

图 14.7　TLR 与 TRL 模板在多尺度时间窗口长度下的检测结果

图中显示了 TLR 和 TRL 这两类模板的匹配结果曲线。最后一行图形是实时分类结果和
窗口长度二维图像,纵坐标"多尺度"对应的是多尺度方法下的结果,纵坐标分类
结果中 1 代表左手,−1 代表右手

14.4.2　多尺度时间窗口与单一尺度时间窗口的结果对比

为了比较多尺度时间窗口分类算法与传统单一尺度时间窗口分类算法的性能差异,从不同长度时间窗口中选择一个与多尺度时间窗口模板匹配正确率最接近的时间窗口 win_acc,比较两者的模板匹配响应时间。同时,再选择一个与多尺度时间窗口模板匹配响应时间最接近的时间窗口 win_RT,比较两者的模板正确匹配率。

图 14.8 为在同等分类正确率水平下,基于多尺度时间窗口方法与采用 win_acc 单一尺度时间窗口的模板匹配响应时间对比情况。利用多尺度时间窗口方法的响应时间为 1710ms,而利用单一尺度时间窗口 win_acc 得到的响应时间为 1930ms。在单一尺度时间窗口长度方法下,4 名被试的 win_acc 时间窗口长度分别为 1600ms、2000ms、1800ms 和 2000ms,使得相应的分类正确率与多尺度时间窗口方法最接近。

图 14.9 为多尺度时间窗口与单一尺度时间窗口 win_RT 的模板匹配正确率对比情况。多尺度时间窗口方法的正确匹配率为 91.1%,而单一时间窗口 win_RT 得到的正确匹配率为 87.4%。4 名被试 win_RT 时间窗口长度分别为

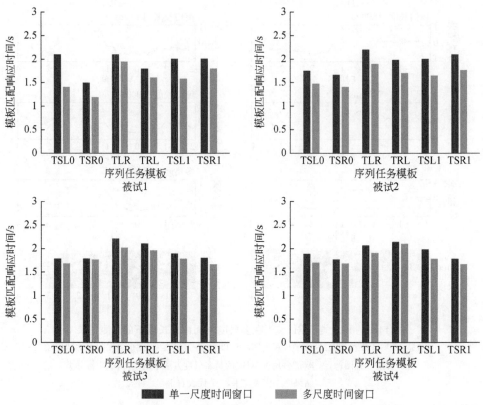

图 14.8　4 名被试同等分类正确率水平下模板匹配响应时间对比
从图中可以看出多尺度时间窗口的响应时间短于单一尺度时间窗口的响应时间

1000ms、1400ms、1800ms 和 1800ms，其相应的模板匹配响应时间与多尺度时间窗口方法最接近。

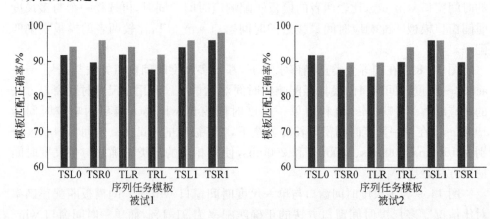

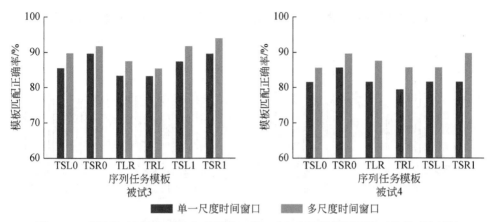

图 14.9 多尺度时间窗口方法与采用单一窗口 win_RT 的模板匹配正确率对比情况

从图中可以看出,基于多尺度时间窗口的模板匹配正确率

高于单一尺度时间窗口 win_RT 的模板匹配正确率

14.5 结果分析与讨论

本章提出的多尺度时间窗口分类算法的核心思想是根据 MI 分类正确率对不同时间窗口长度下的分类结果进行加权,将加权后的分类结果用于序列 MI 任务检测。与传统的单一尺度时间窗口方法相比,本章提出的算法能够在保证较高分类正确率的同时,尽可能地提高短时间窗口分类结果对序列任务检测的贡献率,从而提高任务检测速度。从图 14.8 中可以看出,在同等分类正确率水平下,多尺度时间窗口的模板匹配响应时间比单一尺度时间窗口的模板匹配响应时间降低了 11.4%。从图 14.9 中可以看出,在模板匹配响应时间接近的情况下,多尺度时间窗口方法的模板匹配正确率与单一尺度时间窗口方法相比提高了 4.2%。上述结果证明了本章提出的算法在提高序列 MI 任务检测速度上的有效性。

图 14.10 为每名被试在序列任务模板匹配过程中,不同尺度时间窗口的平均权值。若某个时间窗口的平均权值较大,则代表其对应的 MI 分类结果对模板匹配结果的贡献率较大。从图中可以看出,被试 1 的匹配结果中贡献率最大的时间窗口长度为 1000ms,被试 2 对匹配结果贡献率最大的时间窗口长度为 2000ms,被试 3 和被试 4 则分别为 1800ms、2000ms。从图中还可以看出,对被试 1 分类贡献率高的时间窗口长度较短,主要集中在 800~1400ms 内,而对被试 2~被试 4 分类贡献率高的时间窗口长度则较大,主要集中在 1400ms 之后。其中,被试 4 在 1800ms 和 2000ms 这两个时间窗口的权值明显高于其他窗口。造成这一结果的可能原因是被试 1 在短时间窗口下仍然具有较高的 MI 分类正确率,算法会提高短时间窗口分类结果的权值,而对于其他被试,特别是被试 4,时间窗口长度缩短

会导致 MI 分类正确率显著降低,因此算法会降低短时间窗口分类结果的权值。

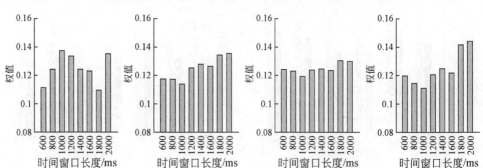

图 14.10　4名被试序列任务模板匹配过程中不同长度时间窗口的平均权值分布

14.6　本章小结

本章提出了一种多尺度时间窗口的序列 MI 分类算法,用于提高序列任务的检测速度。该方法首先从 600~2000ms 长度范围内选取 8 个不同长度的时间窗口对 EEG 信号进行分类,并分别计算不同时间窗口分类结果的置信度。随后,根据置信度值的大小,分类器对所有分类结果进行加权得到最终的 MI 分类结果。置信度的计算依赖于每个时间窗口下 SWLDA 得分值与训练样本得到的得分阈值的距离及训练样本得分值的分布函数。利用多尺度时间窗口分类算法,在同等分类正确率情况下,序列任务模板匹配响应时间与传统单一尺度时间窗口方法相比下降了 11.4%,而在同等响应时间条件下,MI 分类正确率提高了 4.2%。上述实验结果证明,多尺度时间窗口分类算法能够在保证较高分类正确率的情况下,提高序列 MI 任务的检测速度。本章提出的方法能够提高基于序列 MI 任务的 BCI 系统控制指令输出速度,提高对外部设备的操控性能。

参 考 文 献

[1] Wang Y, Zhang Z, Li Y, et al. BCI competition 2003-Data set IV: An algorithm based on CSSD and FDA for classifying single-trial EEG[J]. IEEE Transactions on Bio-Medical Engineering, 2004, 51(6): 1081-1086.

[2] Niazi I K, Jiang N, Tiberghien O, et al. Detection of movement intention from single-trial movement-related cortical potentials[J]. Journal of Neural Engineering, 2011, 8(6): 66009.

[3] Bai O, Rathi V, Lin P, et al. Prediction of human voluntary movement before it occurs[J]. Clinical Neurophysiology, 2011, 122(2): 364-372.

[4] Shibasaki H, Hallett M. What is the bereitschafts potential? [J]. Clinical Neurophysiology, 2006, 117(11): 2341-2356.

第15章 触觉脑机接口范式

15.1 引　　言

视觉是人类最为发达的感知通道,是人类获取外界信息和对外界环境进行理解的最重要通道。因此,除了能作为外界诱发刺激的输入通道外,视觉通道也是 BCI 控制系统反馈信息最重要的途径。

BCI 领域中视觉相关研究发展时间相对较长[1],研究成果也相对丰富,形成了事件相关 P300、SSVEP 等目前 BCI 技术的典型范式。研究表明,视觉是目前最稳定且最可靠的诱发型通道。

但视觉通道 BCI 技术在实际应用中也存在一些不足:①视觉通道虽然输入能力较强,但是在日常工作环境下的负担也最重,加之视觉通道 BCI 技术对通道具有独占特性,所以在实现 BCI 的同时,会限制其他信息输入。这一点使视觉通道 BCI 操作不适合航天器、飞机等复杂系统的操控。②目前视觉通道采用的视觉刺激都具有闪烁特性,长久使用(如 10min)会造成视觉系统乃至脑部的不适感,限制了使用时间。③因为必须提供视觉信息输入,所以视觉通道 BCI 需要独占一块显示区域,显示屏成为此类技术必不可少的装备。但是很多情况下,如汽车驾驶,操作人员又几乎需要时刻以第一视角观察周围环境,所以这也限制了视觉通道 BCI 技术的使用。

基于以上原因,研究者也在努力探索独立于视觉通道的 BCI 技术。已有研究发现听觉诱发 ERP[2]信号具有高度可分性。人类对声音来源的方位判断能力可以被 BCI 系统利用,这能够拓宽输入维度,从而使听觉 BCI 性能具有一定的提升空间。除此之外,结合人类的主动认知学习能力能够加强对目标刺激事件的敏感程度,从而激发出更加显著的 ERP 特征,进而能够更大限度地区分目标和非目标电位,这也是丰富听觉通道 BCI 输出维度的一种重要手段。由于听觉通道通过声音传递输入信息,人类对多种声音同时输入的辨识度较低,而且辨识单一输入声音也需要足够的时间,因此听觉诱发若要实现高效率 BCI 也会受输入速度的限制。听觉通道信号采集电极通常被安放在 AFz、Fz、FCz、F1、F2 等靠近听觉区域的位置,听觉脑电信号能够获得和视觉相当的分类效果,听觉脑电信号的 P300 峰值时间也与视觉相近,在刺激后 300ms 左右。

近年来,本领域内也有研究者开始对触觉通道 BCI 展开研究,目的是除了探求诱发脑电信号的特点之外,还为了获取触觉通道的优势以试图弥补视觉和听觉通道的不足,更进一步向多通道、多模态 BCI 融合方向发展。本章的研究内容就是在这个方向上的一种探索。

15.2　触觉诱发通道

　　触觉通道的研究起步最晚,在视觉和听觉之后很长一段时间才开始。Brouwer 等[3]首次尝试在触觉通道诱发 ERP,并且应用于 BCI 系统。利用纽扣电机的振动刺激用户的腰部,成功检测到 ERP,验证了系统的可行性。其后研究人员开始尝试改进刺激范式,在身体各处放置刺激,证明了触觉通道 ERP 存在的广泛性[3-5]。由于触觉遍布全身,能够用来接收刺激的点位多,且由于人的生理特性,对刺激位置有明确的辨别能力,因此从输入层提高了 BCI 输入和输出带宽。同时,触觉通道还能解决输入与视觉反馈、听觉反馈的通道冲突问题。

　　在健康被试上,触觉通道 ERP 信号的可分性要逊色于视觉 ERP 信号,其时间特征也有区别,如视觉 ERP 的 P300 峰值出现在 300ms 左右,而触觉 ERP 的 P300 峰值出现在 500ms 左右[3]。图 15.1 为目标和非目标刺激响应下的信号随时间变化的幅值图,其中 300ms 左右时间段在目标和非目标刺激下都出现了信号增强现象,所以 300ms 附近的特征不具有分类能力,两类信号真正的可分类特征出现在 500ms 左右。同时,触觉脑电信号幅值比视觉要弱,信号稳定性也相对较差。其 ERP 主要出现在 Cz、Pz 为代表的运动感觉皮层区域,以该区域信号作为分析的主要

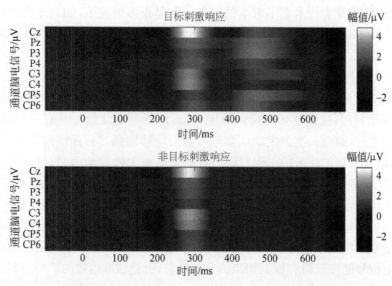

图 15.1　目标刺激和非目标刺激后各通道脑电信号随时间变化图(见彩图)

信号源。在 SOA 设置上比视觉刺激下要长(在 P300 诱发设计中,由于需要遍历所有刺激,因此会出现刺激与非刺激间隔的周期性重复,该重复周期就被定义为 SOA)。在目前大部分触觉 BCI 研究中通常将 SOA 设置为 500ms 左右,且刺激时间占 50%。单就这一指标来看,触觉 ERP 在输出速度上处于劣势。

触觉 BCI 与视觉 BCI 的最大区别在于诱发源不同。传统的视觉诱发中,实验通常利用显示器作为刺激源,也有部分研究者由于显示器刷新频率的限制而单独设计了 LED 闪烁阵列作为刺激器。触觉通道的优势在于触觉遍布全身,自由度高且敏感性强,同时被试对于刺激的位置有天然的生理学可区分性,这类似于视觉通道中刺激的形状和颜色的解耦,所以同样可以形成多维度并行输入。理论上,这一维度要远高于视觉通道,有望提高诱发效率,这使触觉 BCI 技术展现出了很好的性能提升潜力和应用前景。

15.3　触觉刺激软硬件设计

如何设计一个有效、稳定的用于诱发触觉 ERP 信号的刺激源是触觉 BCI 研究的基础,也是首先需要解决的问题。振动刺激是目前此类研究的共同选择。为了更加接近脑电信号 P300 特征的刺激模型,类似于小概率事件的设计思想,在身体不同位置给予振动与非振动刺激(以 0/1 区分)。

刺激需要满足安全、可靠、延时小的要求,还要兼顾便携、简单、易操作的用户体验;同时还要考虑到后续的刺激可扩展性(如刺激从 6 路扩展为 8 路),触觉刺激模块可以通过挂载更多刺激单元来提高输入维度。信号采集主要以信号的保真度、采集实时性、采集频率及信道数量作为参考指标。

15.3.1　触觉刺激模块通信设计

小概率事件激发的 P300 电位具有强时域特征,信号 P300 特征与振动刺激在时间上的对应关系是反编码输入刺激进而实现 BCI 的关键,所以刺激的实时性(从刺激命令发出到实际振动输出的时间延迟)是一个需要重点考虑的问题。时间延迟过大或者不稳定,通过 P300 反编码输入刺激就会产生高的错误率。此外,刺激强度也是需要考虑的因素之一,若刺激太弱,则需要被试的注意力高度集中,就会提升认知负荷或者不能稳定诱发 P300;刺激强度过高又会使刺激响应产生翘尾现象,不同刺激在时间和空间上会产生叠加现象,降低 BCI 通信效率。

本实验中,采用 Wadsworth 中心和图宾根大学联合开发的 BCI2000 系统作为软件平台,实现刺激频率的控制、靶刺激标记及数据采集等。为了实现刺激模块的便携性和独立性,采集模块和 BCI2000 设计为无线连接。选择蓝牙作为无线通信载体。蓝牙是一种成熟且稳定的无线解决方案,可靠性高、成本低廉。本实验的刺激源控制指令相对简单,蓝牙可以保证很好的实时通信效果,避免硬件延时对 EEG 信号时空特性的影响。蓝牙通信中有上位机和下位机之分(也称为母机和子机),上位机和 BCI2000 进行连接,下位机在刺激模块上。通信模块结构示意图如图 15.2 所示。

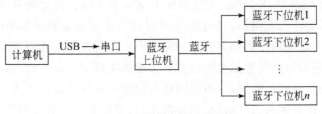

图 15.2　通信模块结构示意图

计算机和蓝牙上位机的信息交互采用的是 USB 转串口方式,这里所选择的硬件为 CH340,其特点是通用性强、稳定、信息传递完整性极高,各平台驱动开发较为完善。蓝牙模块选用 HC-05 型号,上位机和下位机硬件完全一致,但是参数配置略有差异。上位机用以实现刺激控制指令的分发,在设置软件环境中将其名称和接入秘钥写入内部存储空间,上电后提示灯快速闪烁,表示当前无任何设备连接且处于等待连接请求的状态;下位机写入其主动请求连接的上位机的名称和秘钥,上电后提示灯快速闪烁并且向上位机持续发出连接请求,待配对连接成功,上位机和下位机的提示灯均以固定较慢节奏的频率闪烁。采用将名称和密码写入硬件的原因是蓝牙模块没有人机交互界面,不能实现人工可视化操作连接过程,同时可以避免重新启动或者连接断开时需要重新连接带来的麻烦,提高模块使用效率和稳定性。同时,设计的上位机可以同时监听并连接多台子机设备,当上位机上电并启动之后,即使已经连接到若干下位机(提示灯按照正常节奏闪烁),其内部仍处于等待新下位机接入的状态,如果有新的写入其名称和秘钥的下位机接入,那么上位机会将其收到的消息同步转发给所有的下位机,从而保证下位机接收内容的实时性和一致性。通过可扩展化的设计方式,可以直接通过蓝牙下位机的接入增加刺激模块的个数,从而拓宽触觉输入维度,增加刺激指令的输出和 BCI 的可控制范围。

15.3.2　触觉刺激模块控制设计

蓝牙下位机物理连接的是单片机,用于末端振动器的控制。为了能够使末端振动器按照上位机指定的意图振动,需要将接收到的上位机信息翻译成末端指令,通过可编程的器件来实现。参照视觉刺激范式,刺激事件以小概率的形式随机出现,实验平台中 Python 软件编写的主调配程序仅需给出振动器编号以启动振动输出,单片机完成具体振动的输出控制,将接收到的控制指令转换成连续的模拟输出。在本设计中,单片机选用 Arduino Pro Mini,单片机内部程序由 C 语言编写,并且通过 Arduino 开发环境直接烧写单片机。为了保证接收到上位机控制指令后能够立刻执行,减少延迟,单片机保持内循环等待接收指令。当接收到有效编号指令(如 1~6)时,查询其所对应的引脚输出编码,给引脚写入相应的电平。为了使电机由电平上升沿带来的电机振动延时尽可能小(减小刺激源延时),本设计中采用了振动器预置电压的模式。电机驱动接收模拟信号而非数字信号,这是选择 Arduino 系列单片机的主要原因,因为其集成了多个模拟输入输出引脚。这里的预置电压设计是根据电机的特性,写入恰好不能使电机振动的电压。

连接单片机的电机驱动选用 ULN2003A 芯片。该芯片的优点是可以同时带动多个电机,因为振动电机型号尺寸完全一致,所以复用驱动芯片完全是一个可行的方案。芯片的输入电压是 5V,7 个输入引脚接收模拟电平的输入,7 个输出引脚输出对应模拟电平,模拟电平的输入输出是一致的,驱动的主要作用是提供足够的功率以带动电机振动。驱动器所连接的电机选用 C0834B002F 型号的纽扣电机,该电机通常用作手机振动器,已经被证明能够引起人体显著的生理感知。同时,该种电机工作在低电压环境下,距离人体敏感的电压区间甚远,不会对人体造成任何损伤。电机的预置电压为 2V,振动电压分别设置为 3V 和 4V。在这些电压模式下,电机能够起振,驱动器也具有该电压下的负载能力。单个驱动器上挂有 6 个负载电机,分别模拟 6 个触觉刺激,置高电平后电机提供持续振动输出。电机控制和驱动部分原理图如图 15.3 所示。

图 15.3　电机控制与驱动部分原理图

15.3.3　触觉 BCI 实验软硬件设计

测试实验中选取了德国 Brain Products 公司的 BrainAmp DC Amplifier 脑电放大器、AntiCAP 主动电极及国际 10-20 标准电极帽等硬件设备。

实验中开发扩展了 BCI2000 中两个执行模块的功能:实时信号处理模块、图形化界面及刺激流程控制模块。

1) 实时信号处理模块

信号包使用 UDP 可以不间断地发送信号。该模块实时接收 recorder 播报的信号包,并且可以设置该包的大小,采样率为 200Hz,包中包含 8 个组块(block)的数据,即每 40ms 接收到一个信号包。代码中,每接收一个信号包就执行一次信号处理函数,该函数在当前目标刺激序列没有结束时,对信号持续进行累积,当刺激序列结束后则不接收新的数据。分类器对此次累积数据进行分类计算,输出对应的编码结果。实时信号处理模块逻辑流程如图 15.4 所示。

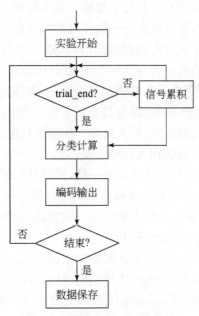

图 15.4　实时信号处理模块流程

2) 图形化界面及刺激流程控制模块

实时信号处理模块中的数据采集与分类结果输出给 BCI2000 平台控制的图形化界面及刺激流程控制模块。该部分由 Python 代码实现,主要完成刺激流程和节奏的控制。每次传递数据时模块会给数据打上标签。图形化界面及刺激流程控制模块工作流程如图 15.5 所示。

15.3.4　ERP 信号诱发测试

本实验利用基础触觉刺激诱发 ERP 信号,分析信号是否存在潜在可分类的脑电特征。在 3V、4V 两种电压输入情况下,采集脑电响应信号。测试选用的 SOA 为 400ms,其中刺激时间占比为 50%,刺激振动器均匀分布在左手臂上,6 个刺激电机按编号顺序依次循环振动。被试选择关注某个刺激并计数,当目标刺激出现时被试计数加 1,同步记录各通道脑电信号。

在 3V 电压输入情况下,振动强度较弱,被试能够感知振动,未进行数字滤波的 14 个电极通道原始信号输出如图 15.6 所示。通过对图 15.6 的观察可以发现,在该强度刺激情况下,没有类似于 P300 的强时域特征出现,所采集到的信号总体表现为均值平稳但伴随有振动,并未有明显规律。在 4V 电压输入情况下,被试可感觉到明显的振动。未进行数字滤波的 14 个电极通道原始结果如图 15.7 所示。

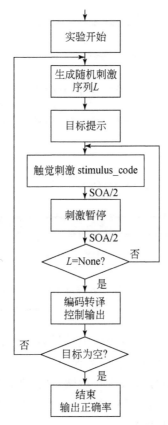

图 15.5　图形化界面及刺激流程控制模块工作流程图

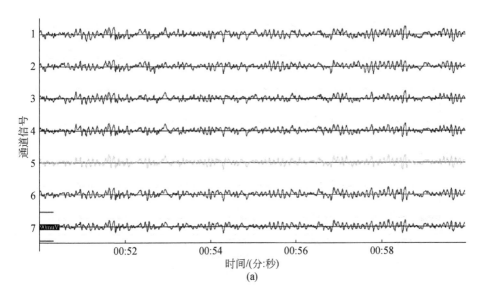

(a)

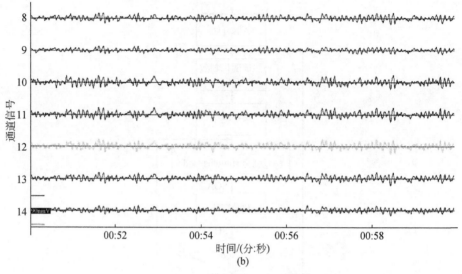

图 15.6　3V 电压输入强度下诱发的脑电信号

(a)是 1~7 通道信号；(b)是 8~14 通道信号。没有类似于 P300 的强时域特征出现

从图 15.7 中可以看出，1~7 通道脑电信号响应幅值明显强于 8~14 通道。将信号分为显著响应和明显响应两类，两类通道均能直接观察到时域上刺激的相关信号特征。将部分通道的信号放大进行观察，如图 15.8 所示。从图中可以发现，刺激响应脑电信号幅值明显高于非刺激状态下的脑电信号。这说明所设计的刺激硬件电路可以有效激发 ERP 信号。

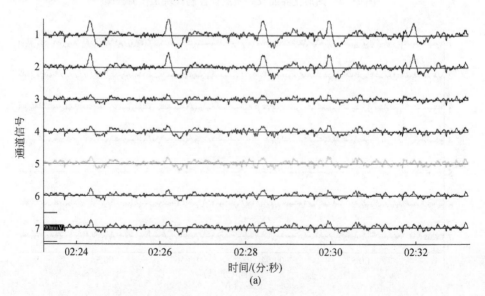

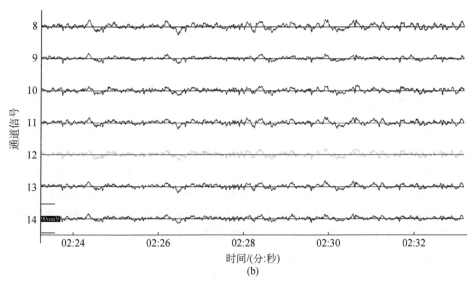

图 15.7　4V 电压输入强度下各通道脑电响应信号

(a)是显著响应通道的信号；(b)是响应明显,但信噪比低的通道信号

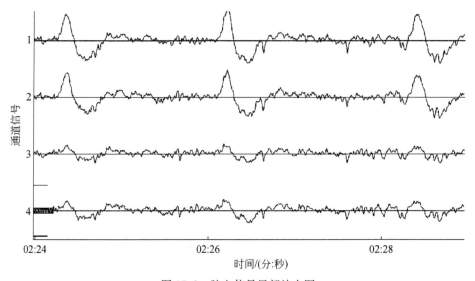

图 15.8　脑电信号局部放大图

　　高强度刺激与低强度刺激下的脑电信号对比分析结果表明,ERP 信号的生成对刺激强度具有一定要求。需要强调的是,对于不同的被试,相同电压刺激的主观感受是有所区别的,针对特定被试进行参数优化时,需要在线调整刺激强度以便达到最佳效果。此处的验证工作只是说明不同电压刺激带来的信号特征是不同的,

所以刺激强度本身是影响整体效果的一个重要因素,在系统设计时必须加以考虑。

15.4　触觉 P300 范式设计

15.4.1　脑电信号采集

　　触觉 P300 与视觉 P300 实验中电极位置的选择是不同的。通常,视觉 P300 电极选取在枕叶区(视觉初级皮层),而触觉 P300 电极选取在顶叶区(感觉运动皮层)。

　　在离线训练实验中,选用了 F3、F4、C1、C2、C3、C4、C5、C6、Cz、P3、P4、P5、P6、Pz 这 14 通道电极作为数据采集电极,参考电极选取 TP10,接地电极选取 Fpz,电极分布如图 15.9 所示。电极选取的主要目的是保证离线数据的全面性,用于筛选适合每个被试的特征电极及其通用的电极特点。为了保证离线数据的有效性,实验前要求每个电极位的电阻值降低至 $10k\Omega$ 以下。将脑电信号进行 $50Hz$ 硬件陷波滤波及 $0.1Hz$ 的高通滤波,信号采集频率为 $200Hz$。

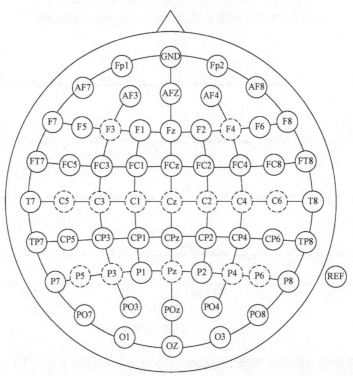

图 15.9　电极分布图

虚线圆圈标识的是采用的数据采集通道,REF 是参考电极,GND 是接地电极

　　在线测试实验中,根据离线数据分析结果,找到每个被试的最优电极位置(可以带来最好的可分性),以获取更佳的实验效果。共有 10 名健康被试参与实验,年龄分布为 23~27 岁,包括 8 名男性和 2 名女性。所有被试均受过高等教育,以保证其能够对实验流程和实验细节进行正确理解与执行。实验前,10 名被试没有参与过触觉 BCI 实验,部分参与过视觉 BCI 实验。所有被试都是右利手,以排除左右利手不一致带来的触觉敏感度差异对实验结果的影响。实验前主试完整详细地告知被试实验目的和操作流程,以保证被试主动参与实验。实验由两个 session 组成,分别为离线训练和在线测试。安排被试在两个半天完成两部分实验,从而减轻其认知负荷并减低疲劳程度。实验内容和组织形式如图 15.10 所示。

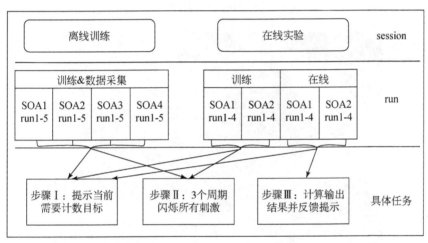

图 15.10　实验内容和组织形式

15.4.2　离线训练设计

　　离线训练的主要目的是:①获取离线数据,分析触觉 ERP 的幅值和时空特征;②找到被试的最优触觉响应通道,并比较通道的一致性;③利用选择的最优通道信息训练分类器,供在线测试使用;④让被试熟悉实验流程和实验任务,为在线测试奠定良好的基础。

　　离散训练中,被试坐在一张舒适的椅子上,并且保持轻松状态,避免紧张情绪带来的脑电波动。因为手臂是人类活动的常用肢体,可供电极安置的位置较多,所以离线实验的刺激部位选择被试的左手臂,如图 15.11 所示。被试不需要关注显示器上的信息,显示器仅供主试操作实验设备使用。离线训练选用四种不同的 SOA 值,分别为 300ms、400ms、500ms、600ms,用于观测不同刺激长度下被试的 ERP 响应情况。在四种不同 SOA 下,刺激时间和非刺激时间保持等长。刺激模块共设计 6 个刺激振动器,分别安置在被试的大臂内/外侧、肘关节内/外侧、腕关节内外侧,用以提供物理刺激,编号为①～⑥号,显示器上提供给主试的提示分别表示为 Wrist-in/Wrist-out、Elbow-in/Elbow-out、Shoulder-in/Shoulder-out。每个 SOA 包含 5 个 run 的实验,为了保证被试尽可能少受到疲劳影响,每 3 个 run 完成之后,被试可以选择休息 2～3min。每个 run 包含 15 个随机生成的待训练目标,每个目标的训练包含 3 个 trial 循环,即被试针对每个目标需要接收 18 次物理刺激,其中 6 个刺激电极分别刺激 3 次,刺激随机出现(在生成随机数阶段要避免相同刺激短时间内连续出现),以保证被试能够清晰地分辨当前刺激是否为目标。在每个目标开始前 3s,被试将受到一个持续 1s 的长振动,提示被试下一周期内需要关注的目标。根据视觉 BCI 经验,被试需要在接收到小概率目标刺激时进行计数,每个目标会计数到 3。整个离线训练过程约持续 100min。

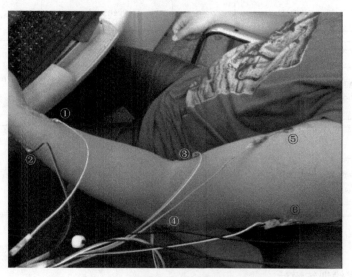

图 15.11 触觉刺激振动电极安放位置

15.4.3 在线测试设计

完成被试的离线数据分析后,找出每名被试最优电极通道和带通滤波器滤波上限。确定的最优电极通道直接用于在线测试。

实验选用被试表现最优的两组 SOA,在每个 SOA 下进行 8 个 run,每个 run 包括 15 个待测试目标,每个目标刺激包括 3 个 trial。其中,前 4 个 run 的数据用来训练分类器供在线测试使用,后 4 个 run 为正式测试数据,每进行 4 个 run 被试可以休息 3～5min。与离线训练相同,被试在每个目标刺激开始前会收到一个 1s 持续期的目标提示,不同的是,在线测试会根据被试的脑电信号输出一个分类结果,该结果会在每一个目标刺激的所有 trial 结束之后通过触觉反馈给被试。同时,在显示器上向主试提供当前任务和分类结果,供主试观察判断实验进程。在线测试系统构成及执行流程如图 15.12 所示。

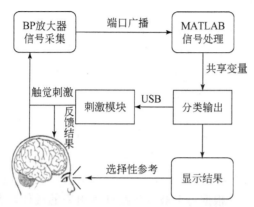

图 15.12　在线测试系统构成及执行流程

实验结果会随着实验的进行而被记录下来,同时脑电数据也会被同步记录。实验结束后,统计每个被试在不同 SOA 下的在线分类正确率,通过在线分类正确率和被试的 SOA 选择,计算系统的 ITR。

15.5　信号处理算法

15.5.1　信号预处理

视觉 P300 范式中,通常截取刺激后的 100~800ms 时间段数据作为响应数据。长的时间窗能够带来更多的 ERP 特征,从而带来更好的分类正确率,但是同时会造成 BCI 系统 ITR 的降低,所以窗口位置和宽度是实验中需要权衡的因素。考虑到视觉通道 ITR 优于触觉通道,触觉所引起的大脑响应要明显滞后于视觉,时间窗的起始点选为刺激后的 300ms,时间窗长度和视觉刺激一样,设定为 800ms。

数据采集阶段对各电极通道原始数据进行 0.1Hz 高通滤波。在数据处理阶段进行带通滤波,去除高频干扰成分带来的影响。高频成分包括各类生理噪声、50Hz 工频噪声等。P300 信号的时域变化相对平稳,作为核心特征的峰值变化也较为平缓,所以带通滤波对 P300 的时域特征影响不大,但对降低噪声水平的作用非常明显。不同被试脑电信号的噪声特点不尽相同,所需的带通滤波器滤波上限需要有针对性地设定。选用 0.5N 的巴特沃思带通滤波器,以数据驱动的形式确定不同被试的滤波上限。在离线数据中,以 1Hz 的步长遍历 30~45Hz 的滤波器上限范围,以脑电信号的可分性作为衡量指标,找到每个被试的合理滤波上限。

15.5.2 特征提取算法

P300 是低频信号,可以对原始数据进行降采样,降低信号的维度以减轻分类器的负担,提高执行效率。信号片段 P300 响应的特征矩阵通过以下表达式获取:

$$
X_i^k(n) = \begin{bmatrix} x_1^1(0) & x_1^1(1) & \cdots & x_1^1(p-1) & \cdots & x_1^l(0) & x_1^l(1) & \cdots & x_1^l(p-1) \\ x_2^1(0) & x_2^1(1) & \cdots & x_2^1(p-1) & \cdots & x_2^l(0) & x_2^l(1) & \cdots & x_2^l(p-1) \\ \vdots & \vdots & & \vdots & & \vdots & \vdots & & \vdots \\ x_m^1(0) & x_m^1(1) & \cdots & x_m^1(p-1) & \cdots & x_m^l(0) & x_m^l(1) & \cdots & x_m^l(p-1) \end{bmatrix}
$$

$$ i=1,2,\cdots,m; \quad k=1,2,\cdots,l; \quad n=0,1,\cdots,p-1 \tag{15.1} $$

式中,m 为刺激总数,在本实验中为 $6\times\text{trial}$;k 为脑电信号通道数,离线实验数据分析时 k 为 14,在线测试时 k 根据每个被试离线训练出来的最佳通道数决定;$p=tF_s$ 为每个通道记录的样本数,t 为样本记录时间,由于本实验选用刺激后的 $300\sim1100\text{ms}$ 作为信号片段,所以 t 为 0.8s,F_s 为放大器的采样频率,在本实验中选择为 200Hz。14 个离线通道在采样频率为 200Hz 的数据片段可以表示为

$$
X_i^k(n) = \begin{bmatrix} x_1^1(0) & x_1^1(1) & \cdots & x_1^1(159) & \cdots & x_1^{14}(0) & x_1^{14}(1) & \cdots & x_1^{14}(159) \\ x_2^1(0) & x_2^1(1) & \cdots & x_2^1(159) & \cdots & x_2^{14}(0) & x_2^{14}(1) & \cdots & x_2^{14}(159) \\ \vdots & \vdots & & \vdots & & \vdots & \vdots & & \vdots \\ x_{18}^1(0) & x_{18}^1(1) & \cdots & x_{18}^1(159) & \cdots & x_{18}^{14}(0) & x_{18}^{14}(1) & \cdots & x_{18}^{14}(159) \end{bmatrix}
$$

$$ \tag{15.2} $$

该矩阵维数为 18×2240。

在时域内进行 8 倍降采样,降采样后的离线分析数据矩阵为

$$
X_i^k(n) = \begin{bmatrix} x_1^1(0) & x_1^1(1) & \cdots & x_1^1(19) & \cdots & x_1^{14}(0) & x_1^{14}(1) & \cdots & x_1^{14}(19) \\ x_2^1(0) & x_2^1(1) & \cdots & x_2^1(19) & \cdots & x_2^{14}(0) & x_2^{14}(1) & \cdots & x_2^{14}(19) \\ \vdots & \vdots & & \vdots & & \vdots & \vdots & & \vdots \\ x_{18}^1(0) & x_{18}^1(1) & \cdots & x_{18}^1(19) & \cdots & x_{18}^{14}(0) & x_{18}^{14}(1) & \cdots & x_{18}^{14}(19) \end{bmatrix}
$$

$$ \tag{15.3} $$

该矩阵维数为 18×280。

15.5.3 信号分类算法

选择 SWLDA 分类算法作为触觉 P300 分类核心算法,通过迭代方式对分类器所描述的特征进行筛选。

分类器训练的核心任务是找到决策分类面(特征向量)。该特征向量的每一个点代表一个有效特征值,表示的是其所对应的时空位置对分类器的贡献大小。算法迭代停止条件是筛选确定的特征数达到当前设定的最大特征数 S,或者是当特征集中的特征不再增删。此特征集所组成的特征向量就是输出的 P300 分类器。

SWLDA 能够移除分类贡献率低的特征,在对小样本进行分类器训练时,分类正确率会明显优于其他 LDA 算法,且具有很好的鲁棒性。

研究中,将 SWLDA 上下限参数设置为 $P_+ = 0.1, P_- = 0.15$,其中最大特征数 $S = 60$。在线测试中,P300 的特征响应值可通过以下表达式计算获得:

$$Y_{ij}^{P300} = \omega^T X_{ij}^{P300} \tag{15.4}$$

式中,i 表示 trial 数,离线和在线测试所采用的 trial 数均为 3;j 表示刺激编码(本实验中是 1~6),于是 $i \cdot j = 18$,与前面的输入变量相吻合;列向量 ω 则是 SWLDA 分类器的核心参数。因为采样频率是 200Hz,信号时间长度是 800ms,所以分类器的尺寸为 $N \times 160$,其中,N 是被试离线训练确定的最佳通道数目。

通过计算 P300 刺激响应的得分反编码对应的输入刺激。根据式(15.5)计算触觉刺激 1~6 号所对应的刺激编码特征所获得的分数,利用分数来标记响应的强弱。

$$\text{score}_j^{P300} = \frac{1}{K} \sum_{i=1}^{K} Y_{ij}^{P300} \tag{15.5}$$

式中,K 表示单个目标刺激的 trial 数;Y 表示式(15.4)中计算出的特征响应值;score 表示 1~6 号刺激所获得的平均得分。通过比较得分值,选择得分最高的响应对应的刺激作为脑机接口的输出:

$$\text{Target} = \max_j \text{score}^{P300} \tag{15.6}$$

15.6　离线实验

离线实验的核心任务是要找到高可分性的特征及其时间分布。通过对 10 名被试进行实验,将各自采集到的 20 个 run 的数据用作分析。采用五折交叉检验(随机选择样本中一半的数据作为训练样本,将剩下的一半数据作为测试样本检验分类的效果)验证特征的可分性及分类的鲁棒性。

15.6.1　实验结果

在每个通道上将 10 个被试的脑电信号进行平均,平均后的结果如图 15.13 和图 15.14 所示。对比图 15.13 和图 15.14 可以看出,目标刺激下,P300 信号峰值明显,与非刺激状态的差别显著。P300 信号特征分布在 600~900ms,峰值特征出现在 700ms 左右。图 15.15 给出了 10 个被试 600~900ms 时间段内 P300 信号地形图。

所有被试的最佳带通滤波频率上限在表 15.1 中给出。以数据可分性为衡量指标,所有被试在不同 SOA 下的最佳可分通道在表 15.2 中给出。交叉验证中,各被试离线最佳参数下所能获得的平均分类正确率在表 15.3 中给出。

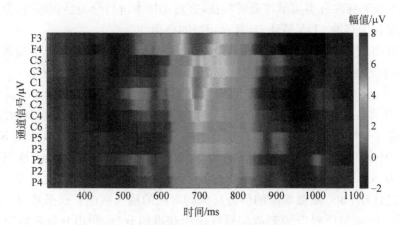

图 15.13　目标刺激下的各通道 10 名被试的平均脑电信号(一)(见彩图)

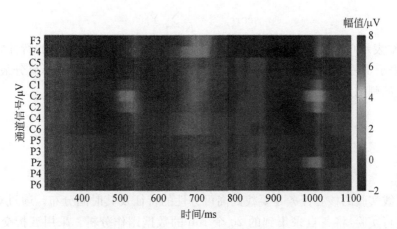

图 15.14　非目标刺激下的各通道 10 名被试的平均脑电信号(二)(见彩图)

表 15.1　不同 SOA 下 10 名被试最佳带通滤波频率上限　　(单位:Hz)

SOA/ms	被试 1	被试 2	被试 3	被试 4	被试 5	被试 6	被试 7	被试 8	被试 9	被试 10
300	36	42	38	37	32	42	38	42	39	40
400	38	40	38	38	32	40	38	41	39	40
500	40	41	38	36	31	42	40	40	40	42
600	40	40	40	38	32	40	38	42	40	40

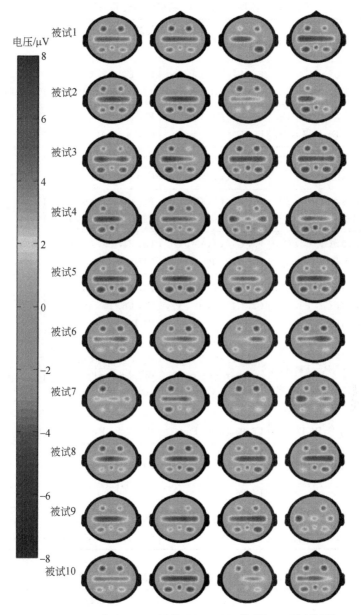

图 15.15　10 名被试在 300~600ms 时间段内的 ERP 信号地形图（见彩图）

此时间段 ERP 信号成分是触觉 P300

表 15.2 不同 SOA 下 10 名被试最佳可分通道组合

被试	不同 SOA 下的最佳通道			
	300ms	400ms	500ms	600ms
1	F3，C1，Cz，C2，C4，C6，P5，P3，Pz，P6	F3，F4，C3，C1，Cz，C2，C4，P3，Pz，P4，P6	F3，F4，C3，C1，Cz，C4，P5，P3，Pz，P4，P6	F3，F4，C3，C1，Cz，C4，P3，Pz，P4
2	F3，F4，C5，C1，Cz，C2，C6，P5，P3，Pz，P6	C3，Cz，C2，C4，C6，P5，P3	F3，F4，C5，C1，Cz，C2，C4，P5，P3，P4，P6	F3，F4，C5，C3，C1，C6，Pz，P6
3	F3，C5，C3，Cz，C2，P3，Pz，P4，P6	F3，F4，C3，C1，Cz，C2，C4，C6，P5，Pz，P4	F3，F4，C5，C3，C1，Cz，C6，P5，Pz，P4，P6	F3，F4，C5，Cz，C4，C6，P5，P3，P4，P6
4	C1，Cz，C4，P5，Pz，P4，P6	F3，F4，C5，C1，C2，P3，Pz，P4	F3，F4，C5，C3，Cz，C2，C4，P3，Pz，P4，P6	F3，F4，C3，C2，C6，P5，Pz
5	F4，C5，C3，C2，C4，C6，P5，P3，Pz，P4	F3，C5，C1，C4，C6，P5，Pz，P4，P6	F3，F4，C5，C1，C2，C4，P5，P3，Pz，P4，P6	F3，C5，C3，Cz，C2，C4，C6，P5，Pz，P6
6	F3，F4，C5，C1，Cz，C2，C4，C6，P5，P3，Pz，P4，P6	F3，F4，C5，C1，Cz，C2，C4，C6，P5，P3，Pz，P6	F3，F4，C5，C1，Cz，C2，C6，P5，P3，Pz，P4，P6	F3，F4，C5，C3，Cz，C2，P5，P3，Pz，P4，P6
7	F3，F4，C5，Cz，C2，C4，C6，P5，P3，Pz，P4，P6	F3，F4，C5，Cz，C2，C4，C6，P5，P3，P4，P6	F4，C2，C4，C6，P5，P3，Pz，P4，P6	F4，C3，Cz，C2，C4，P3，Pz，P4，P6
8	F3，C5，C3，Cz，C2，C4，P5，P3，P4，P6	F3，F4，C3，Cz，C2，C6，P3，Pz，P4，P6	F3，C5，C1，Cz，C6，P5，P3，Pz，P4	F3，C5，Cz，C2，C4，P5，P3，Pz，P4，P6
9	F3，F4，C5，Cz，C2，P5，P3，Pz，P4，P6	F3，F4，C5，C1，Cz，C2，C4，C6，P5，Pz，P4，P6	F3，F4，C5，C1，Cz，C2，C4，Pz，P4，P6	F3，F4，C5，Cz，C2，C6，P5，P3，Pz，P6
10	F3，F4，C5，C3，C1，Cz，P5，P3，Pz	F3，F4，Cz，C2，C4，C6，P4，P6	F3，F4，C5，C3，C1，Cz，C2，C4，C6，P5，P6	F3，F4，C5，C3，C1，Cz，C2，C4，C6

表 15.3 不同 SOA 下 10 名被试交叉验证分类正确率 （单位：%）

SOA	被试 1	被试 2	被试 3	被试 4	被试 5	被试 6	被试 7	被试 8	被试 9	被试 10
300ms	82.7	93.3	90.7	73.3	85.3	81.3	86.7	93.3	82.7	92.0
400ms	82.7	93.3	85.7	74.7	89.3	85.3	92.0	88.0	80.0	93.3
500ms	85.3	88.0	77.3	80.0	82.7	94.7	85.3	82.7	92.0	86.7
600ms	85.3	85.3	80.0	91.7	89.3	96.0	82.7	85.3	90.7	82.7

15.6.2　离线结果分析

1. 响应时间

从结果来看,目标刺激和非目标刺激下脑电信号具有显著的差异。在非目标刺激下,脑电信号较为平稳,表现为围绕均值的随机波动。目标刺激后,脑电信号在 600ms 后开始出现较大值正波动,平均峰值时间是 691.1ms,此后呈下降趋势,在 850ms 左右恢复静息状态,因此触觉 P300 的核心响应时间是 600~900ms。对于经典的视觉 P300 电位,响应通常开始于 200ms,而在 300ms 处达到峰值。触觉 P300 与视觉 P300 的整体时间延迟约 400ms,不同被试起始延迟和峰值延迟有较好的一致性。

不同被试、不同 SOA 下脑电信号的延迟没有显著差别。虽然触觉 P300 比视觉 P300 的延迟明显,但并不影响对目标与非目标刺激的分类。同时,各通道峰值均出现在 700ms 左右,信号时域特征几乎一致,说明所设计的触觉 BCI 范式能够稳定激发 ERP 信号,其中 P300 信号幅值和视觉 P300 处于同一数量级。触觉 P300 的峰值时间显著大于视觉 P300,可能是因为视觉系统相对于触觉系统具有更强的信息传递和处理能力。生理学研究表明,视觉通道是人类最发达且灵敏的认知感觉通道,通过视觉获取信息的量和速度均远高于其他通道,因此视觉较其他通道能够更加快捷地响应。

2. 响应幅值

由图 15.13 可知,触觉 P300 峰值幅值为 4~8μV。响应强度高的通道峰值约为响应不明显通道峰值的两倍,不同通道之间的差异极为明显。视觉通道的研究文献表明,视觉 P300 电位能够达到的幅值约为几至几十微伏,在该区间内,信号都具有良好的可分性。本实验所能诱发的 ERP 正好处于该区间内。通常,视觉电极安放于大脑枕叶区(视觉初级皮层区域),ERP 响应在该视觉区域最为强烈。通过对数据的分析可以看出,在触觉刺激下,响应强烈的电极位置是 F3、F4、C5、C3、C1 和 Cz,这些电极位于顶叶(感觉运动皮层区域)。虽然 P300 电位遍布全脑,但在触觉刺激下,顶叶区域的 ERP 响应明显高于枕叶区域的信号响应,ERP 响应强度和大脑皮层位置有直接的关系。

3. 脑地形图

由图 15.15 可以看出,不同被试 P300 脑地形图具有显著的差异,即使相同被试在不同的 SOA 条件下,差异依然显著存在。这说明使用空间特征对目标与非目标刺激分类,将无法得到好的分类效果。值得一提的是,有的被试整体响应强度比其他被试要弱,但这并不代表其信号的可分性差,分类算法更多考虑的是信号的时间波形,而不是幅值的大小。

4. 滤波上限

滤波上限由离线分析决定,其决策指标为:在当前通道和数据条件下,能够带来更加优质的信号可分性。在这种情况下,信号能够保留尽可能多的特征信息。不同用户的滤波上限差距较为明显,这说明脑电信号成分存在显著的个体差异。同一被试、不同 SOA 下滤波上限差距较小,这表明触觉 ERP 的时间特征受刺激时间的影响不显著,特征在频域上的区别并不明显。滤波上限的选择单纯是为了提高信号的可分性,不反映触觉 ERP 电位的整体特点,这是一个与被试强相关的参数。

5. 信号可分性

信号可分性由分类器的分类正确率来衡量。由于离线计算和交叉检验,最优通道的分类正确率具有稳定可靠的分类特性。离线分类器输出的分类正确率为 $77.3\%\sim96.0\%$,选定的最优通道和 SOA 均可获得超过 80% 的离线可分性,分类正确率标准差小于 0.0549,这直接说明了数据在定量层级的可分性。被试的个体差异也说明触觉 ERP 特征是因人而异的,因此要使每个被试获得更好的在线测试分类效果,就不能使用通用的分类器参数,需要根据每个被试的脑电特性来设计单独的分类器。

6. 电极组合

根据分类正确率的要求,不同被试、不同 SOA 情况下的最优电极组合在表 15.2 给出。通过离线分类正确率排序,遍历所有可能组合,在所有组合里面确定最适合当前被试的通道。绝大部分最佳组合里涵盖了前面提及的感觉运动皮层区域电极 F3、F4、C5、C3、C1 和 Cz,这也从另一个方面反映出不同被试触觉 ERP 具有一定的共同特征。

以上离线分析的综合结果表明,触觉 P300 时域特征与视觉 P300 有很大的相似性。该特征在时域上高度线性可分,所设计和改善的 SWLDA 分类器参数可用于在线测试。由于被试间共性和差异性的存在,定制通道选择能够更加充分地利用脑电信号所包含的特异性信息,为每个被试单独设计分类器,提升在线测试分类效果。

15.7　在线测试

为了验证触觉 P300 信号的在线可分性,本节进行在线测试。实验设定类似离

线测试,被试按要求接收提示,完成内心记数,刺激模块向被试反馈结果输出,后台
统计每个 run 的所有任务及其结果,并计算分类正确率。

15.7.1　实验结果

在线测试为类似于字符拼写的在线实验。借用离线分析结果,选用得到的分
类效果最佳的 2 个 SOA,从而获得每个 SOA 下被试 4 个 run 的分类正确率及其标
准差,如图 15.16 所示。此外,还统计了被试在两种 SOA 下的最低、最高和平均分
类正确率情况。

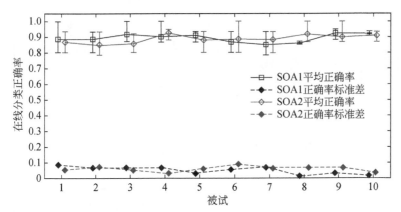

图 15.16　10 名被试的在线分类正确率及标准差(见彩图)

根据图 15.16 所呈现的在线分类正确率,结合刺激输入维度,计算被试两组
SOA 下每个 run 的在线 ITR,同时计算 ITR 均值,如表 15.4 所示。

表 15.4　10 名被试在两个最佳 SOA 下的在线 ITR 及其均值　　　　(单位:bit/min)

被试	SOA-1				SOA-2				TTR 均值
	run1	run2	run3	run4	run1	run2	run3	run4	
1	17.22	11.39	11.39	9.32	7.77	11.54	9.49	9.49	10.95
2	15.54	18.99	23.07	23.07	11.18	17.31	11.66	14.24	16.88
3	23.07	18.99	18.99	28.70	13.69	16.64	11.66	13.69	18.18
4	17.22	11.39	11.39	11.39	11.54	9.87	11.54	12.01	12.04
5	14.24	16.64	16.64	17.31	11.54	9.50	11.10	7.77	13.09
6	9.32	13.84	11.39	11.39	14.35	9.49	9.49	7.77	10.88
7	14.91	23.07	15.54	18.99	11.66	14.24	17.31	17.31	16.63
8	18.25	18.99	18.99	18.25	17.31	14.24	14.24	21.53	17.73
9	13.84	11.85	13.84	14.41	14.35	9.49	9.49	9.49	12.10
10	23.07	22.19	22.19	21.34	14.24	16.64	16.64	17.31	19.20
平均	12.76	12.90	12.26	13.06	16.67	16.73	16.34	17.42	14.77

　　根据被试获得的在线 ITR,参照被试独立 SOA 和所有被试综合 SOA,统计不同 SOA 下的 ITR 和标准差,结果如图 15.17 和图 15.18 所示。结果反映了被试的个体差异和脑机系统重要参数 SOA 对 ITR 的影响,同时反映了将分类正确率作为计算因子所带来的结果差异。

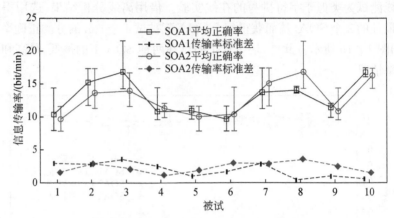

图 15.17　被试独立 SOA 平均 ITR 与标准差

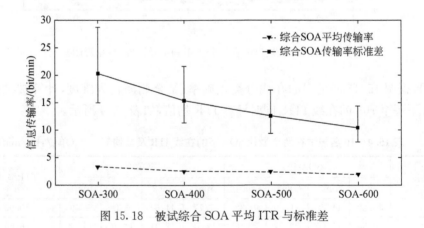

图 15.18　被试综合 SOA 平均 ITR 与标准差

15.7.2　在线结果分析

1. 分类正确率

　　对于被试的单个 run,在线测试获得了 77.3%~100% 的输出正确率,平均正确率达到 89.1%,整体水平和离线数据交叉验证的分类正确率相当,说明触觉 P300 信号具备良好的在线可分性。但整体上,分类正确率低于当前视觉 P300 的分类结果(90%~95% 的平均正确率,部分研究能超过 95%),具体原因有待深入研究。

触觉 P300 的分类正确率说明诱发信号的可重复性,本实验选定的 300～1100ms 时间段包含的 ERP 特征可用于有效的 BCI 通信。分类正确率的标准差为0.0569,远低于正确率本身,从数据层面表明分类正确率的稳定性。结合图形化分析,能够直观地看出分类正确率的波动较小。不同被试的分类正确率偏差较小,说明对于每个被试,确定适合其脑电特征的电极安放位置、滤波上限及 SOA 是必要的。

2. ITR 与带宽

ITR 是衡量 BCI 性能的重要指标,也是 BCI 能否进入实用阶段的重要参考依据。通常使用下列公式来计算 ITR:

$$\begin{cases} T = \mathrm{SOA} \cdot n \cdot M \\ \mathrm{ITR} = \dfrac{\log_2 M + P \log_2 P + (1-P) \log_2 \dfrac{1-P}{M-1}}{T} \end{cases} \tag{15.7}$$

式中,M 是系统所设计的刺激总数,本实验中 M 为 6;SOA 是当前计算采用的目标刺激与非目标刺激的时间长度和;P 是系统当前的输出正确率;n 是系统所采用的 trial 数,本实验中 n 为 3。

从结果来看,在线输出 ITR 为 7.77～28.70bit/min,同一被试在两组不同 SOA 下的 ITR 差异主要由 SOA 的大小决定,受分类正确率的影响较小。从式 (15.7) 中也能得出,ITR 与 SOA 成反比,与正确率 P 正相关。由于本实验选用的 SOA 间隔较大,最小 SOA 和最大 SOA 有倍数关系,而正确率的差异不明显,因此 ITR 的被试差异性显著。根据 SOA 对 ITR 的统计分析可以看出,随着 SOA 的增大,ITR 呈递减趋势,其波动幅度没有明显的差异。四种 SOA 下的 ITR 标准差分别是 3.33、2.47、2.35 和 1.88,标准差也呈递减趋势,这与平均值的大小有直接关系,但标准差总体较为平稳,说明在每个 SOA 下系统的表现较为稳定。

根据以上结果可知,提高 ITR 的方法主要有三种:

(1) 提高分类正确率。由于当前触觉 BCI 分类正确率均值已达 89.1%,因此通过提高正确率的方法来提升 ITR 的效果不明显。

(2) 改变 SOA。上述结果说明不同被试在不同 SOA 下的表现具有显著差异,而 SOA 是影响 ITR 的核心因素,缩短 SOA 带来的正确率损失不明显,或者说如果缩短 SOA 带来的 ITR 提升与正确率下降带来的 ITR 降低基本相当,那么可以采取缩短 SOA 的方法来提升 ITR。

(3) 提高输出带宽。本节输出指令维度为 6,在保证周期不变的情况下增加带宽 M 是提高 ITR 的另一个有效手段。

3. 在线测试触觉 ERP 信号时域特征

在线测试中,10 名被试各通道平均脑电信号如图 15.19 所示。

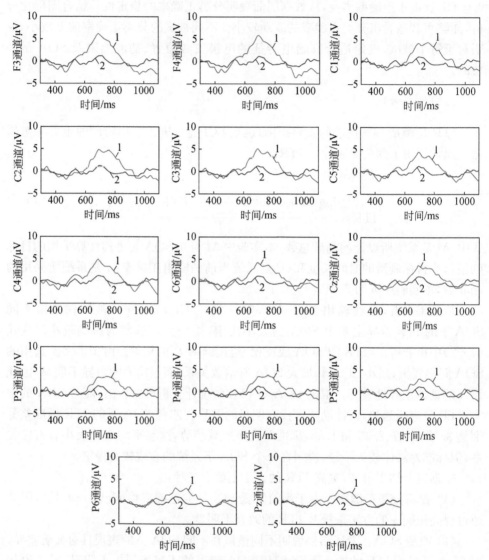

图 15.19　10 名被试各通道在线测试脑电平均信号

1. ERP 信号；2. 静息信号

从图 15.19 中可以看出,ERP 信号幅值位于 $2.69 \sim 6.16 \mu V$,在线 ERP 信号时域特征与离线 ERP 时域特征具有高度的相似性。从 600ms 附近开始,与静息信号产生幅值上的差异,到 700ms 左右各通道达到峰值。在线测试中,通道 F3、F4、

C1、C2、C3 和 C4 的 ERP 较强,这与离线实验结果相吻合。在 900ms 附近,ERP 信号基本回归静息状态。

在线测试 ERP 信号与离线 ERP 信号相比在幅值上有一定的降低,这可能和被试的状态有关,但分类结果和离线数据持平,说明幅值特征对分类正确率的影响不大。

综合上述离线和在线测试结果,证明本章提出的触觉 BCI 范式具有可用性,性能略低于视觉 P300 范式。

15.8 本章小结

本章设计了触觉振动软硬件模块成功激发出触觉 ERP 信号。在离线分析中,筛选出了合适的脑电信号片段,设计出预处理和特征提取流程,训练离线分类器成功应用于在线测试验证中,获得了接近视觉 P300-BCI 的分类水平。89.1% 的平均正确率超过了目前已经发表的触觉 ERP 的分类正确率,本章的触觉范式最终实现了 14.77bit/min 的有效平均 ITR。

参 考 文 献

[1] Sambo C F, Forster B. When far is near: ERP correlates of crossmodal spatial interactions between tactile and mirror-reflected visual stimuli[J]. Neuroscience Letters, 2011, (500): 10-15.

[2] Rutkowski T M, Mori H. Tactile and bone-conduction auditory brain computer interface for vision and hearing impaired users[J]. Journal of Neuroscience Methods, 2015, 244: 45-51.

[3] Brouwer A M, van Erp J B. A tactile P300 brain-computer interface[J]. Frontiers in Neuroscience, 2010, (4): 19.

[4] Riccio A, Mattia D, Simione L, et al. Eye-gaze independent EEG-based brain-computer interfaces for communication[J]. Journal of Neural Engineering, 2012, 9(4): 045001.

[5] Yin E, Zeyl T J, Saab R, et al. An auditory-tactile visual saccade-independent P300 brain-computer interface[J]. International Journal of Neural Systems, 2016, 26(1): 1650001.

彩 图

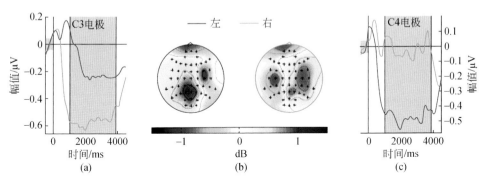

图 1.3 左右手 MI 任务的 ERD 效应

(a)和(c)是 C3 和 C4 电极对应的 ERD 曲线,对侧效应十分明显;(b)是地形图,从中也可以发现明显的对侧效应

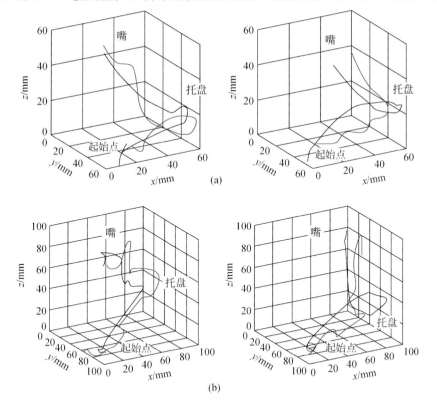

图 1.7 猴子手臂的实际运动轨迹(黑色曲线)与
根据数据预测出的运动轨迹(红色曲线)

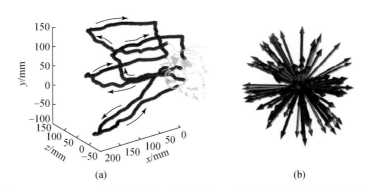

(a)   (b)

图 1.9　Schwartz 研究团队实现的猴子神经元群控制机械臂的轨迹图和
神经元偏好方向示意图

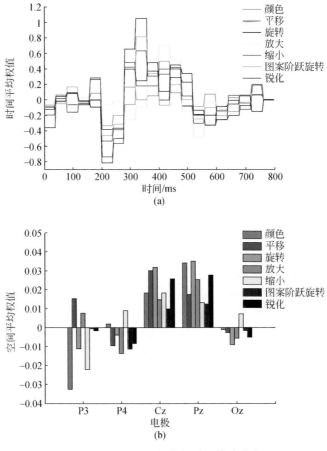

图 3.6　SWLDA 权值的时空模式分布
(a)是 SWLDA 权值的时间分布;(b)是 SWLDA 权值的空间(电极)分布

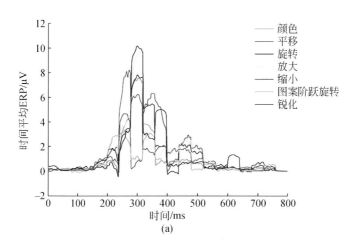

(a)

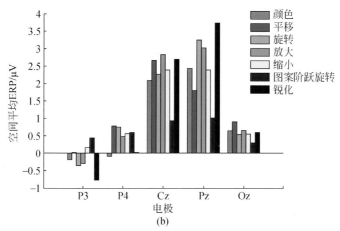

(b)

图 3.7　wERP 的时空模式分布

（a）是 wERP 的时间分布；（b）是 wERP 的空间（电极）分布。所显示的是
目标响应和非目标响应的 wERP 均值之差

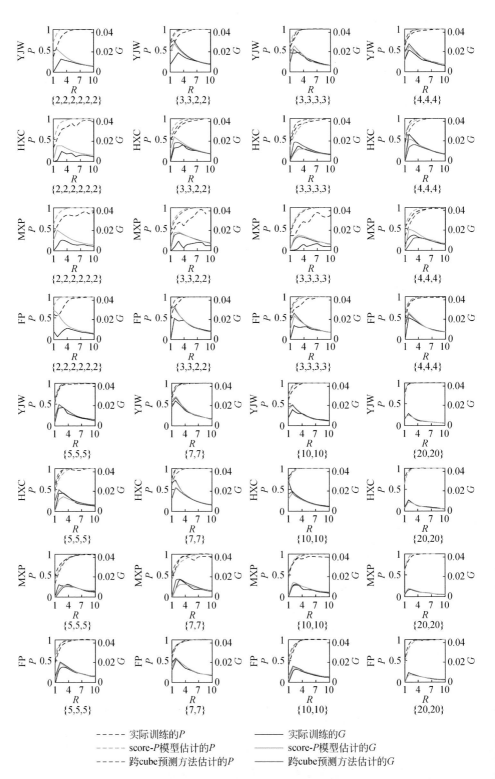

图 4.5　score-P 模型和跨 cube 预测方法的检验

- - - - - 实际训练的 P 　　　　——— 实际训练的 G
- - - - - score-P 模型估计的 P 　　——— score-P 模型估计的 G
- - - - - 跨 cube 预测方法估计的 P 　——— 跨 cube 预测方法估计的 G

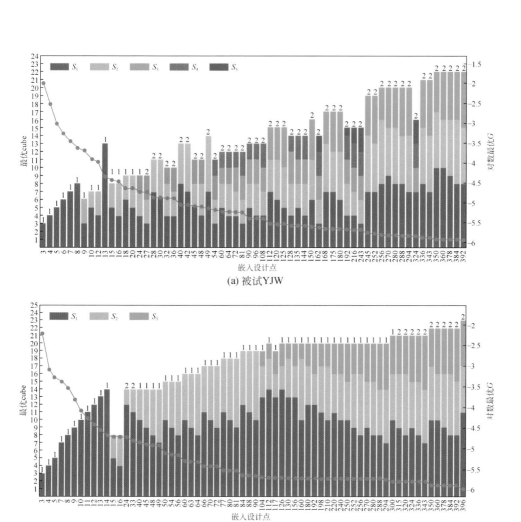

(a) 被试YJW

(b) 被试HXC

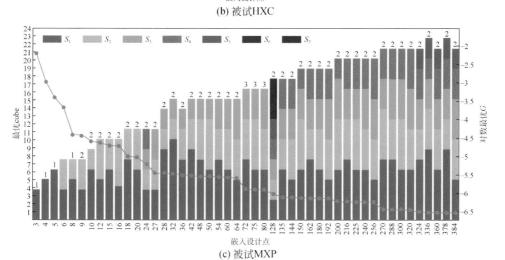

(c) 被试MXP

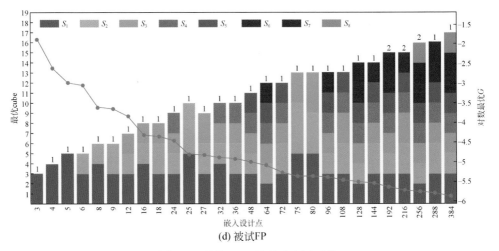

(d) 被试FP

图 4.7　最优 cube 编码及配置系数

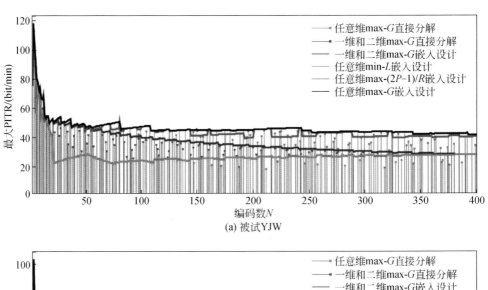

(a) 被试YJW

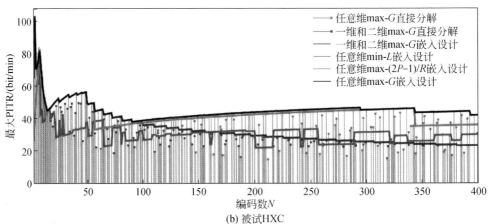

(b) 被试HXC

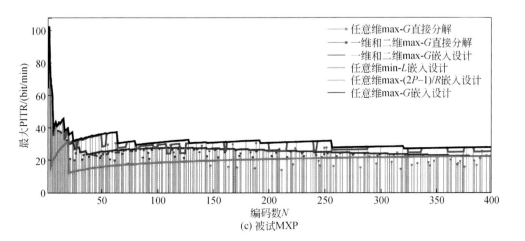

(c) 被试MXP

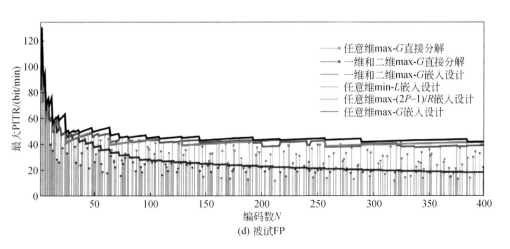

(d) 被试FP

图 4.8 最优 cube 编码的性能

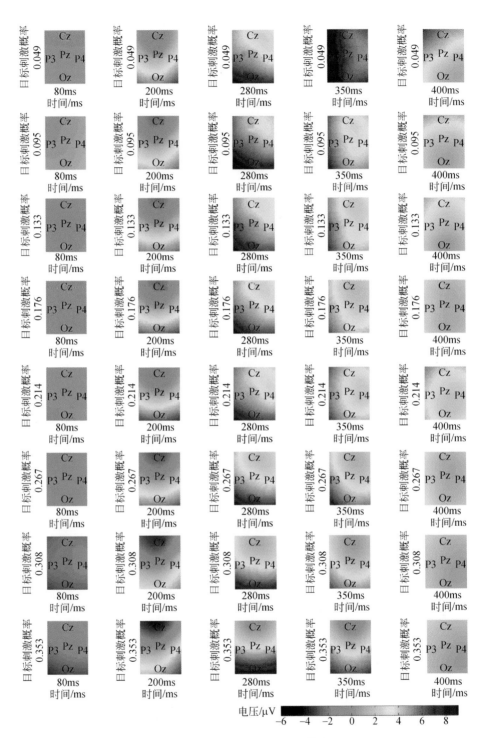

图 4.9 不同 P_T 下 ERP 时空模式

在时间点 80ms、200ms、280ms、350ms 和 400ms 上绘出了脑地形图

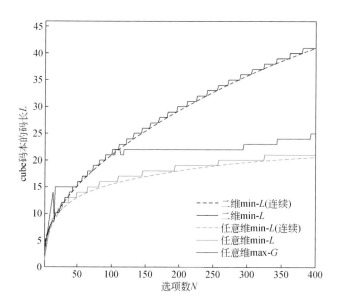

图 4.11　cube 码本的码长 L 随选项数 N 的变化比较

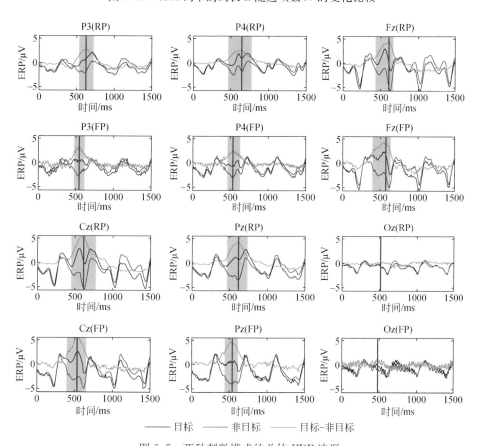

图 5.7　两种刺激模式的总体 ERP 波形

对每个电极、两种模式分别给出了目标刺激 ERP、非目标刺激 ERP,以及差异波。在每幅子图上,
竖线表示差异波上的峰值位置,目标和非目标响应存在显著差异的时间点用阴影标出

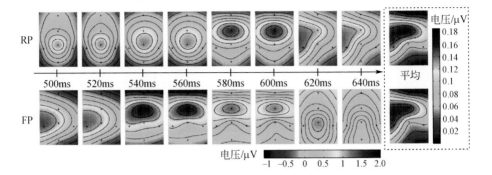

图 5.10 wERP 差异波的脑地形图(所有被试平均)

上面一行为 RP 模式,下面一行为 FP 模式,最右边一列为时间区间 0～1500ms
上的平均结果。电极的位置用"＋"标出

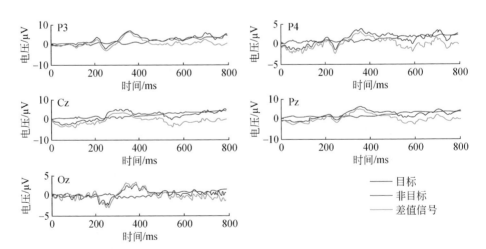

图 6.9 诱发 P300 信号与自发 EEG 信号对比

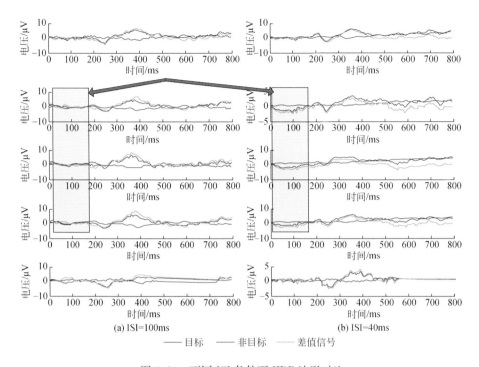

图中,第1行为P3通道;第2行为P4通道;第3行为Cz通道;第4行为Pz通道;第5行为Oz通道

(a) ISI=100ms   (b) ISI=40ms

—— 目标   —— 非目标   —— 差值信号

图 6.10   不同 ISI 条件下 ERP 波形对比

图 7.3   SSVEP 移动目标选择范式界面及刺激提示

(a)   (b)

图 7.10   P300 移动目标选择范式界面

图 7.15　P300 范式中 3 个目标刺激产生重叠现象的示意图

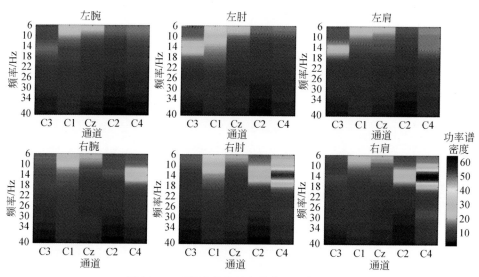
图 11.5　双侧多关节任务状态脑电信号频谱

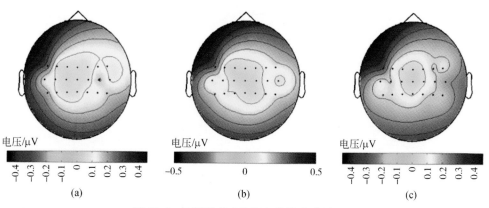
图 11.6　不同关节 MI 脑电信号地形图

(a)是左手指 MI 脑电信号地形图;(b)是左肘 MI 脑电信号地形图;(c)是左肩 MI 脑电信号地形图

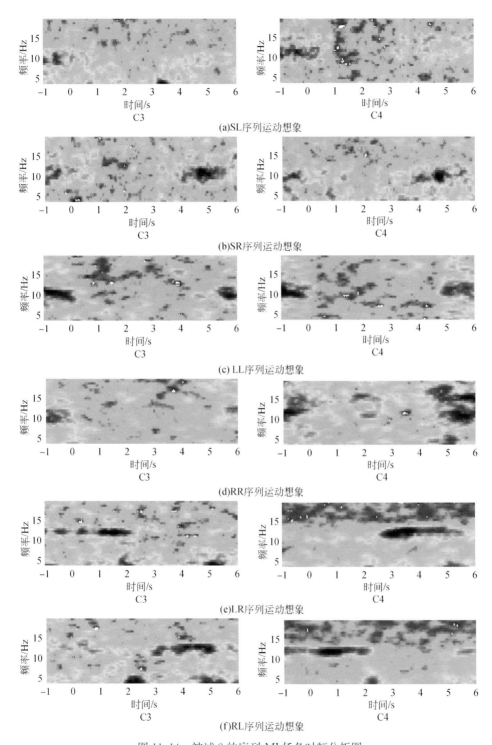

图 11.14 被试 2 的序列 MI 任务时频分析图

C3 和 C4 通道都进行了拉普拉斯空域滤波处理。图中在 0 时刻序列 MI 任务提示出现,被试开始执行相应的任务。图中红色代表 ERD 特征,蓝色代表 ERS 特征

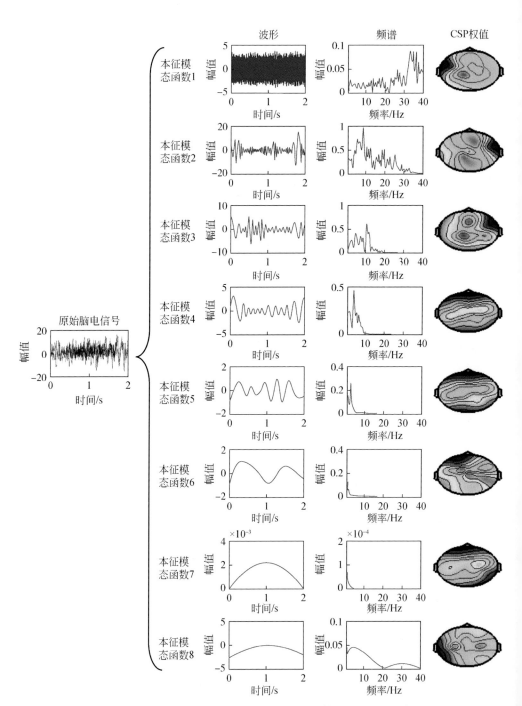

图 11.16 左/右手 MI 分类中的 EMD-CSP 算法执行过程示例

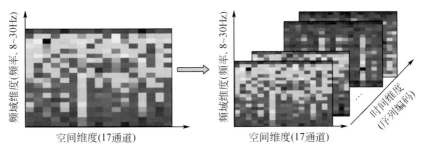

图 11.18　序列 MI 任务的特征空间

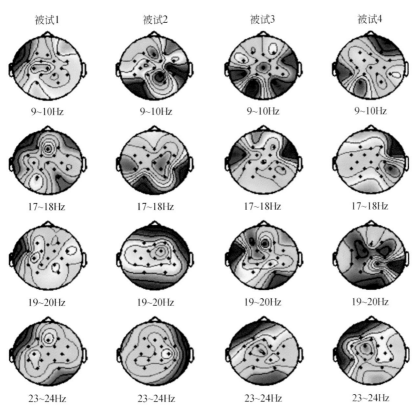

图 12.9　4 名被试 MI 引发的 ERD/ERS 特征脑地形图

所有被试通过 SWLDA 算法选取了 4 个对分类贡献最大的特征项,得出的 p 值都小于 0.001

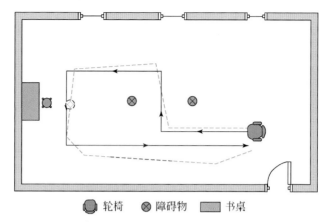

图 13.7 被试 1 利用异步序列 MI 范式在完成某一次轮椅控制任务的具体过程示意图

图中蓝色虚线表示轮椅在正常速度下移动,红色虚线表示轮椅加速移动过程,在书桌附近的
虚线圆代表轮椅在此刻的停留位置

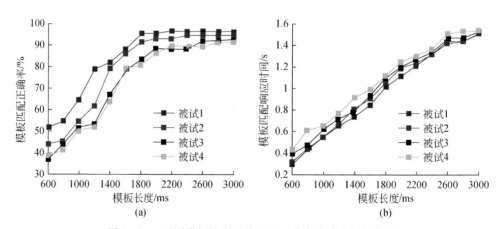

图 13.10 不同模板长度下的匹配正确率和响应时间曲线

(a)为 4 名被试模板匹配正确率随模板长度增加的变化曲线,(b)为模板匹配响应时间
随模板长度的变化曲线

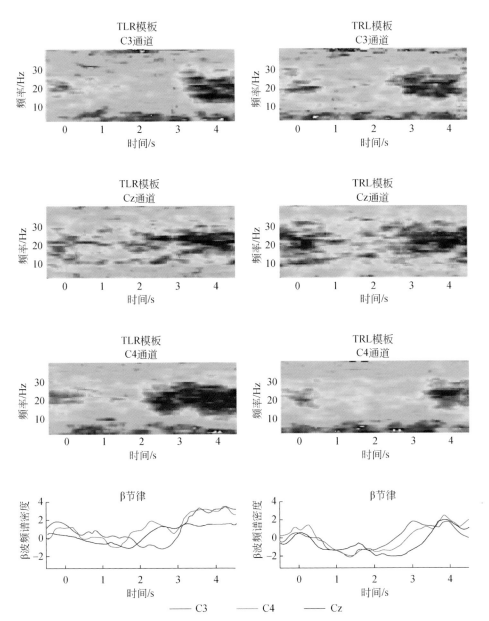

图 13.11　一名被试 TLR 和 TRL 模板对应 EEG 信号的 ERD/ERS 时频分析图

图中对 EEG 信号样本中的 C3、C4 和 Cz 通道进行拉普拉斯空域滤波，随后进行
时频分析提取其中的 ERD/ERS 特征

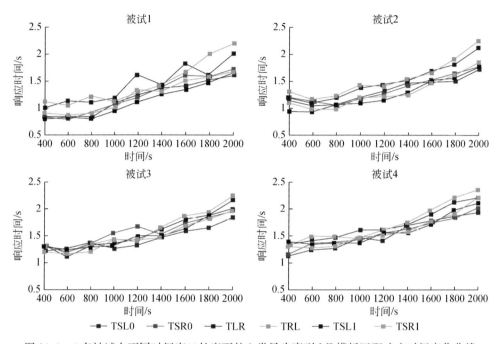

图 14.3　4 名被试在不同时间窗口长度下的六类异步序列 MI 模板匹配响应时间变化曲线

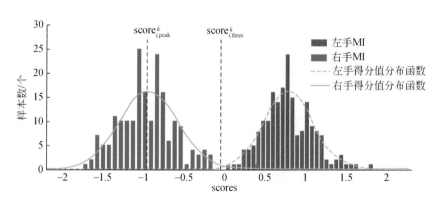

图 14.6　分类结果置信度计算公式示意图

图中以左/右手 MI 分类器 C_{LR} 为例,置信度由当前样本得分值与得分阈值 $score^k_{i,thres}$ 的距离
及训练样本的得分分布函数共同决定

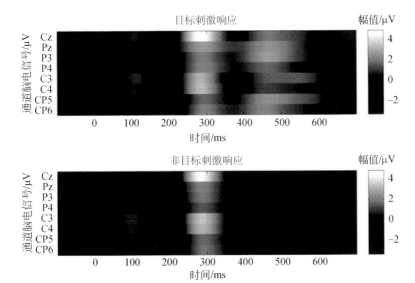

图 15.1　目标刺激和非目标刺激后各通道脑电信号随时间变化图

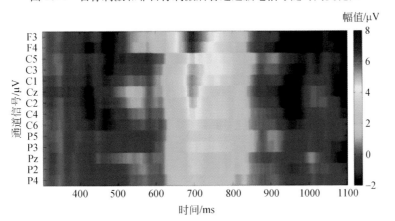

图 15.13　目标刺激下的各通道 10 名被试的平均脑电信号(一)

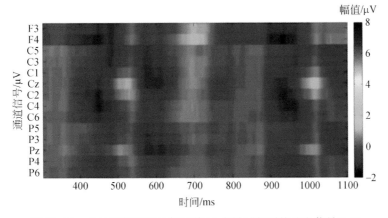

图 15.14　非目标刺激下的各通道 10 名被试的平均脑电信号(二)

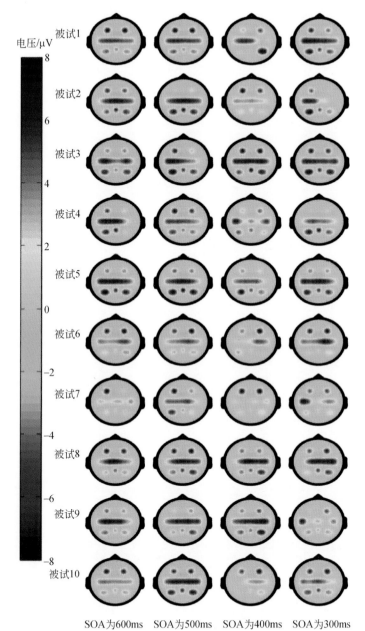

电压/μV

8

6

4

2

0

−2

−4

−6

−8

被试1
被试2
被试3
被试4
被试5
被试6
被试7
被试8
被试9
被试10

SOA为600ms　SOA为500ms　SOA为400ms　SOA为300ms

图 15.15　10 名被试在 300～600ms 时间段内的 ERP 信号地形图

此时间段 ERP 信号成分是触觉 P300